Java SE 6从入门到精通

于建中　吕　婕　刘国梁　编著

電子工業出版社·

Publishing House of Electronics Industry

北京·BEIJING

内 容 简 介

本书针对最新的JDK 6版本，采用案例驱动形式，以一个完整的系统开发贯穿全书。第1章～第5章介绍了Java SE 6概述、基本语法、流程控制语法、集成开发环境Eclipse、面向对象编程等基本知识；第6章～第12章结合典型实例介绍利用Java SE 6开发应用程序的一般原理与方法，内容包括Java SE 6图形用户界面编程、异常处理、I/O流编程、Socket网络编程、多线程编程、泛型编程以及数据库编程；第13章综合前面所学知识完整地介绍了办公固定资产管理系统的开发流程，通过该系统的实现过程，读者可以掌握Java SE 6开发应用程序的思路、流程、技巧与方法。

本书以实例、项目工程的实现为主线，以应用为目的，循序渐进地讲解Java SE 6的具体应用，适用于没有或者缺乏Java编程经验的初学者，同时也适合具有一定编程基础，需要提高实践技术的程序员作为参考用书。本书也可作为高等院校计算机等专业及计算机培训学校的教材。

图书在版编目（CIP）数据

Java SE 6从入门到精通/于建中，吕婕，刘国梁编著.—北京：电子工业出版社，2009.10
ISBN 978-7-121-09553-5

Ⅰ. J…　Ⅱ. ①于…　②吕…　③刘…　Ⅲ. Java语言—程序设计　Ⅳ. TP312

中国版本图书馆CIP数据核字（2009）第168428号

责任编辑：李红玉
文字编辑：姜　影　易　昆
印　　刷：北京天竺颖华印刷厂
装　　订：三河市鑫金马印装有限公司
出版发行：电子工业出版社
　　　　　北京市海淀区万寿路173信箱　邮编：100036
　　　　　北京市海淀区翠微东里甲2号　邮编：100036
开　　本：787×1092　1/16　印张：22　字数：560千字
印　　次：2009年10月第1次印刷
定　　价：40.00元

凡所购买电子工业出版社图书有缺损问题，请向购买书店调换。若书店售缺，请与本社发行部联系，联系及邮购电话：（010）88254888。

质量投诉请发邮件至zlts@phei.com.cn，盗版侵权举报请发邮件至dbqq@phei.com.cn。

服务热线：（010）88258888。

前　言

Java语言作为Sun公司推出的一门编程语言已经广泛应用于各个领域，无论网络编程还是数据库编程，甚至Web开发都有Java语言的身影。它以"一次编译，随处执行"的特点，受到广大程序开发人员的追捧，成为目前最流行的面向对象程序设计开发语言之一。根据不同的应用范围，Java语言又分为Java SE、Java EE和Java ME三个不同版本。

本书的执笔作者均具有丰富的实际开发经验和培训经验，多年的培训工作和软件开发经历使他们能准确把握初学者的学习心理与实际岗位需求。本书作为Java SE的实用性入门书籍，从介绍Java SE开发环境的安装入手，通过大量具有代表性的实例讲解Java SE程序设计的基本原理、方法和解决实际问题的技巧，使初学者能够快速掌握利用Java设计开发可视化程序及Windows应用程序的方法。

本书针对采用最新的JDK 6的Java SE 6版本，全书采用案例驱动形式，以一个完整的系统开发贯穿全书。本书从第5章开始，通过一个完整的应用系统——办公固定资产管理系统，将具体实现中所涉及的知识与每章所讲述的内容相结合，每章的任务都是对该系统中相应代码的实现。这样，将本书中所有章节学习完后，该系统的开发也就完成了。第1章～第5章介绍了Java SE 6概述、Java SE 6基本语法、Java SE 6流程控制语法、Java SE 6的集成开发环境Eclipse、Java SE 6面向对象编程等基本知识；第6章～第12章结合典型实例介绍利用Java SE 6开发应用程序的一般原理与方法，内容包括Java SE 6图形用户界面编程、Java SE 6的异常处理、Java SE 6的I/O流编程、Java SE 6的Socket网络编程、Java SE 6的多线程编程、Java SE 6的泛型编程以及Java SE 6的数据库编程；第13章综合前面所学知识完整地介绍了办公固定资产管理系统的开发流程，通过该系统的实现过程，读者可以掌握Java SE 6开发应用程序的思路、流程、技巧与方法。

本书具有以下特点：

- 内容全面，实例丰富，讲解循序渐进。
- 基础知识结合典型实例，具有很强的操作性和实用性。
- 从实际应用的角度出发，帮助读者以最快的速度进入Java的世界，提高程序开发技术水平。
- 采用案例驱动模式，使读者不仅能掌握知识，更能在实际开发中灵活运用知识。
- 本书中的全部代码和资料可以从网站中下载，使读者的学习更轻松。

本书以实例、项目工程的实现为主线，以应用为目的，循序渐进地讲解Java SE 6的具体应用，使读者易学易用，适用于没有或者缺乏Java编程经验的初学者，同时也适合具有一定编程基础、需要提高实践技术水平的程序员作为参考书。本书也可作为高等院校计算机等专业及计算机培训学校的教材。

在本书的编写过程中，得到了孙更新老师的大力支持，在此表示感谢。同时由于作者水平有限，加上时间仓促，书中难免存在疏漏和不妥之处，欢迎广大读者批评指正。

为方便读者阅读，若需要本书配套资料，请登录"华信教育资源网"（http://www.hxedu.com.cn），在"下载"频道的"图书资料"栏目下载。

目　录

第1章　Java SE 6概述 1

1.1　Java SE的产生与发展 1

1.1.1　Java技术的产生 1

1.1.2　Java SE的发展 1

1.2　Java SE的特性 2

1.3　搭建Java SE简易开发环境 3

1.3.1　下载JDK 6 3

1.3.2　安装JDK 6 4

1.3.3　Windows环境下JDK 6的配置 5

1.3.4　JDK 6新特性 6

1.4　Java SE程序开发过程 7

1.4.1　Java SE程序基本结构 7

1.4.2　编写Java SE程序 7

1.4.3　编译和运行Java SE程序 8

1.4.4　使用Java SE API文档 9

第2章　Java SE 6基本语法 12

2.1　标识符、分隔符、
　　　关键字和注释 12

2.1.1　标识符 12

2.1.2　分隔符 12

2.1.3　关键字 13

2.1.4　注释 13

2.2　数据类型 14

2.2.1　基本数据类型 14

2.2.2　引用类型 16

2.2.3　数据类型间的转换 17

2.3　变量与常量 18

2.3.1　变量的命名规则 18

2.3.2　变量的初始化 19

2.3.3　变量的有效范围 19

2.3.4　常量的概念与使用 20

2.4　运算符与表达式 21

2.4.1　赋值运算符 21

2.4.2　算术运算符 22

2.4.3　关系运算符 23

2.4.4　逻辑运算符 24

2.4.5　位运算符 25

2.4.6　条件运算符 26

2.4.7　运算符的优先级 27

2.4.8　表达式 28

第3章　Java SE 6流程控制语句 29

3.1　三种控制结构 29

3.2　分支语句 30

3.2.1　简单if条件语句 30

3.2.2　if...else条件语句 31

3.2.3　多嵌套if语句 33

3.2.4　switch多分支语句 34

3.3　循环语句与数组 37

3.3.1　for循环语句 37

3.3.2　while循环语句 38

3.3.3　do...while循环语句 40

3.3.4　多重循环嵌套 41

3.3.5　数组的概念与应用 42

3.4　跳转语句 47

3.4.1　break跳转语句 47

3.4.2　continue跳转语句 50

3.4.3　return跳转语句 52

第4章　Eclipse集成开发环境 53

4.1　Eclipse安装与配置 53

4.1.1　Eclipse的下载和安装 53

4.1.2　Eclipse的启动 53

4.2　Eclipse工作台 55

4.2.1　Eclipse中的菜单栏 55

4.2.2　Eclipse中的工具栏 62

4.2.3　Eclipse中的透视图 63

4.2.4　Eclipse中的视图 63

4.2.5　Eclipse的编辑器 64

4.3　创建并运行Java项目 65

4.3.1　创建Java项目工程 65

4.3.2　创建Java类 66

4.3.3　添加Java代码 68

4.3.4　执行Java应用程序 68

4.3.5　关闭和保存Java项目 68

4.4　Eclipse中的项目管理 68

4.4.1　导入外部的jar包 68

4.4.2　导出Java项目 69

4.4.3　导入Java项目 70

第5章 Java SE 6的面向对象编程 71

5.1 类和对象 71
  5.1.1 Java类定义 71
  5.1.2 类的成员变量和成员方法 72
  5.1.3 类的构造函数 73
  5.1.4 对象的创建和使用 74
  5.1.5 类的封装 77
  5.1.6 包的创建和使用 80
  5.1.7 任务：创建用户类User 82

5.2 类的继承性 82
  5.2.1 类的继承 82
  5.2.2 方法的重载和覆盖 84
  5.2.3 抽象类和最终类 85
  5.2.4 任务：创建管理员类Admin
    和员工类Employee 87
  5.2.5 内部类和匿名类 88

5.3 接口 91
  5.3.1 接口的定义 91
  5.3.2 接口的实现 92
  5.3.3 任务：创建输出测试信息的接口 94

第6章 Java SE 6图形用户界面编程 95

6.1 Swing组件包概述 95
6.2 Swing中的简单控件和流式布局 96
  6.2.1 JFrame窗体 96
  6.2.2 JLabel组件 97
  6.2.3 JTextField组件 98
  6.2.4 JPanel面板容器 99
  6.2.5 JPasswordField组件 100
  6.2.6 JButton组件 101
  6.2.7 JTextArea组件 102
  6.2.8 流式布局管理器 104
  6.2.9 任务：创建管理员登录界面 105

6.3 Swing中的选择框和边界布局 107
  6.3.1 JComboBox组件 107
  6.3.2 JList组件 108
  6.3.3 边界布局管理器 109
  6.3.4 任务：创建添加固定资产界面 110

6.4 Java的事件处理 116
  6.4.1 Java事件处理模型 116
  6.4.2 常用事件监听器和适配器 118
  6.4.3 使用匿名类作为监听器 122
  6.4.4 任务：为添加固定资产
    界面添加事件处理 123

6.5 Swing中的高级组件和卡式布局 124

6.5.1 JMenu组件 124
6.5.2 JMenuItem组件 125
6.5.3 JMenuBar组件 126
6.5.4 JScrollPane容器 127
6.5.5 JSplitPane容器 129
6.5.6 JTree组件 130
6.5.7 JTable组件 132
6.5.8 卡式布局管理器 134
6.5.9 任务：创建系统主界面 137

6.6 Swing中的对话框 145
  6.6.1 JDialog容器 145
  6.6.2 FileDialog对话框 147
  6.6.3 任务：创建办公文件管理界面 149

第7章 Java SE 6的异常处理 151

7.1 Java异常概述 151
7.2 异常的捕获与处理 152
  7.2.1 Java异常处理基本形式 152
  7.2.2 try语句的嵌套 154

7.3 回避异常 156
  7.3.1 throws语句 156
  7.3.2 throw语句 157

7.4 用户自定义异常类 158
7.5 异常的使用原则 159

第8章 Java SE 6输入输出流编程 160

8.1 Java的I/O流概述 160
8.2 Java的输入流 161
  8.2.1 字节输入流 162
  8.2.2 字符输入流 167
  8.2.3 任务：打开办公文件 169

8.3 Java的输出流 172
  8.3.1 字节输出流 172
  8.3.2 字符输出流 175
  8.3.3 任务：保存办公文件 178

8.4 Java的文件类 180
  8.4.1 文件类概述 180
  8.4.2 复制和删除文件 182
  8.4.3 创建和删除文件夹 185
  8.4.4 任务：备份办公文件 186

8.5 Java中的NIO 187
  8.5.1 通道和缓冲区 187
  8.5.2 缓冲区的状态跟踪 188
  8.5.3 NIO中的读写操作 190

第9章　Java SE 6网络编程 193

9.1　Java Socket编程概述 193

9.2　Socket服务器端编程 194

　9.2.1　创建服务器端Socket 194

　9.2.2　Socket中的异常处理 195

　9.2.3　任务：创建网络协同

　　　　办公服务器端 196

9.3　Socket客户端编程 198

　9.3.1　创建客户端Socket 198

　9.3.2　Socket通信中的I/O流 198

　9.3.3　任务：创建网络协同办公客户端 ... 200

9.4　URL编程 202

第10章　Java SE 6多线程编程 205

10.1　Java多线程编程 205

10.2　线程的创建 205

　10.2.1　继承Thread类创建线程 206

　10.2.2　实现Runnable接口创建线程 207

10.3　线程的控制 207

　10.3.1　线程的状态 207

　10.3.2　线程状态的控制 208

10.4　线程的同步 215

10.5　多线程在Socket编程中的应用 219

第11章　Java SE 6中的泛型 225

11.1　泛型概述 225

11.2　泛型类 225

11.3　泛型方法 228

11.4　类型参数的限定 229

11.5　通配符参数 231

11.6　泛型类的继承 232

　11.6.1　泛型类作为父类 232

　11.6.2　泛型类作为子类 233

11.7　泛型接口 235

第12章　Java SE 6数据库编程 237

12.1　Java数据库编程概述 237

12.2　建立数据库连接 238

　12.2.1　JDBC驱动程序类型 238

　12.2.2　驱动程序管理类DriverManager ... 239

　12.2.3　数据库连接接口Connection 241

　12.2.4　任务：创建办公固定资产

管理系统的数据库操作类 242

12.3　执行数据库连接 243

　12.3.1　SQL声明接口Statement 243

　12.3.2　预编译声明接口

　　　　PreparedStatement 247

　12.3.3　存储过程执行接口

　　　　CallableStatement 249

　12.3.4　任务：为办公固定资产管理

　　　　系统的数据库操作类添加增、

　　　　删、改操作的方法 253

12.4　查询数据库结果集 254

　12.4.1　结果集接口ResultSet 254

　12.4.2　任务：办公固定资产管理

　　　　系统的数据库操作类添加

　　　　查询方法 256

　12.4.3　任务：添加办公固定资产

　　　　管理系统管理员登录的数

　　　　据库代码 258

12.5　数据库事务处理 262

第13章　办公固定资产管理系统 263

13.1　系统分析 263

　13.1.1　需求分析 263

　13.1.2　可行性分析 264

13.2　系统功能模块分析 264

13.3　数据库设计 265

13.4　数据库连接模块 267

13.5　管理员管理模块 269

　13.5.1　管理员登录 269

　13.5.2　删除和修改管理员 272

13.6　系统主界面模块 276

13.7　固定资产管理模块 286

　13.7.1　添加固定资产 286

　13.7.2　修改固定资产信息 292

　13.7.3　删除固定资产 302

　13.7.4　固定资产领用 310

　13.7.5　固定资产归还 318

　13.7.6　固定资产查找 327

13.8　办公文件管理模块 333

　13.8.1　打开和保存办公文件 334

　13.8.2　接收办公文件 336

　13.8.3　发送办公文件 339

13.9　用户管理模块 342

第1章 Java SE 6概述

Java是一种随着网络发展而产生的编程语言，其本身的产生与发展决定了它在现今软件行业的主流地位，本章将着重分析其产生和特性，并介绍Java SE简易开发环境的搭建和程序开发的基本过程。

1.1 Java SE的产生与发展

1.1.1 Java技术的产生

1991年4月Sun公司推动了一个绿色项目（Green Project），该项目旨在推出一种可以为家用消费电子类产品开发一个分布式代码系统，这样可以把E-mail发给电冰箱、电视机等家用电器，对它们进行控制和信息交流。

项目开始时，准备采用C++，但使用C++语言对家用消费电子类产品进行嵌入式编程，产品中细微的硬件变化都意味着要对使用C++编写的软件做大量的改动，而在家用消费电子类产品中将面临多种硬件平台，这使得软件编程变得极为复杂。最后该项目基于C++开发了一种新的语言，其最大的优势在于跨平台，可做到"一次编译，随处运行"（Writing Once, Running Everywhere）。语言的创建者James Gosling将该语言命名为Oak（橡树），后来得知该名和其他语言重名，其他开发人员在咖啡屋休息时得到灵感，建议使用Java这个名字，得到了认同并沿用至今。

这个项目组在开发过程中困难重重，由于智能化电子消费设备的市场并不像Sun公司所预期的发展那么快，该项目面临着被取消。庆幸的是，1993年Internet迅速兴起，开发人员立即发现了有着跨平台优势的Java在该领域的巨大潜力，利用它可以在网页上添加交互操作和动画等动态内容，而不必考虑网页运行的客户端运行环境的差异。

经过对原来语言的进一步调整和优化，Sun在1995年5月正式对外发布了Java语言。由于当时业界对于Internet的浓厚兴趣，Java语言迅速得到了广泛的关注和应用。

1.1.2 Java SE的发展

自1995年Java发布第一个版本以来，经过了数次大的变革与发展，其主要的发展过程，如表1-1所示。

表1-1 Java语言发展历史

时间	事件	说明
1995	Java JDK 1.0a2发布	重点是可以嵌入在页面上运行的小程序Applet
1996	Java JDK 1.0发布	主要增加了核心层的功能Socket、I/O、GUI等
1997	Java JDK 1.1发布	主要引入了Java GUI、JDBC数据控制、RMI分布对象等

时间	事件	说明
1998	Java JDK 1.2发布	Java语言规范的版本从1.0升至2.0，主要新增了JFC/Swing等新特性，并对网络、数据库、图形界面等方面进行了大量的扩展与优化
1999	Java技术被分成J2SE、J2EE和J2ME	Java Server Pages（JSP）技术公诸于众，J2EE Platform标准推出
2000	J2SE 1.3发布	主要新增了对CORBA、声音媒体信息等方面的处理，并在RMI、网络编程、Swing等方面做了扩展与优化
2002	J2SE 1.4发布	主要在性能和安全上进行了提高，对2D图形处理，Java I/O流操作，ATW与Swing等进行了扩展与优化，新增了XML处理功能，打印服务、故障记录、Java Web Start、JDBC 3.0 API、断言工具等新的功能
2004	Java SE 5发布	正式将J2SE更名为Java SE。其主要的新特性包括范型（generics）、枚举类型（enumeration）、元数据（metadata）、自动拆箱（unboxing）/装箱（autoboxing）、可变个数参数（vararg）、静态导入（static import）以及新的线程架构（Thread framework）等。JDK 5又被称为JDK 1.5
2006	Java SE 6发布	主要在运行性能、故障处理、各种操作系统下本地化外观与操作风格、开发环境、对于Web Service的支持等方面做了改善。新增了对JavaScript支持，完全支持JDBC4.0，并在JDK中新增了Java数据库。JDK 6又被称为JDK 1.6

通过表1-1可以看出，在1999年，Java语言根据应用的领域被分成3个版本，本书中所介绍的内容都是基于Java SE的，而且采用的是最新版本JDK 6。Java SE的版本是随着JDK的版本定义的，在后面的内容中出现的Java SE都是指Java SE 6。

1.2　Java SE的特性

Java从产生至今已经有10多年，最初设计时具有的一些优良特性被很好地保持并发展到了今天，这些特性如下。

1. 简单

Java是一种基于C++产生的语言，语法上继承了C++的风格，但比C++要简单很多，它去掉了一些复杂和容易混淆的概念，如无指针概念、不支持多重继承与运算符重载等。

2. 面向对象

Java彻底全面地应用了面向对象的设计思路，完全彻底地支持面向对象，同时保持了简单类型非"纯面向对象"语言，兼顾了程序运行的效率。

3. 健壮

Java是严格的强类型语言，在编译和程序执行时都进行代码检查，可避免一些通常难以追踪的错误。同时非常好的故障追踪和处理机制，也保障了其程序运行的健壮性，如对象的垃圾回收机制、错误异常处理机制等。

4. 多线程

支持多线程是Java最基本的特性之一，在很多之前的编程语言中，多线程编程往往非常复杂，但是Java实现多线程编程非常简单，程序员在编码时不必关心后台的复杂实现。

5. 跨平台

Java在最初就被设计成了跨平台的，这个特性被很好地保持和发扬。目前为止，主流软件编程语言中，只有Java语言可以做到在多个平台系统下"一次编译，随处运行"。当然，在具体的程序实现时，还是会遇到一些问题，在早期也曾有程序员称Java是"一次编译，到处错误"，随着不断的完善和改进，这种说法已经很少有人提起了。

6. 解释性

Java是解释执行的语言，但是有别于传统的解释执行语言，程序源码编写完后，先要进行"预编译"，但结果并不是操作系统可以直接识别运行的二进制机器码，而是Java虚拟机能够解释执行的二进制字节码。当然，这也是Java能够跨平台的秘密所在，即在不同的系统环境中安装了相应的Java虚拟机，便可以解释执行相同的Java字节码了。

7. 高性能

Java作为解释执行的语言，其运行效率一直备受关注，其运行速度明显低于编译语言，特别是在桌面应用系统中，这应该算是Java的一个弱点。在这里，说Java是高性能的，原因在于它的"预编译"机制，这使得它比传统的解释执行语言性能要高很多。同时Java在性能上不断提升优化，包括计算机硬件性能的提升，都使得Java系统在性能表现上还令人满意。

8. 分布式

Java在一开始就被设计用来实现分布式系统，所以分布式是Java的本质特点之一。Java支持网络编程、RMI分布对象、CORBA等，应该说Java基本能够与所有主流的分布式技术进行交互，因此Java也常常被用来作为企业系统集成的首选技术。

9. 动态

Java语言的动态性与其适应的复杂网络应用环境有关，在很多情况下，运行的代码要在运行期动态加载。因此Java程序运行时，虚拟机会管理多种运行信息，对对象进行检查，控制对象访问，可安全有效地在运行时动态连接代码。

1.3 搭建Java SE简易开发环境

JDK全称是Java Development Kit，翻译成中文就是Java开发工具包，其主要包括了Java运行环境（Java Runtime Environment），一些Java命令工具和Java基础的类库文件。JDK是开发任何类型Java应用程序的基础，因此在进行Java应用开发之前必须首先安装JDK。

1.3.1 下载JDK 6

最新版本的JDK 6安装程序包可以从Sun公司的官方网站免费下载，Sun公司的中文官方网址是http://cn.sun.com，一般在醒目的位置会找到"下载"（Download）栏目，选择Java 2标准版就能够找到最新版本的JDK 6安装程序下载，进入相关资源，如图1-1所示。

图1-1 JDK 6下载网络资源

多数情况下，一个版本的JDK同时会提供支持不同操作系统的多个版本。本书后面所有示例使用的都是在Windows操作系统下使用Java SE 6 Update 10版本的JDK，下载完毕的程序文件信息如图1-2所示。

图1-2 Java SE 6 Update 10的JDK安装文件信息

1.3.2 安装JDK 6

JDK 6的安装过程比较简单，主要步骤如下。

1. 同意"许可证协议"

运行JDK安装程序包，引导预处理过程运行完毕后，出现询问是否同意"许可证协议"的界面，如图1-3所示，阅读协议内容后，单击"接受"按钮，可进入下一步安装。

2. 安装JDK

程序运行进入JDK安装设置界面，如图1-4所示，可以设置安装的组件和JDK安装目录。一般情况默认安装全部组件就可以，至少要保证安装"开发工具"和"公共JRE"。JDK安装目录默认为"C:\Program Files\Java\jdk1.6.0_10"，如需修改，可以单击"更改"按钮，改到其他目录位置。要记清JDK的安装目录，后面系统设置时会用到，本书示例均用默认设置，设置完毕后，单击"下一步"按钮进入JDK的安装过程。

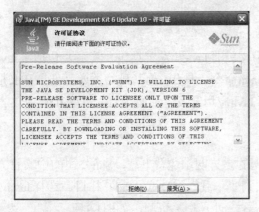

图1-3 JDK 6"许可协议"界面

图1-4 JDK安装设置界面

3. 安装"公共JRE"

JDK安装运行完毕后，会进入到JRE安装目录设置界面，如图1-5所示。JRE是Java SE程序的基础运行环境，所以一定要安装。JRE安装目录默认为"C:\Program Files\Java\jre6"，如果需修改，可以单击"更改"按钮，改到其他目录。要注意安装目录信息，一些开发工具和运行环境的设置会用到这个信息。设置完毕后，单击"下一步"按钮，进入JRE的安装过程。JRE安装过程运行完毕，出现安装完成界面，如图1-6所示，单击"完成"按钮，JDK安装完毕。

图1-5　JRE安装目录设置界面

图1-6　JRE安装完成界面

1.3.3　Windows环境下JDK 6的配置

在Windows环境下设置JDK 6，把JDK安装目录下的bin子目录添加到系统环境变量"Path"中，默认该目录信息是"C:\Program Files\Java\jdk1.6.0_10\bin"，设置的过程如下。

1. 进入"系统属性"设置

用右键单击桌面上的"我的电脑"图标，在弹出菜单中选择"属性"，进入"系统属性"的"高级"栏，如图1-7所示。

2. 进入"环境变量"管理对话框

单击图1-7中所示的"环境变量"按钮，系统将弹出"环境变量"管理对话框，如图1-8所示。

3. 编辑系统"Path"变量

选中"系统变量"中"Path"变量，单击相应的"编辑"按钮，弹出系统变量编辑对话框，如图1-9所示。在变量原值最后添加信息"C:\Program Files\Java\jdk1.6.0_10\bin"，注意其中的目录信息一定都为半角字符，后面的目录信息是JDK的安装目录加"\bin"。注意修改时不能改变原有的Path变量信息，否则会造成系统其他程序运行问题，修改完毕后单击"确定"按钮保存信息，再单击"环境

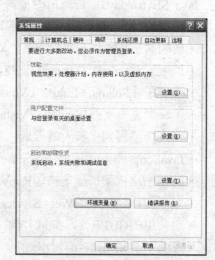

图1-7　"系统属性"的"高级"栏

变量"管理对话框、"系统属性"对话框的"确定"按钮，完成整个配置过程。

图1-8 "环境变量"管理对话框　　　　　　图1-9 "编辑系统变量"对话框

4. 验证修改结果

在系统DOS命令运行窗口，输入"path"，按Enter键运行命令后，可以看到系统"Path"变量的内容，其中包含之前添加的目录信息，如图1-10所示。DOS命令运行窗口，可通过选择"开始"菜单下"所有程序"中"附件"的"命令提示符"进入。

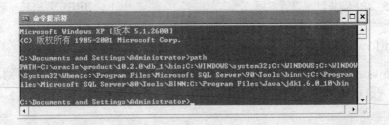

图1-10 系统Path变量信息

1.3.4 JDK 6新特性

Java SE 6是Java语言应用的最新版本，其主要的新特性如下。

- 应用系统在客户端和服务器端运行效率更高。
- 新的简单故障处理机制——"动态连接"诊断机制。
- 扩展了对Solaris DTrace的支持，在Solaris系统上提供了更多的支持。
- 改善了在Solaris、Linux和Windows等操作系统上的本地外观和操作风格。
- 第一个完全支持Windows Vista系统的Java版本。
- 开发环境得到了极大的改善。
- JavaScript被集成并包含在了新的版本中。
- 脚本语言框架扩展支持了Ruby、Python和其他语言。
- 完全支持轻量级的Web Services。
- 更简单的GUI设计，扩展并改善了对各操作系统本地化的支持。
- 改善了对XML操作数据库的支持，提供完整的JDBC4.0。

· 在JDK中包含Java数据库，可以方便地使用和开发Java数据库系统。
· 被Sun Net Beans IDE 5.5完全支持。

1.4 Java SE程序开发过程

1.4.1 Java SE程序基本结构

Java SE的源程序代码都是纯文本文件，基本结构一般有以下几部分，一些详细的概念将在后面进行讲解，这里先做初步的介绍。

· 包的定义
· 引入引用类的说明
· 类的定义
· 类主体

1.4.2 编写Java SE程序

Java SE的程序代码是后缀为"*.java"的纯文本文件，最简单的程序是使用Windows操作系统中自带的"记事本"程序来编写的，下面将介绍编写"HelloWorld"代码的过程，该代码实现的功能是输出"Hello World！"。

1. 打开"记事本"程序

使用"记事本"程序新建一个文本文件，如图1-11所示，可通过选择"开始"菜单下"所有程序"中"附件"的"记事本"进入。

图1-11 记事本程序

2. 编写"HelloWorld"代码

例1.1 "HelloWorld"类

```java
public class HelloWorld{
        public static void main(String[] args)
        {
                System.out.println("Hello World!");
        }
}
```

在记事本中完成例1.1的代码，如图1-12所示，编写代码时要注意拼写的正确性，特别是英文字母的大小写和符号，在代码中不能出现任何全角字符。

3. 保存"HelloWorld"代码

使用"记事本"程序"文件"菜单下的"保存"选项，保存代码为"HelloWorld.java"，如图1-13所示。要注意保存类型为"所有文件",否则会保存为"HelloWorld.java.txt",同时文件名称的拼写和大小写都要注意正确,必须与程序中的类名完全一致。示例保存目录为"C:\"。

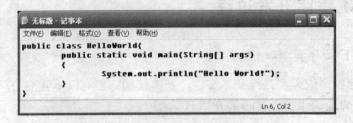

图1-12 记事本程序编写"HelloWorld"

图1-13 保存"HelloWorld.java"代码

1.4.3 编译和运行Java SE程序

在简易编程环境中,在系统的DOS命令行窗口中,运行"javac"命令来编译代码,运行"java"命令来运行,编译和运行的过程如下。

1. 调整DOS命令运行当前目录

输入命令"cd \"后按Enter键运行,调整命令运行当前目录为"C:\",当前目录的信息是命令行">"之前部分,如图1-14所示。

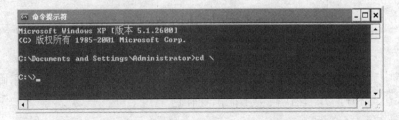

图1-14 调整命令运行当前目录为"C:\"

2. 编译"HelloWorld.java"

输入命令"javac HelloWorld.java"后按Enter键运行，如代码无误，运行编译完毕将无任何提示信息显示，如图1-15所示。查看"C:\"目录，新生成一个"HelloWorld.class"的文件，证明编译成功。

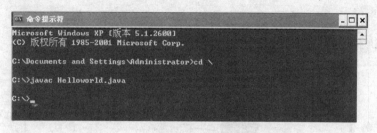

图1-15 编译"HelloWorld.java"代码

3. 运行Java SE程序

输入命令"java HelloWorld" 后按Enter键运行，在DOS命令行窗口中输出"Hello World!"字符串和一个空行，如图1-16所示。

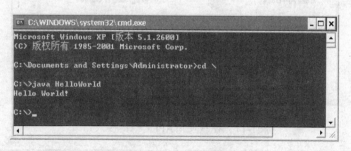

图1-16 运行"HelloWorld.java"代码

1.4.4 使用Java SE API文档

Java SE API文档是SUN提供的介绍标准运行环境类库的权威说明性文档。在这个文档中可了解所有JDK提供的类及相关的属性方法，其中还包含相关使用的示例代码，是Java开发人员的必备手册。在这里将简单介绍文档的下载及使用，目前该文档已经有了中文版本，当然，如果读者的英语阅读能力足够，建议阅读英文版。

1. Java SE 6 API文档资源

通过Sun的门户网站进入到J2SE下载主题，打开"Reference"标签下的"API & Docs"链接（具体网址可参考http://java.sun.com/javase/reference/api.jsp），可以看到"Core API Docs"标题下有各Java标准版的语言版本的文档链接，可在线使用相关文档，如图1-17所示。如果希望文档离线也可以使用，可以在"Downloads"标签下的网页中查找"Java SE 6 Documentation"的下载项，如图1-18所示。

2. Java SE 6 API的使用

在这里以中文版为例，简单说明文档的使用，API文档的首页（index.html），如图1-19

所示。通过该页面可以查看所有的包信息及相关包含类的信息，还可以查看每个类的详细说明，如图1-20所示，每个类的说明都包含类所在的包、类的详细定义，该类的继承关系、已经实现的接口、直接子类及类的属性和方法的说明信息。在查找所要用的类时，通常从相关的功能包入手，查找相关的类及有用的属性和方法，完成一个逻辑功能往往需要几个相关类配合完成。

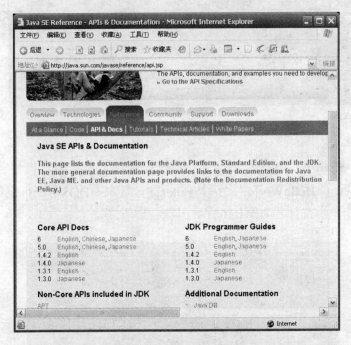

图1-17　在线使用API文档链接入口

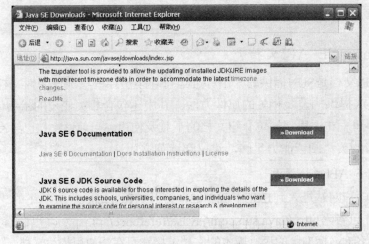

图1-18　"Java SE 6 Documentation"下载项

图1-19　Java SE 6 API首页

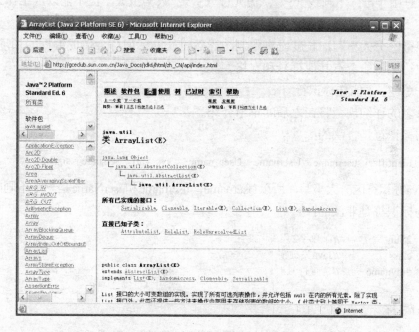

图1-20　ArrayList类说明

第2章 Java SE 6基本语法

Java语言在语法上继承了C++语言风格，对于具有C或者C++编程基础的读者来说，学习本章介绍的基本语法难度不大。但对于初学者而言，所犯的错误通常都是语法错误，所以学习Java基本语法非常重要。因此本章将重点介绍Java语言的基本语法，为后面学习Java程序设计打下良好的基础。

2.1 标识符、分隔符、关键字和注释

2.1.1 标识符

标识符是在对程序中各个元素命名时使用的命名记号，标识符可用作变量名、方法名、接口名、类名等。Java语言对于标识符的基本规定如下。

- 标识符由字母、下画线（_）、美元符（$）、数字组成，但不能以数字作为标识符的开头。
- 标识符区分大小写，长度没有限制，当然过长的标识符会造成编程的烦琐。
- 标识符中不能含有其他符号和空格。
- Java关键字不能作标识符。

一些命名的详细规范将在之后的章节介绍。

下面的标识符是合法的：

      Identiffer   username   Username   User_name   _sys_varl $change   sizeof

因为Java标识符区分大小写，所以Username、username和userName是三个不同的标识符。

下面的标识符是非法的：

```
2Sun          //以数字2开头
class         //Java关键字
#myname       //含有符号#
```

2.1.2 分隔符

在Java中，一些字符被当作分隔符使用，常用分隔符如表2-1所示。

表2-1 Java语言分隔符

符号	名称	用途
( )	圆括号	在定义和调用方法时，用来容纳参数表 在控制语句或强制类型转换组成的表达式中，用来表示执行 各种计算表达式中，用来表示计算的优先级
{ }	花括号、大括号	在编码时，用来定义程序块、类、方法以及局部范围 在初始化数组时，用来包括数组初始值

（续表）

符号	名称	用途
[ ]	方括号、中括号	在使用数组类型时，用来声明数组的类型和对数组某个元素进行引用
;	分号	在编码时，用来表示终止一个语句
,	逗号	在同时声明同一类型的多个变量时，用来分隔变量 在for控制语句中，用来分隔控制循环变量计算语句
.	句号（点）	在声明引用包和类时，用来分隔包、子包和类 在引用对象或类的属性方法时，用来分隔对象或类的属性和方法

2.1.3 关键字

Java关键字也称"保留字"，是Java语言本身定义的具有特殊含义和用途的单词，如表2-2所示，这些关键字与运算符和分隔符的语法一起构成Java语言的定义，关键字不能用于变量名、类名或方法名等标识中。其中关键字"const"和"goto"虽然被保留但未被使用，"true"、"false"、"null"是表示值的关键字，所有关键字都为小写字母。

表2-2 Java关键字

abstract	boolean	break	byte	case	catch	char	class
const	continue	default	do	double	else	extends	false
final	finally	float	for	goto	int	interface	if
implements	import	instanceof	long	native	new	null	package
private	protected	public	return	short	static	strictfp	super
switch	synchronized	this	throw	throws	transient	true	try
void	volatile	while					

2.1.4 注释

Java定义了3种注释的类型，其格式及用途如表2-3所示。

表2-3 Java注释

开始符号	结束符号	名称	用途
//	无	单行注释	标注每行"//"之后的内容为注释说明
/*	*/	多行注释	标注开始符号和结束符号之间的内容为注释说明
/**	*/	文档注释	标注开始符号和结束符号之间的内容为注释说明，这是Java特有的注释说明形式，使用相关的工具可以把这种形式编写的注释内容，生成Java API形式的HTML文档

下面代码中就包含了这3种不同注释的具体应用方式。

```
/*
 * 这是第一个Java程序的例子！
 * 公共类为Example1
 */
public class Example1 //类声明
{
```

```
/**
*main()方法是Java application程序的必须方法
*是 Java application程序的入口
*此例的运行结果是在显示器上输出引号内的内容
*/
  //类的主函数定义
public static void main (String args[ ])
{
        System.out.println("这是第一个Java例子！"); //输出语句
}
}
```

2.2　数据类型

　　Java语言是强类型语言，Java的安全性和健壮性也得益于此，每个变量、表达式都有类型，而且每种类型是严格定义的。它提供两大类数据类型，一种是基本数据类型，一种是引用数据类型。

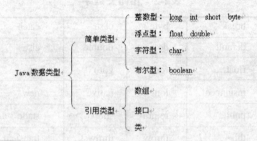

　　本节将介绍与基本数据类型相关的内容及基本数据类型之间的转换。

2.2.1　基本数据类型

　　基本数据类型也称为简单数据类型，直接代表简单值，而不是复杂的对象。Java是完全面向对象的，但基本数据类型不是，类似于其他非面向对象语言的简单数据类型，引入基本数据类型主要是对于执行效率的考虑。

　　Java定义了8个基本数据类型，其类型的标识都是小写字母，其中整数和浮点数都是有符号数，这些类型可分为以下4组。Java严格地规定了各种数据类型的表示范围，同时对于长整型、双精度型、Unicode字符集的支持，都极大地提高了Java的跨平台、跨语言的可移植性，程序员再也不必因为不同运行环境下，类型表示范围或语言问题去修改代码。

- 整数类型：字节型（byte）、短整型（short）、整型（int）、长整型（long）
- 浮点数类型：浮点型（float）、双精度型（double）
- 字符类型：字符型（char）
- 布尔类型：布尔型（boolean）

1. 整数类型

　　Java定义了4个整数类型：字节型（byte），短整型（short），整型（int），长整型（long），这些都是有符号的数。整数数据类型的特性如表2-4所示。

整数类型值表示如下。

- 十进制整数：123，-456，0
- 八进制整数：0123，-011（以数字0开头，0123表示十进制数83，-011表示十进制数-9。）
- 十六进制整数：0x123（以0x或0X开头，0x123表示十进制数291。）
- long类型常值：123L（整型常值占32位，如果要定义一个long类型常值，则要在数字后加字母L（或者小写形式l），123L表示一个长整数占64位。）

表2-4 整数类型特性

类型名称	类型标识	类型长度	表示数的范围
字节型	byte	8位（1字节）	$-2^7 \sim 2^7-1$（$-128 \sim 127$）
短整型	short	16位（2字节）	$-2^{15} \sim 2^{15}-1$（$-32\ 768 \sim 32\ 767$）
整型	int	32位（4字节）	$-2^{31} \sim 2^{31}-1$（$-2\ 147\ 483\ 648 \sim 2\ 147\ 483\ 647$）
长整型	long	64位（8字节）	$-2^{63} \sim 2^{63}-1$（$-9\ 223\ 372\ 036\ 854\ 775\ 808 \sim 9\ 223\ 372\ 036\ 854\ 775\ 807$）

2. 浮点数类型

Java定义了2个浮点类型：浮点型（float），双精度型（double），这些都是有符号的数，浮点数数据类型的特性如表2-5所示。

表2-5 浮点数类型特性

类型名称	类型标识	类型长度	表示数的范围
浮点型	float	32位（4字节）	3.4E-038～3.4E+038
双精度型	double	64位（8字节）	1.7E-308～1.7E+308

浮点数类型值的表示如下。

- 十进制数形式：0.123，.123，123.，123.0（由数字和小数点组成，必须有小数点。）
- 科学计数法形式：123e3，123E3（e或E之前必须有数字，且e或E后面必须有整数，表示10的幂次。）
- float类型常值：12.3F（浮点常数在机器中占64位，对于float型的常值，则要在数字后加f或F，12.3F表示一个单精度浮点常数占32位，表示精度较低。）

3. 字符类型

Java定义了存储字符的数据类型char，该类型长度是16位（2字节），其表示范围是0～65 536。Java使用Unicode码代表字符，很好地解决了跨语言问题，为建立能够跨语言使用的系统打下了坚实的基础，这也恰恰是网络应用系统所需要的。

Unicode是国际化的字符集，能表示迄今为止人类语言的所有字符集，是几十个字符集的统一，如中文、拉丁文、希腊语、阿拉伯语、希伯来语、日文片假名、匈牙利语等。

字符常值是用单引号括起来的单个字符，如'a'，'A'，Java也提供转义字符，以反斜杠"\"开头，将其后的特殊信息转变为表示的相应字符，常用转义字符如表2-6所示。

表2-6 Java常用转义字符

转义字符	说明
\ddd	表示编码为ddd的字符，其中ddd为八进制数
\uxxxx	表示Unicode编码为xxxx的字符，其中xxxx十六进制数
\'	单引号字符'
\"	双引号字符"
\\	反斜杠字符\
\r	回车
\n	换行
\f	换页
\t	水平制表符
\b	退格

4. 布尔类型

Java定义了表示逻辑真假值的基本类型，称为布尔型（boolean）。它的常值只能是true或false这两个关键字中的一个，不需要填加任何符号做修饰，是"m<n"这种关系运算或逻辑运算的返回类型，对if、for等控制语句是必需的。

2.2.2 引用类型

引用类型也称为复杂数据类型，代表复杂的"类"类型，"类"的详细概念将在后面介绍，引用类型可以是JDK提供的类库里的类，也可以是用户自定义的任何类。引用类型的变量用来引用类的实例对象，引用类型的首字母一般都是大写的（Java类的命名规范）。

还有Java基本数据类型相对应的复杂封装类，这种类型和基本数据类型是不同的类型，在具体编码时要特别注意区分。这些封装类除了包含相关数据信息，还包含了对相关数据的操作方法，基本类型与封装类型的对应信息，如表2-7所示。

表2-7 基本数据类型与封装数据类型

基本数据类型	封装数据类型
byte	Byte
short	Short
int	Integer
long	Long
float	Float
double	Double
char	Character
boolean	Boolean

Java中最常用的引用类型是String类型，是表示字符串数据的类型，该类型值是用双引号来分隔的，相关定义的示例代码如下：

```
String userName="Tom";      //定义了名为userName的字符串变量，赋初值"Tom"
String name="";             //定义了名为name的字符串变量，赋初值" "（空字符串）
```

2.2.3 数据类型间的转换

Java语言中数据类型的转换分为自动类型转换和强制类型转换两种，在这里将主要讨论基本类型的数据转换问题，引用类型的相互转换问题将在后面相关章节讨论。

1. 自动类型转换

Java中的两种数据类型满足下面两个条件，那么将一种类型的数据赋给另外一种类型变量，做类型转换时将执行自动类型转换。

- 这两种类型是兼容的。
- 目的类型数的范围比源类型大。

例如，int与byte类型都是整数类型，int的范围比byte范围大，因此将byte类型的变量转换为int类型时将进行自动类型转换，自动类型转换是不需要任何显式的声明的，byte类型自动转换为int类型示例片段代码如下：

```
byte b=36;
int i=b;   //自动类型转换不要任何声明
```

同样的自动类型转换，可以使整数类型中的小整数向大整数转换，浮点数类型中的单精度类型向双精度类型转换，当然整数类型向浮点数类型转换也可以使用自动转换，只要被转换的整数类型数据包含在相关浮点数范围之内即可。

字符类型char也可以向int或long类型做自动类型转换，但是数据表示的意义不再是一个字符而是对应的字符的编码，例如字符"b"转换成了int类型后值变成了"98"。char类型自动转换成int类型的代码如下：

```
char c='b';
int i=c;                //自动类型转换不要任何声明
System.out.print(i);    //输出值为98
```

boolean类型与数字类型、字符类型都是不兼容的类型，所以不能够进行自动转换，在Java里不能进行boolean与其他类型的数据转换。

2. 不兼容类型的强制类型转换

在编程过程中经常要把兼容类型的大范围数据转换成小范围的，例如把short类型数据转换为byte类型，在这种情况下就要采用强制的类型转换，强制类型转换的语法格式如下：

```
targetType tp=( targetType)sourceType;
```

其中"targetType"是要转换的小范围类型，"sourceType"是被转换的大范围数据类型，例如把short类型数据转换为byte类型数据代码如下：

```
short s=25;
byte b=(byte)s;         //强制类型转换声明short类型转换为byte类型
```

System.out.print(b);   //输出值为25

　　强制类型转换可以在兼容类型间进行，例如把浮点数转换为整数等，但是在强制类型转换的过程中常常会发生小数被舍去或者数值变小的变化。这是由于数值范围是从大变小，会发生截断，所以在具体应用时，如果不希望数值发生任何变化，就要注意原大类型中的数值是否在转换后类型的表示范围内，如果超出的话就要发生值的变化，如例上面代码中的"25"是在byte类型的表示范围内的，所以最后的输出值没有发生变化。

2.3　变量与常量

　　变量与常量是编程中最常使用的，Java中的变量与常量的概念与其他语言基本相同，在这里将主要说明在Java语言中与变量和常量相关的规则和使用。

2.3.1　变量的命名规则

1. 变量的命名

　　Java语言的变量命名也是Java标识之一，所以其命名首先要符合Java的标识符的相关规定，可参考2.1.1节，这里就不再重复。这里所要说明的是Java变量的标准通用命名规范，虽然这些规则在程序编写过程中不像标识符相关规则那样要强制遵守，但是这些规范是编写出规范可读性强的高质量代码必不可少的，规范的变量命名也会减少代码编写的错误。

　　当然，在具体的软件系统开发过程中，一些组织或者项目组对于这方面都会有具体的规定，这些规定多数都是在所介绍的规则基础之上，按照具体情况的需要进行调整或者细化。

　　Java中变量命名的基本规范如下：

- 首字母为小写字母。
- 变量的命名要有实际的意义，能够表明所代表的数据的含义。
- 命名的方法采用匈牙利命名法，多个单词连接，后面的单词首字母为大写。

　　规范的变量命名示例如下：

　　　　userName userID UserPassword userType

　　当然，在命名中，由于有的单词太长，在编程过程中经常会使用缩写，例如"password"缩写成"pwd"，一些项目还会根据具体的需要把一些常用的长命名进行统一的缩写规定，提高编写代码的可读性。

2. 变量的声明

　　Java变量的声明和传统语言非常类似，由变量类型和变量名称两部分组成，具体格式如下：

　　　　varType varName; //变量类型 变量名称

　　其中变量的类型可以是Java语言的基本类型，也可以是引用类型。

　　变量声明示例代码如下：

　　　　int a; //声明了名为a的int类型的变量
　　　　String userName; //声明了名字为userName的String（字符串）类型的变量

2.3.2 变量的初始化

变量的初始化值可以是直接的相关类型值、变量和计算的结果，在声明后可以直接赋予变量所需的初始化值，也可以先声明，后初始化。

变量的初始化赋值的示例代码如下：

```
int count=9;        //声明int类型变量count，并初始化了值为整数9
int total;          //声明int类型变量total
total =9*7;         //初始化了total值为整数63
int i=total;        //声明int类型变量i，赋初始值为total
```

如果变量没有显示赋予初始化值就使用，Java会在编译时报变量未初始化错误，例如下面这段变量未初始化的代码。

```
public class InitValueError{
    public static void main(String[] args)        {
        int i;    //只声明未初始化变量i的值
        System.out.println(i);
    }
}
```

编译时，将提示"可能尚未初始化变量i"错误信息，如图2-1所示。

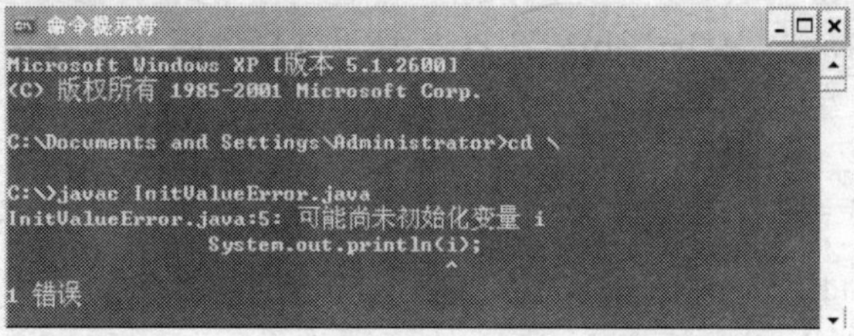

图2-1 变量未初始化编译错误

2.3.3 变量的有效范围

变量的作用域是指它的存在范围，只有在这个范围内，程序代码才能使用它。变量的作用域是从它被声明的地方开始到它所在代码块的结束处，代码块是指位于一对大括号"{}"以内的代码，一个代码块定义就了一个作用域。

变量的作用域决定了变量的生命周期，变量的生命周期是指从一个变量被创建并分配内存空间开始，到这个变量被销毁并清除其所占用内存空间的过程。变量在其作用域内被声明创建，离开其作用域时将被撤销，一个变量的生命周期就被限定在它的作用域中。

按照作用域的不同，Java类中的变量可以分为成员变量和局部变量。

（1）成员变量：在类的所有方法的外部声明，它的作用域是整个类。

（2）局部变量：在一个方法的内部或方法的一个代码块的内部声明。如果在一个方法内部声明，它的作用域就是这个方法体；如果在一个方法的某个代码块的内部声明，它的作用域就是这个代码块。

下面代码定义了Java类的成员变量和局部变量。

```
public class Example7{
```

```
        static int x=1;        //定义成员变量
        static int y=3;        //定义成员变量
        public static void main(String[] args)
        {
        int a=2;               //定义局部变量
        int b=6;               //定义局部变量
        System.out.println("x="+x+" "+"y="+y);
        System.out.println("a="+a+" "+"b="+b);
        function();
         }
        public static void function()
        {
            int c=3;   //定义局部变量
            int d=5;   //定义局部变量
            System.out.println("x="+x+" "+"y="+y);
            System.out.println("c="+c+" "+"d="+d);
        }
      }
```

在上述代码中，变量x、y是声明在类的内部方法的外面，其作用域是整个类，在类的任何地方都可以调用变量x和y。局部变量a、b、c、d是在各自的方法体内定义的，因此各局部变量的作用域就是其所在的方法内部。因此，变量a、b只能在main()方法的一对大括号内使用，变量c、d也只能在function()方法的一对大括号内使用。如果在function()方法中添加语句System.out.println("a="+a+" "+"b="+b)，在程序编译时将会出现编译错误，因为此时变量a、b超出了其作用域。

2.3.4　常量的概念与使用

在程序运行过程中其值始终固定不变的量在Java语言中称为常量。按照数据类型的不同，常量又分为整型常量、浮点常量、布尔型常量、字符常量、字符串常量等。

1. 整型常量

整型常量在计算机中的表示可以分为十进制（decimal）、十六进制（hexadecimal）或八进制（octal）三种形式。其中，十进制读者都非常熟悉，下面重点介绍其余两种进制形式。

· 十六进制：0 1 2 3 4 5 6 7 8 9 A B C D E F

以十六进制表示时，需以0x或0X开头，例如，0x87，0xAe，0x34。

· 八进制：0 1 2 3 4 5 6 7

八进位必须以0开头，例如，0732，0327。

这里读者需要注意的是，使用long型常量时，最后必须以L做结尾，如789L。

2. 浮点型常量

浮点型常量就是可以带小数点的数据，其表现形式有两种：

· 小数点形式，例如，12.37，-0.567等。

· 指数形式，例如，2.3E4（表示2.3×10^4），2.3E-4（表示2.3×10^{-4}）。

这里读者需要注意的是，在Java语言中，使用浮点型常量时默认的类型为双精度型，即double型。如果要指定是float型或double型，可以采用在浮点型常量后面加上F(f)或者D(d)的方式，例如，23.34F，-78.34D。

3. 字符型常量

字符型常量是由英文字母、数字、特殊字符等的字符所表示，其值就是字符本身。表示法是用两个单引号将字符括起来，例如，'A'、'@'。

另外，与C语言一样，Java的字符集中也包括一些控制字符，但是这些字符是不能显示的，可以通过转义字符来表示。这些转义字符如表2-8所示。

表2-8 转义字符

转义字符	功能
\b	退格
\t	水平制表
\n	换行
\f	换页
\r	回车

4. 字符串型常量

字符串常量是由两个双引号所括起来的有零个或多个字符组成的字符串。例如，"Hello World!"。这里需要提醒读者的是，一定要分清空字符串常量和未初始化的字符串变量之间的区别。下面代码显示了这两者之间的区别：

```
String str1="";
String str2;
```

其中字符串变量str1的值是空字符串常量，而字符串变量str2是未初始化的变量，它的值为null，表示不确定，而不是空字符串。

5. 布尔型常量

布尔型常量的值只有两种：true（真）与false（假），它表示逻辑的两种状态。

2.4 运算符与表达式

Java语言的运算符与C++非常类似，包含赋值运算符、算术运算符、关系运算符、逻辑运算符、位运算符等，主要用来表示和处理相关的运算逻辑，同时不同的运算符之间还存在着不同的运算优先级定义。

2.4.1 赋值运算符

赋值运算符是指为变量或常量指定值的符号，在Java中最基本的赋值运算符是"="。由于Java语言是强类型的语言，所以赋值时，值类型与声明类型要求必须匹配，如果类型不匹配也要能自动转换为对应的类型，否则编译将报语法错误。需要注意的是，只能为变量和常量赋值，不能为运算式赋值。赋值运算符示例片段代码如下：

```
byte b = 12;          //类型匹配，直接赋值
double d = 100;       //类型不匹配，先自动将100转换成100.0，后赋值
```

```
boolean t = -100;        //类型不匹配，无法自动转换，语法错误
a + b = 100;             //不能为运算式a + b赋值，语法错误
```

基本赋值运算符可以组合其他运算符，组成复合赋值运算符，在相关运算符介绍部分将进行详细的说明。

2.4.2　算术运算符

算术运算符是用在数学表达式中表示算术计算的，其用法和功能与其他语言一样，可以分为基本算术运算符、算术复合赋值运算符、递增和递减运算符。算术运算符的运算数必须是基本数字类型的，也可以是char类型数据，但不能是boolean类型数据。

1. 基本算术运算符

Java的基本运算符及含义如表2-9所示。

表2-9　Java基本运算符及含义

运算符	含义
+	两个运算数做加法运算
-	两个运算数做减法运算或右侧单个运算数取负数
*	两个运算数做乘法运算
/	两个运算数做除法运算
%	两个运算数做除法取其余数的运算，也叫取模运算

其中整数间的除法（"/"）余数将被舍去，尽管结果可能赋给符点数，所以在做整数除法需要精确的结果时，要注意相关运算数的类型，整数除法运算的示例代码如下：

```
int i=12/5;       //i=2整数除法舍余数
double d=12/5;    //d=2.0整数除法舍余数结果为2，被自动转换成2.0
float f=12.0/5;   //f=2.4结果为精确值
```

2. 算术复合赋值运算符

基本算术运算符和赋值运算符组合形成算术复合赋值运算符，相关符号和含义如表2-10所示。

表2-10　Java算术复合赋值运算符及含义

运算符	含义
+=	a+=b等价于a=a+b，将运算符左侧运算数加右侧运算数后，结果再赋给左侧运算数变量
-=	a-=b等价于a=a-b，将运算符左侧运算数减右侧运算数后，结果再赋给左侧运算数变量
*=	a*=b等价于a=a*b，将运算符左侧运算数乘右侧运算数后，结果再赋给左侧运算数变量
/=	a/=b等价于a=a/b，将运算符左侧运算数除右侧运算数后，结果再赋给左侧运算数变量
%=	a%=b等价于a=a%b，将运算符左侧运算数取模右侧运算数后，结果再赋给左侧运算数变量

3. 递增和递减运算符

递增和递减运算用来使变量的值自增1或自减1，相关符号和含义如表2-11所示。

表2-11　Java递增和递减运算符及含义

运算符	含义
++	a++或++a等价于a=a+1，将运算数数值加1
--	a--或--a等价于a=a-1，将运算数数值减1

在使用递增或递减运算符时，要注意运算数在运算符左侧和右侧的区别，运算数在左侧时运算数先参与相关计算与赋值，然后运算数再递增或递减，而运算数在右侧时运算数将先递增或递减，递增或递减后的结果参与相关的计算与赋值，当然无论运算数在运算符的哪边，运算数的结果都将递增或递减。

递增和递减运算符相关代码如下：

```
int i = 1;
int j= i++;    //运算结果为i=2, j=1, i在运算符左侧先赋值，后自增
int k = 1;
int l= ++k;    //值的结果为k=2, l=2, k在运算符右侧先自增，后赋值
```

2.4.3　关系运算符

关系运算符用来判断数值之间的关系，其运算的结果是布尔值。关系运算符常常用在if控制语句和各种循环语句的表达式中，相关符号和含义如表2-12所示。

表2-12　Java关系运算符及含义

运算符	含义
= =	判断左边的数值是否等于右边的数值，如果等于结果为true，否则为false
!=	判断左边的数值是否不等于右边的数值，如果不等于结果为true，否则为false
>	判断左边的数值是否大于右边的数值，如果大于结果为true，否则为false
<	判断左边的数值是否小于右边的数值，如果小于结果为true，否则为false
>=	判断左边的数值是否大于或等于右边的数值，如果大于或等于结果为true，否则为false
<=	判断左边的数值是否小于或等于右边的数值，如果小于或等于结果为true，否则为false

关系运算符示例代码如下：

```
int a = 1;
int b=2;
boolean b1=(a==b);    //b1的值为false
boolean b2=(a!=b);    //b2的值为true
boolean b3=(a>b);     //b3的值为false
boolean b4=(a<b);     //b4的值为true
boolean b5=(a>=b);    //b5的值为false
boolean b6=(a<=b);    //b6的值为true
```

2.4.4 逻辑运算符

逻辑运算符是专门用来对布尔类型的值进行逻辑计算的，逻辑运算符的运算数只能是布尔型，结果也是布尔类型，相关符号和含义如表2-13所示。

表2-13 Java逻辑运算符及含义

运算符	含义
&	两个运算数做逻辑与运算
|	两个运算数做逻辑或运算
!	运算符右侧单个运算数做逻辑非运算
^	两个运算数做逻辑异或运算
||	两个运算数做短路或运算
&&	两个运算数做短路与运算
&=	a&=b等价于a=a&b，将运算符左侧运算数逻辑与右侧运算数后，结果再赋给左侧运算数变量
|=	a|=b等价于a=a|b，将运算符左侧运算数逻辑或右侧运算数后，结果再赋给左侧运算数变量
^=	a^=b等价于a=a^b，将运算符左侧运算数逻辑异或右侧运算数后，结果再赋给左侧运算数变量
==	判断两边的运算数是否相等，如果相等结果为true，否则为false
!=	判断两边的运算数是否不相等，如果不相等结果为true，否则为false

1. 基本逻辑运算符

基本逻辑"与"、"或"、"非"、"异或"运算规则如下，其相关运算真值表如表2-14所示。

- 逻辑与：两边的操作数都为true，运算结果为true，否则结果为false。
- 逻辑或：两边的操作数都为false，运算结果为false，否则结果为true。
- 逻辑非：运算符右侧单个运算数为true，运算结果为false，否则结果为true。
- 逻辑异或：两边的操作数不同的时候运算结果为true，否则结果为false。

表2-14 Java基本逻辑运算真值表

A	B	A&B	A|B	!A	A^B
false	false	false	false	true	false
true	false	false	true	false	true
false	true	false	true	true	true
true	true	true	true	false	false

2. 短路逻辑运算符

Java中的短路运算符包括"短路与"（"&&"）和"短路或"（"\|\|"）运算，其基本运算的规则结果与普通的"与"、"或"逻辑运算相同，但是运算过程中有差别。

普通的与运算（"&"）在运算时会一直计算运算符两边的结果，而"短路与"运算（"&&"）在运算到左侧的运算结果为false时，就会发生短路不进行运算符右侧的计算，直接得逻辑运算结果false，当然如果左侧的结果为true，短路与还会继续计算以获得最终的计算结果。

"短路或"运算与"短路与"计算类似，普通的或运算（"|"）在运算时会一直计算运算符两边的结果，不过"短路或"运算（"||"）在运算到左侧的运算结果为true时，会发生短路不进行运算符右侧的计算，直接得逻辑运算结果true，当然如果左侧的结果为false，短路或还会继续运算符右侧计算以获得最终的计算结果。

"短路与"和"短路或"运算的相关示例代码如下：

```
int  a = 1;
int  b=2;
boolean b1=(a==b&(a/0>1));        //报错，两边的运算都进行，运行报错，不能除以0
boolean b2=(a==b&&(a/0>1));       //b2=false，左边结果为false，短路与没有计算右边的逻辑
boolean b3=(a<b&&(a/0>1));        //报错，左边结果为true，短路与继续计算右边的逻辑
boolean b4=(a<b|(a/0>1));         //报错，两边的运算都进行，运行报错，不能除以0
boolean b5=(a<b||(a/0>1));        //b5=true，左边结果为true，短路或没有计算右边的逻辑
boolean b6=( a>b||(a/0>1));       //报错，左边结果为false，短路或继续计算右边的逻辑
```

2.4.5 位运算符

Java位运算符允许操作一个整数数据类型中的单个"比特"，即二进制位，按位运算符会对运算数中对应的位执行布尔代数或位移。按位运算来源于C语言的低级操作，要直接操纵硬件，需要频繁设置硬件寄存器内的二进制位。Java的设计初衷是嵌入电视机顶盒内，所以这种操作仍被保留下来了，当然在现在实际编程过程中，需要直接进行位计算的逻辑已经不多了，位运算符的相关符号和含义如表2-15所示。

表2-15 Java位运算符及含义

运算符	含义
~	运算符右侧单个运算数作按位非运算
&	两个运算数做按位与运算
I	两个运算数做按位或运算
^	两个运算数做按位异或运算
&=	a&=b等价于a=a&b，将运算符左侧运算数按位与右侧运算数后，结果赋给左侧运算数变量
I=	aI=b等价于a=aIb，将运算符左侧运算数按位或右侧运算数后，结果赋给左侧运算数变量
^=	a^=b等价于a=a^b，将运算符左侧运算数按位异或右侧运算数后，结果赋给左侧运算数变量
>>	将整数位的位置向右移若干位，舍掉右侧低位的值，左侧以符号位值填充
>>>	将整数位的位置向右移若干位，舍掉右侧低位的值，左侧以0填充。（无符号右移）
<<	将整数位的位置向左移若干规定位，舍掉左侧高位的值，右侧以0填充
>>=	a>>=n等价于a=a>>n，将运算符左侧运算数按位右移n位，结果赋给左侧运算数变量
>>>=	a>>>=n等价于a=a>>>n，将运算符左侧运算数按位无符号右移n位，结果赋给左侧运算数变量
<<=	a<<=n等价于a=a<<n，将运算符左侧运算数按位无符号左移n位，结果赋给左侧运算数变量

1. 位逻辑运算符

位逻辑运算符有按位与（"&"）、 按位或（"|"）、按位非（"~"）、按位异或（"^"），这些运算都是针对整数的每个位进行的，运算规则如下，其相关运算结果真值表如表2-16所示。

- 按位与（"&"）：两个对应的位都为1，运算结果为1，否则结果为0。
- 按位或（"|"）：两个对应的位都为0，运算结果为0，否则结果为1。
- 按位非（"~"）：对应的位都为1，运算结果为0，否则结果为1。
- 按位异或（"^"）：两个对应的位不同的时候运算结果为1，否则结果为0。

表2-16　Java位逻辑运算真值表

A	B	A&B	A|B	~A	A^B
0	0	0	0	1	0
1	0	0	1	0	1
0	1	0	1	1	1
1	1	1	1	0	0

其中按位非也叫做取补，以上的运算规则在做具体运算时，是针对整数的每一位进行的，整数位逻辑运算的示例代码如下：

```
a:      00001010   （十进制数：10）
b:      00000010   （十进制数：2）
~a:     11110101
a&b:    00000010
a|b:    00001010
a^b:    00001000
```

2. 位移运算符

位移运算符就是将运算数的位向左或向右移动若干位，所以位移运算符的左侧是整数运算数，右侧是要移动的位数，相关运算规则如下：

- 右移（">>"）：将整数位的位置向右移若干位，舍掉右侧低位的值，左侧以符号位值填充。
- 无符号右移（">>>"）：将整数位的位置向右移若干位，舍掉右侧低位的值，左侧以0填充。
- 左移（"<<"）：将整数位的位置向左移若干位，舍掉左侧高位的值，右侧以0填充。

整数位移运算的示例代码如下：

```
a:      10001010   （十进制数：-10）
a>>1:   11000101   a右移1位
a>>2:   11100010   a右移2位
a>>>2:  00100010   a无符号右移2位
a<<3:   01010000   a左移3位
```

2.4.6　条件运算符

Java提供一个唯一的三元运算符，这个运算符就是"? :"条件运算符。其语法格式为：

```
expression?statement1:statement2
```

其中，表达式expression的值为一个布尔值，如果该值为true，则执行语句statement1，如果该值为false，则执行语句statement2，需要注意的是statement1和statement2语句返回的值必须具有相同的数据类型。

条件运算符的示例代码如下：

```
int a=1,b=2,sum=0;
int result;
result=sum==0?a:b;
System.out.println("result="+result);
```

在上述代码中，sum=0，所以条件sum= =0成立，因此result变量的值等于a，最后程序输出结果为"result=1"。

2.4.7 运算符的优先级

通过上述的讲解，读者已经知道在Java中有许多类型的运算符，在编程中经常会在一个运算表达式中涉及多种运算，会用到多种运算符，各种运算的优先级会影响计算的先后顺序，也会影响到计算结果，Java中运算符优先级定义如表2-17所示，其中优先的级别是从高向低排列的，同一行的优先级相同。

表2-17 Java位运算符优先级

优先级别	运算符	运算规则
最高	( ) [ ] .	从左向右运算
	++ - - ~ !	从右向左运算
	* / %	从左向右运算
	+ -	从左向右运算
	>> >>> <<	从左向右运算
	> >= < <=	从左向右运算
	= = !=	从左向右运算
	&	从左向右运算
	^	从左向右运算
	|	从左向右运算
	&&	从左向右运算
	||	从左向右运算
	?:	从右向左运算
最低	= op=	从右向左运算

其中"()"运算符常被用来显示包含运算式中需要先计算的部分，尽量在运算表达式中多使用该运算符，可以提高表达式的可读性，并能避免由于运算符的级别问题而造成的定义表达式错误。"[]"运算符是用来表示数组下标的，而"."运算用来将对象引用和成员名进行连接。

2.4.8　表达式

表达式是操作数通过运算符连接起来形成的算式。一个表达式可能同时包括多个操作，操作的顺序由各运算符的优先级及括号决定。

一个常量或一个变量是最简单的表达式。表达式的值还可以作为其他操作的操作数，从而形成更复杂的表达式。

下面是一些表达式的示例：

```
speed
3.1415
num1+num2
a*(b+c)+d
x<=(y-z)
x&&y||z
```

第3章　Java SE 6流程控制语句

　　Java是面向对象的语言，但在具体的逻辑处理内部仍然需要借助结构化的基本流程结构来组织语句，完成相应的逻辑处理功能。本章将重点介绍Java中的流程控制语句，Java中的流程控制语句和C/C++中的实现非常相似。

3.1　三种控制结构

　　Java语言和其他结构化编程语言一样，都支持三种控制结构，这三种控制结构分别是顺序、分支、循环。这三种结构的相关含义及说明如下，相关逻辑执行的流程示意如图3-1所示。

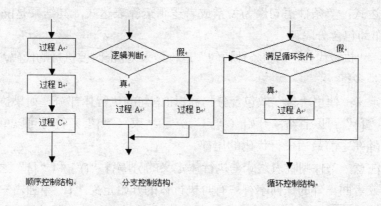

图3-1　三种程序控制结构示意图

- 顺序控制结构：编码中最简单的流程控制方式，按照代码定义先后顺序，一行一行地执行，多数代码都是按照这种方式组织运行的，前面章节所介绍的代码及相关片段都是这种控制结构，如图3-1中所示，逻辑过程A、B、C会被顺序执行。
- 分支控制结构：代码的执行有时要根据具体情况做出判断，根据不同的情况进行不同的逻辑处理，这时代码的运行就会根据判断的真假，而运行不同的逻辑分支。如图3-1中所示，当逻辑判断为真时，逻辑过程A将被执行，而当逻辑判断为假时，逻辑过程B将被执行。
- 循环控制结构：在处理一些重复的逻辑时，相同的代码会被重复执行多次，如果仅仅使用顺序控制结构就会造成代码的重复，循环控制结构可以按照一定的循环条件来控制相同的逻辑重复运行多次，而不会造成代码的重复。如图3-1中所示，当循环条件为真时，逻辑过程A将被执行，A被执行后将继续判断循环条件是否满足，如果还为真，A将再被重复执行，直至判断循环条件为假时，循环逻辑控制结束，A将不再执行。

3.2 分支语句

分支语句是用来实现分支控制结构的语句，Java中的分支语句有if条件语句和switch语句，其中if语句根据其应用的复杂程度又可以分为简单、嵌套等情况，本节将对相关的语法规定和用法做详细的说明。

3.2.1 简单if条件语句

简单if条件语句是在满足判断条件为真后执行相关定义的代码，不满足则不执行任何代码，其语法格式如下所示：

```
if(条件语句){
    执行代码
}
```

相关的说明及注意事项如下。

- 条件表达式："条件语句"为关系或者逻辑运算表达式，其结果是boolean类型，用"()"作为包含分隔。
- 代码块："执行代码"为"条件语句"运行结果为true时要执行的代码，可以是一行，也可以是多行。
- 代码块定义：使用"{}"做包含分隔标识if语句的执行体部分，如果执行代码仅是一行代码"{}"可以省略，开始（"{"）和结束（"}"）符号可以单独占一行，也可以跟随在之前最后一行代码的尾部。
- 要特别注意，条件判断表达式与执行体定义的分隔符"()"和"{}"之间，不能添加除空格或者回车外的任何字符，有时执行体的开始定义"{"单独占一行时，特别容易习惯性的在判断表达式最后添加"；"，这样会造成无论判断结果如何后面的代码块都会执行。

简单if条件语句示例代码如下：

```java
class SimpleIfExample{
    public static void main(String[] args)         {
        int i = 9;
        System.out.println("i=" + i);              //打印输出i的值
        if (i % 2 == 0) {                          //如果i%2的结果等于0，输出相关提示信息
            System.out.println("i能被2整除");
        }
        if (i % 3 == 0)                            //如果i%3的结果等于0，输出相关提示信息
        {
            System.out.println("i能被3整除！");
        }
        if (i % 5 == 0);    //如果i%5的结果等于0，不做任何操作，"；"表示if代码块的结束
        System.out.println("i能被5整除！");    //该语句将总执行与if条件判断无关
    }
}
```

该例的运行结果，如图3-2所示。

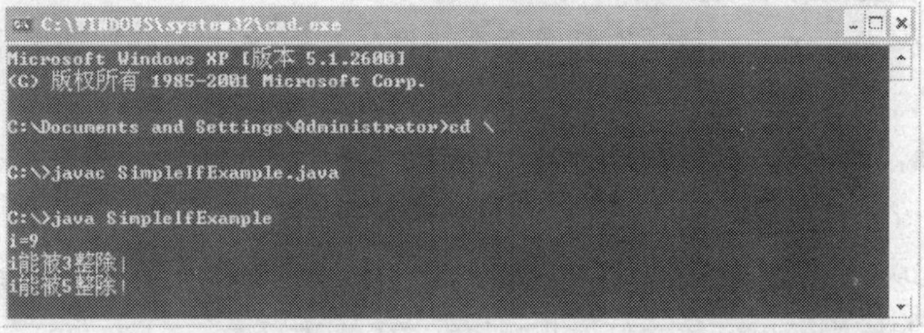

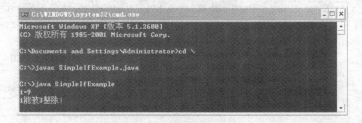

图3-2 简单条件语句示例运行结果

其中要特别注意"i能被5整除！"的信息也被打印了出来，这显然是错误的，这是代码中"if (i % 5 == 0);"的分号（";"）造成的，修改正确的代码如下所示：

```java
class SimpleIfExample{
    public static void main(String[] args)        {
        int i = 9;
        System.out.println("i=" + i);             //打印输出i的值
        if (i % 2 == 0) {                         //如果i%2的结果等于0，输出相关提示信息
            System.out.println("i能被2整除");
        }
        if (i % 3 == 0)                           //如果i%3的结果等于0，输出相关提示信息
        {
            System.out.println("i能被3整除！");
        }
        if (i % 5 == 0)          //如果i%5的结果等于0，输出相关提示信息
        System.out.println("i能被5整除！");
    }
}
```

实验输出结果将不再打印"i能被5整除！"的信息，如图3-3所示。

图3-3 修改后示例的运行结果

3.2.2 if...else条件语句

if...else条件语句是在满足判断条件为真时执行相关定义的代码，而不满足条件则执行另外定义的代码，其语法格式如下所示：

```
if(条件语句){
    执行语句1
}else{
    执行语句2
}
```

相关的说明及注意事项如下。

- 条件表达式："条件语句"为关系或者逻辑运算表达式，其结果是boolean类型，用"()"作为包含分隔。
- if代码块："执行语句1"为"条件语句"运行结果为true时要执行的代码，可以是一行，也可以是多行代码。
- else代码块：使用else关键字作分隔，"执行语句2"为"条件语句"运行结果为false时要执行的代码，可以是一行，也可以是多行代码。
- 代码块定义：使用"{}"做包含分隔标识执行体部分，如果执行代码仅是一行代码"{}"可以省略，开始（"{"）和结束（"}"）符号可以单独占一行，也可以跟随在之前最后一行代码的尾部。
- 要特别注意，与简单if语句类似，条件判断表达式与执行体定义的分隔符"()"和"{}"之间，else关键字与前后执行体定义"}"和"{"之间，不能添加除空格或者回车外的任何字符。

if...else条件语句示例代码如下：

```java
class IfExample {
    public static void main(String[] args) {
        int i = 9;
        System.out.println("i=" + i);  //打印输出i的值
        if (i % 2 == 0) {
            System.out.println("i能被2整除"); //如果i%2的结果等于0，输出相关提示信息
        } else {
            System.out.println("i不能被2整除");       //如果i%2的结果不等于0，输出相关提示信息
        }
        if (i % 3 == 0) {
            System.out.println("i能被3整除！");        //如果i%3的结果等于0，输出相关提示信息
        } else {
            System.out.println("i不能被3整除！");  //如果i%3的结果不等于0，输出相关提示信息
        }
        if (i % 5 == 0)
            System.out.println("i能被5整除！");        //如果i%5的结果等于0，输出相关提示信息
        else
            System.out.println("i不能被5整除！"); //如果i%5的结果不等于0，输出相关提示信息
    }
}
```

该例的运行结果，如图3-4所示。

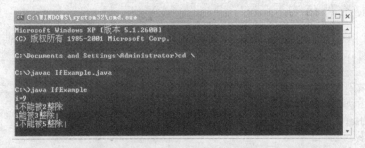

图3-4 if...else条件语句示例运行结果

3.2.3 多嵌套if语句

if语句中的执行代码块可以是任何合法的Java语句，如果是if语句本身，则构成if语句的嵌套结构，从而形成多分支选择结构，程序的执行逻辑结构，如图3-5所示。当然，if语句既可以嵌套在if代码块中，也可以嵌套在else代码块中，常见的多分支if语句的语法格式如下：

```
if(条件语句1){
    执行语句1
}else if(条件语句2){
    执行语句2
}……
    else{
    执行语句 n+1
}
```

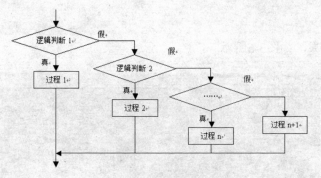

图3-5 if多分支选择结构示意

相关的说明及注意事项如下。

- 条件表达式："条件语句 i"(i=1，2，……)为关系或者逻辑运算表达式，其结果是boolean类型，用"()"作为包含分隔。
- if代码块："执行语句1"为相应"条件语句 1"运行结果为true时要执行的代码，可以是一行，也可以是多行。
- 嵌套else代码块：使用else…if关键字作为分隔，"执行语句 i"(i=2，3，……)为相应的"条件语句 i"运行结果为true时所执行的代码，可以是一行，也可以是多行。
- 在所有的代码块中只执行其中一部分，如果多个条件同时满足，则只运行最早定义的代码块，如果所有的条件都不满足，执行最后的else定义的代码块，当然嵌套else代码块的数量是按照实际的逻辑需要来定义的，最后的else代码块在逻辑不需要的情况下包括else关键字在内，可以完全省略。
- 执行代码块定义：使用"{}"作为包含分隔标识执行体部分，如果执行代码仅是一行代码，"{}"可以省略，开始（" {"）和结束（"}"）符号可以单独占一行，也可以跟随在之前最后一行代码的尾部。
- 要特别注意，与其他if语句类似，条件判断表达式与执行体定义的分隔符"()"和"{}"之间，else关键字与前后执行体定义"}"和"{"之间，不能添加除空格或者回车外的任何字符。

多嵌套if条件语句示例代码如下：

```java
class ComIfExample {
    public static void main(String[] args) {
        int i = 9;
        System.out.println("i=" + i);    //打印输出i的值
        if (i % 2 == 0) {
            System.out.println("i能被2整除");      //如果i%2的结果等于0，输出相关提示信息
        } else if (i % 3 == 0) {
            System.out.println("i能被3整除！");     //如果i%3的结果等于0，输出相关提示信息
        } else if (i % 5 == 0){
            System.out.println("i能被5整除！");     //如果i%5的结果等于0，输出相关提示信息
        }else{
            System.out.println("i不能被2、3、5整除！");   //都不能被整除时，输出相关提示
                                                        //信息
        }
    }
}
```

该例的运行结果，如图3-6所示。

图3-6　多嵌套条件语句示例运行结果

3.2.4　switch多分支语句

多分支判断逻辑控制结构，使用嵌套的if语句是可以实现的，针对以值做判断的分支逻辑处理使用switch语句来实现，会更简单明了，其语法格式定义如下所示。

```java
switch (表达式) {
case value1:
        执行语句1
        break;
case value2:
        执行语句2
        break;
    //……
case valueN:
        执行语句N
        break;
default:
        //default执行语句sequence
}
```

相关的说明及注意事项如下。

· switch表达式：必须为byte、short、int、long或char类型的。

- case后的值value: 必须是与switch表达式类型兼容的特定的一个常值(它必须为一个常值, 而不是变量), 每个值必须不同, 重复的case值是不允许的。
- switch语句的执行过程: switch表达式的值顺序与每个case语句中的常量做比较, 如果有一个常量值i与表达式的值相等, 则执行该case语句后的代码块执行语句 i。如果没有一个常量值与表达式的值相同, 则执行default语句, default语句是可选的。
- break语句: case代码块中的break语句将使程序从整个switch语句退出。当遇到break语句时, 程序将从整个switch语句后的第一行代码开始继续执行。如果case语句代码块中没有break, 程序代码将继续执行之后的所有case和default语句中的代码块。
- 要特别注意, switch表达式与执行体定义的分隔符 "()" 和 "{}" 之间, 不能添加除空格或者回车外的任何字符。

switch语句示例代码如下:

```java
class SwitchExample {
    public static void main(String[] args) {
        int month = 4;
        String season;
        switch (month) {
        case 12:
                season = "Winter";
                break;
        case 1:
                season = "Winter";
                break;
        case 2:
                season = "Winter";
                break;
        case 3:
                season = "Spring";
                break;
        case 4:
                season = "Spring";
                break;
        case 5:
                season = "Spring";
                break;
        case 6:
                season = "Summer";
                break;
        case 7:
                season = "Summer";
                break;
        case 8:
                season = "Summer";
                break;
        case 9:
                season = "Autumn";
                break;
        case 10:
                season = "Autumn";
                break;
```

```
            case 11:
                    season = "Autumn";
                    break;
            default:
                    season = "Error Month";
            }
            System.out.print("Month "+month+" is "+season +".");
        }
    }
```

该例用于判断月份的季节，例子的运行结果，如图3-7所示。

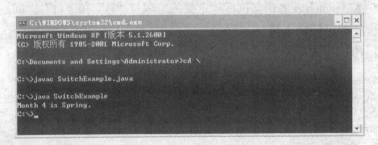

图3-7　switch多分枝语句示例运行结果

由于有的月份运行的代码是完全相同的，利用设有break语句会继续执行的特性可以优化代码，优化后的程序代码如下：

```
class SwitchExample {
    public static void main(String[] args) {
            int month = 4;
        String season;
            switch (month) {
            case 12:
            case 1:
            case 2:
                    season = "Winter";
                    break;
            case 3:
            case 4:
            case 5:
                    season = "Spring";
                    break;
            case 6:
            case 7:
            case 8:
                    season = "Summer";
                    break;
            case 9:
            case 10:
            case 11:
                    season = "Autumn";
                    break;
            default:
                    season = "Error Month";
            }
```

```
        System.out.print("Month "+month+" is "+season +".");
    }
}
```

运行该程序，其结果与图3-7所显示的运行结果是完全相同的。

3.3 循环语句与数组

循环语句主要是为了实现循环控制结构，可以控制需要重复执行的逻辑按照要求进行循环。Java中的循环语句主要有for、while、do...while三种形式，当然循环也是可以多重嵌套使用的。在实际编程中经常会使用循环语句来处理数组，本节也将介绍数组的相关概念和使用。

3.3.1 for循环语句

for语句是Java中最常使用的循环控制语句，for循环语句一般和控制循环次数的循环变量结合使用，能够比较方便地实现固定次数的循环操作，其语法格式如下：

```
for(循环条件初始;循环条件;循环后处理) {
循环执行语句
}
```

for循环语句的执行逻辑流程如图3-8所示。

相关的说明及注意事项如下。

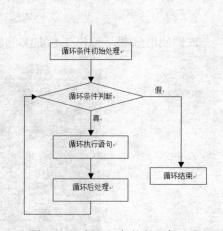

- 循环条件初始：执行for语句最早执行的部分，一般都用来设置循环变量的初始值，该部分在整个for循环语句体执行过程中只执行一次，如果相关定义处理在for循环语句定义之前已经定义，则此部分可省。
- 循环条件判断：循环条件为条件或者布尔计算表达式，只有当其计算结果为true时才执行循环体内定义的逻辑语句，该表达式会在循环体执行语句及循环后处理执行完毕后再次执行，如果结果还为true将继续循环，直至结果为false，for循环结束。

图3-8 for循环语句执行逻辑流程

- 循环执行语句：该部分在循环条件执行结果为true时执行，是循环控制执行逻辑的主体，如果第一次判断循环条件结果就是false，则该部分一次都不执行。该代码块使用"{}"作为包含分隔标识执行体部分，如果执行代码仅是一行代码，"{}"可以省略，开始（"{"）和结束（"}"）符号可以单独占一行，也可以跟随在之前最后一行代码的尾部。
- 循环后处理：循环执行语句执行完毕后执行该部分，该部分一般都会用来处理循环变量的变化，一般情况下该部分不会是空，因为循环变量如在循环过程中没有变化会造成循环条件判断总为真，循环不会正常结束，也就是通常所说的"死循环"，除了极个别的应用场合，一般情况下会认为"死循环"的代码是错误的。

- 循环条件初始、循环条件判断与循环后处理在for关键字之后用"（）"作为分隔包含，之间用";"做分隔，要特别注意"()"和循环执行体"{}"之间，不能添加除空格或者回车外的任何字符。

for语句示例代码如下所示：

```
class ForExample {
    public static void main(String[] args) {
        System.out.println("1-100的数："); //打印提示信息
        for (int i = 1; i <= 100; i = i + 1) { //定义了1到100的循环执行体将被执行
            System.out.print(i + "\t"); //打印数字并在后面添加制表符
        }
        System.out.println(); //打印空行
        System.out.println("1-100的奇数："); //打印输出提示信息
        int j = 1; //定义循环变量初值
        System.out.println("循环开始，循环变量j=" + j); //打印循环变量j初始值
        for (; j <= 100; j = j + 2) { //循环变量已经初始定义，循环变量初始部分省略
            System.out.print(j + "\t"); //打印j的值并在后面添加制表符
        }
        System.out.println(); //打印空行
        System.out.print("循环结束，循环变量j=" + j); //打印循环变量j结束值
    }
}
```

该例使用for循环输出了1到100的整数和奇数，例子的运行结果如图3-9所示。

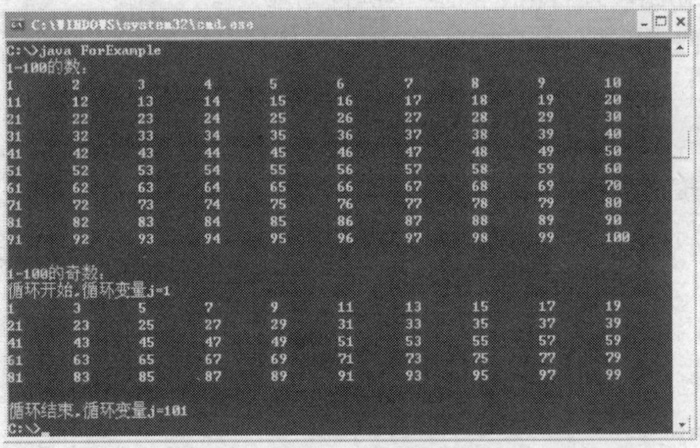

图3-9　for循环示例运行结果

代码的实现在循环变量的处理上稍有不同，一个是在for语句中循环条件初始部分声明，而另一个是在for语句定义之前定义声明的。这两种实现方式在本质上没有区别，只是注意相关循环变量的作用域问题，第一种方式变量的作用域是在for语句及循环执行体内，而第二种方式在for语句之后还可以使用，当然在for循环之外不需要调用相关循环变量的情况下，应尽量使用第一种方式。

3.3.2　while循环语句

while语句是Java中常使用的循环控制语句之一，一般按照某个条件的判断来进行循环，当然也可以使用循环变量控制循环的次数，能够比较方便地实现不固定次数按照条件进行的

循环操作，其语法格式如下：

```
while(循环条件) {
循环执行语句
}
```

相关的说明及注意事项如下。

- 循环条件：while语句会首先执行循环条件，循环条件为条件表达式或者布尔计算表达式，只有当表达式计算结果为true时才执行循环体内定义的逻辑语句。该表达式会在循环体内语句执行完毕后再次执行，如果结果还为true将继续循环，直至结果为false，while循环结束。
- 循环执行语句：循环条件执行结果为true时执行，是循环控制执行逻辑的主体，如果第一次判断循环条件结果就是false，则该部分一次都不执行。该代码块使用"{}"作为包含分隔标识执行体部分，如果执行代码仅是一行代码，"{}"可以省略，开始（"{"）和结束（"}"）符号可以单独占一行，也可以跟随在之前最后一行代码的尾部。
- 循环条件在while关键字之后用"（）"作为分隔包含，要特别注意"()"和循环执行体"{}"之间，不能添加除空格或者回车外的任何字符。

while语句示例代码如下：

```
class WhileExample {
    public static void main(String[] args) {
        int a=10;
        int b=20;
        while(a>b)   //由于a>b第一次结果就为false，所以该循环体一次都不被执行
        {
                System.out.println("a="+a+" b="+b+" a>b");   //打印相关的提示信息
                a--;   //a递减
        }
        while(a<b)  //a<b的计算结果为true，该循环体将一直被执行，直至a<b的运算结果为false
        {
                System.out.println("a="+a+" b="+b+" a<b");   //打印相关的提示信息
                a++;   //a递增
        }
    }
}
```

该示例使用while循环按照a与b的关系的判断结果运行相关的循环逻辑，运行结果如图3-10所示。

图3-10　while循环示例运行结果

读者特别要注意的是，示例中关于a在循环体内的计算问题，在第二个循环中，如果没有a的自增计算，该循环将成为"死循环"。

3.3.3 do...while循环语句

do...while语句也是Java中常使用的循环控制语句之一，也是按照某个条件情况的判断来进行循环，也可以使用循环变量控制循环的次数，能够方便地实现不固定次数按照条件进行的循环操作，与while语句非常类似，唯一的区别是循环条件和循环执行语句的前后顺序有所不同，其语法格式如下：

```
do {
循环执行语句
} while(循环条件);
```

相关的说明及注意事项如下：

- 循环执行语句：该部分在循环语句部分会被首先执行，后执行循环条件，循环条件执行结果为true时，该部分循环执行语句会被重复执行，所以该部分无论怎样都会被执行一次，这是和while循环在使用时的最大区别。该代码块使用"{}"作为包含分隔标识执行体部分，如果执行代码仅是一行代码，"{}"可以省略，开始（"{"）和结束（"}"）符号可以单独占一行，也可以跟随在之前最后一行代码的尾部。

- 循环条件：循环条件为条件表达式或者布尔计算表达式，循环执行语句执行后执行该部分，只有当表达式计算结果为true时，才继续循环执行循环体内定义的逻辑，该表达式会在循环体内语句执行完毕后再次执行，如果结果还为true将继续循环，直至结果为false，整个循环结束。

- 循环条件在while关键字之后用"（）"作分隔包含，要特别注意while和循环执行体"{}"之间，不能添加除空格或者回车外的任何字符，而在循环条件结束后要用";"表明循环体定义的结束。

do...while语句示例代码如下所示。

```
class DoWhileExample {
public static void main(String[] args) {
        int a=10;
        int b=20;
        do{
                System.out.println("a="+a+" b="+b+" a>b");          //会先被执行一次，虽然不符
                                                                    //合while条件

                a--;                //a被自减a=9
        }while(a>b);
        System.out.println();      //输出空行
        do
        {
                System.out.println("a="+a+" b="+b+" a<b");          //第一次被执行时a=9
                a++;
        }while(a<b);
    }
}
```

该示例使用do...while循环按照a与b的关系的判断结果运行相关的循环逻辑，运行结果如图3-11所示。

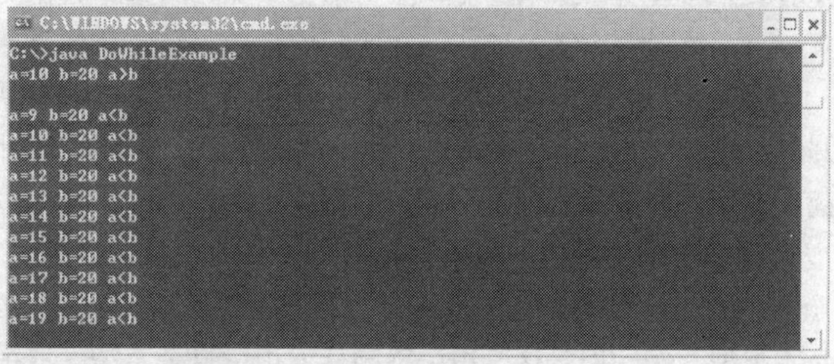

图3-11 do...while循环示例运行结果

该示例循环体定义的逻辑和循环条件与之前while循环示例中的完全相同，但是由于do...while的循环执行体一定会被执行一次，所以运行结果会有差别，一定要注意这种差别，在实际应用中往往是这种差别决定了使用while语句还是do...while语句。

3.3.4 多重循环嵌套

三种循环语句for、while、do...while语句的循环执行语句可以是任何合法的代码，当然也可以是循环语句本身，循环语句中包含循环语句，就形成了二重循环、三重循环等多重循环嵌套的情况。严格上说这种嵌套可以是无限重的，当然在实际的编程中三重以上的嵌套逻辑很少应用。

一个典型的二重循环的相关代码如下：

```
public class NestedLoopExample {
    public static void main(String[] args) {
        int i, j;
        for (i = 0; i < 5; i++) {   //定义行的循环
            for (j = 0; j <=i; j++)   //定义每行的输出的字符循环
            {
                System.out.print("*");   //输出每个 "*"
            }
            System.out.println();   //每行输出字符结束换行
        }
    }
}
```

该示例打印了一个简单的图形组合，第1行输出1个 "*" 字符，第2行输出2个 "*" 字符，直至第5行，运行结果如图3-12所示。

图3-12 多重循环示例运行结果

3.3.5 数组的概念与应用

Java中的整数类型、浮点类型、字符类型、布尔类型都属于基本数据类型，基本类型的值就是一个数字、一个字符或一个布尔值。而在实际应用中，经常需要处理具有相同性质的一批数据，例如，要处理一个班级学生的成绩，如果使用基本数据类型，就需要许多个变量，极为不便，为了方便处理一组具有相同性质的数据，在Java中引入了数组的概念。Java中的数组的定义和传统语言类似，数组是相同类型变量的顺序集合，在这个集合中的特定变量要使用共同的名字和变量在集合中的顺序下标来访问。

数组可以按照其中的变量类型被定义为各种类型，可以是复杂类型也可以是基本数据类型，在这里将以基本类型为例，但是这些用法将同样适用于复杂类型。数组中的每个元素通过数组名和唯一的数组下标确定，下标从0开始排序，如果一个数组的长度为5，则各元素的序号为0~4。

Java中的数组同样可以是一维或多维的，数组提供了一种将有顺序关系的信息分组和引用的便利方法，其经常和循环控制语句结合使用完成相关的逻辑操作。

1. 一维数组

数组同其他变量一样，在使用数组之前，必须首先声明它。声明一个数组就是要确定数组的名称、数组元素的数据类型和数组的维数。

声明一维数组的语法格式如下：

```
ArraryType[ ] arraryVar;  //定义方式一
ArraryType arraryVar[ ];  //定义方式二
```

相关的说明及注意事项如下。

- **ArrayType**：数组的类型，也就是该数组内包含的变量的类型，可以是基本类型，也可以是复杂类型。
- **arraryVar**：定义数组的名称，要符合Java变量相关定义的规定，在这里不再重复。
- **[]**：表明定义的是一维数组而不是普通的变量，它可以紧跟在类型声明之后也可以跟在数组名称之后，两种方式都可以。

一维数组声明示例片段代码如下：

```
int[ ] nums;        //声明了一个int类型的一维数组，数组的名称为nums
String[ ] useNames;   //声明了一个String类型的一维数组，数组的名称为userNames
float totals[ ];      //声明了一个float类型的一维数组，数组的名称为totals
```

Java在声明数组时，并不为数组元素分配内存，因此[ ]中不用指出元素的个数，即数组长度，而且数组声明之后，还不能访问任何元素，否则程序编译的时候就会出现错误。因为数组在声明之后，必须经过数组初始化，才能引用数组中的元素。

数组的初始化可以通过为元素赋初值进行，也可以通过new操作符完成。

通过直接给元素赋初值从而为一维数组初始化的格式如下：

```
Type  arrayName[ ]={element1[, element2，…]};
```

其中，**Type**表示数据类型，**arrayName**表示数组名称，element1、element2、…表示Type类型的数组元素初始值，方括号表示可选项。

这种格式是在声明数组的同时进行的，所赋初值的个数决定数组元素的数目，适合于元素个数不多的情况。

该格式初始化语句的示例代码如下：

    int intArray[]={1,2,3,4};

该语句定义一个含有4个元素的int型数组并为之赋初值，系统为其分配存储空间，并且4个元素的初始值分别为1、2、3、4，初始化之后的内存存放形式如图3.13所示。

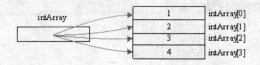

图3.13 数组元素在内存中的存放形式

另外，还可以通过new操作符对数组进行初始化，其格式如下：

    Type arrayName=new Type[arraySize]；

其中，**Type**表示数据类型，**arrayName**表示数组名称，**arraySize**指明数组的大小。

这种格式既可以在声明数组的同时进行，也可以先声明数组，然后再初始化，适合于元素个数较多的情况。

该格式初始化语句的示例代码如下：

    int intArray[];   //声明一个int型数组intArray
    intArray = new int[4];   //给数组分配4个int型数据空间，并初始化为0

或者

    int intArrayName[]=new int[4]； //声明并初始化数组

数组初始化后，系统为其分配4个int型数据空间，用于存储4个数组元素，int类型数组初始化后，数组元素的缺省值为0。初始化之后的内存存放形式如图3.14所示。

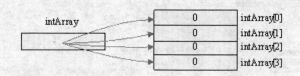

图3.14 数组元素在内存中的存放形式

当定义了一个数组，并对其进行初始化并分配了内存空间后，就可以引用数组中的元素了。

数组元素的引用方式为：

    arrayName[index];

其中，**index**为数组下标，它可以为整型常数或表达式，下标从0开始，一直到数组的长度减1。以下都是合法的数组引用格式：

    a[3]，b[i]，c[6*j]

下面的示例代码显示了一维数组的具体使用。

```java
public class ArraryExample {
    public static void main(String[] args) {
        int[] nums={1,2,3,4,5};
        for (int i = 0; i < 5; i++) {
            System.out.println("nums数组元素下标:"+i+" "+"数组元素值:"+nums[i]);
        }
        String[] nos=new String[10];
        for(int i=0;i<=9;i++)
        {
            for(int j=0;j<=i;j++)
            {
                if(j==0)
                nos[i]="*";
                else
                nos[i]=nos[i]+"*";
            }
        }
        for(int i=0;i<10;i++)
        {
            System.out.println(nos[i]);
        }
    }
}
```

该示例进行了两部分逻辑，一个是定义了一个整数数组num，利用循环并打印输出其元素下标及元素的值，另一个定义了字符串（String）数组nos，利用二重循环为其元素计算赋值，并打印输出每个元素，该示例的运行结果如图3-15所示。

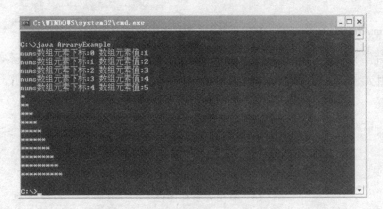

图3-15 一维数组示例运行结果

2. 多维数组

日常中涉及的许多数据是由若干行和若干列组成的，为了处理这一类数据，在Java中可以使用多维数组，即每个元素需要两个或多个下标来描述的数组。多维数组可以看作数组的数组，即高维数组的每一个元素为一个低维数组，多维数组和一维数组一样在使用前也必须对其进行声明和初始化，并且声明和初始化的方法与一维数组类似。下面以二维数组为例，介绍多维数组的具体应用。

二维数组的声明格式如下：

```
Type arrayName[ ][ ];
```

或者：

```
Type[ ][ ] arrayName;
```

二维数组的声明方式与一维数组类似，只是要多加了一对方括号。而且声明二维数组也不需要为数组元素分配内存，因此[ ]中不用指出数组长度。

声明一个二维数组仅为数组指定了数组名和数组元素的类型，并未指定数组的行数和列数，因此，系统无法为数组分配存储空间。与一维数组类似，也需要对二维数组进行初始化。二维数组的初始化也有两种方式：

```
Type[ ][ ]  arrayName={{初值表}，{初值表}，…，{初值表}}；
```

其中，**Type**表示数据类型，**arrayName**表示数组名称，初值表是用逗号隔开的初始值列表。

该格式初始化语句的示例代码如下：

```
int score[ ][ ]={{1,2},{3,4,5},{1,2,3,4}}
```

该语句声明了一个3行4列的二维数组，初始值由3个初值表组成，并且第3个初值表中包含4个元素，虽然前面两个初值表中的元素分别只有2个和3个，但是这里必须以长度最长的初值表为准，不足的以0填充。初始化之后的二维数组内存存放形式如图3-16所示。

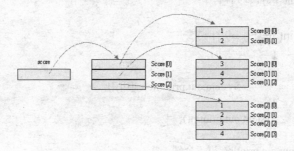

图3-16　二维数组元素在内存中的存放形式

另外，也还可以通过new操作符对二维数组进行初始化，其格式如下：

```
Type[][] arrayName=new Type[length1] [length2];
```

其中，**Type**为数组元素的类型，**arrayName**为数组的声明的名字，length1指明数组的行数，length2指明数组的列数。

该格式初始化语句的示例代码如下：

```
int intArrayName[ ][ ]=new int[3][3];
```

二维数组元素的引用方式与一维数组的基本类似，格式为：

```
arrayName[index1] [index2];
```

其中，index1为数组行下标，index2为数组列下标，它们可以为整型常数或表达式，每个下标的最小值为0，最大值分别比行数和列数小1。以下都是合法的二维数组引用格式：

a[1][1]，b[i][j]

下面的示例代码显示了二维数组的具体使用。

```java
public class ComArraryExample {
    public static void main(String[] args) {
        System.out.println("第一个例子");
        int[][] nums={{11,12,13,14,15},{21,22,23,24,25}};
        for (int i = 0; i < 2; i++) {
            System.out.print("第i行:"+i+"\t");
            for(int j=0;j<5;j++)
            {
                System.out.print("j:"+j+"="+nums[i][j]+"\t");
            }
            System.out.println();
        }
        System.out.println("第二个例子");
        char[][] notes=new char[10][10];
        for(int i=0;i<=9;i++)
        {
            for(int j=0;j<=i;j++)
            {
                notes[i][j]='*';
            }
        }
        for(int i=0;i<=9;i++)
        {
            for(int j=0;j<=9;j++)
            {
                System.out.print(notes[i][j]);
            }
            System.out.println();
        }
        System.out.println("第三个例子");
        char[][][] notes1=new char[2][][];
        notes1[0]=new char[2][3];
        notes1[1]=new char[3][];
        notes1[1][0]=new char[5];
        notes1[1][1]=new char[3];
        notes1[1][2]=new char[1];
        for(int i=0;i<notes1.length;i++)
        {
            for(int j=0;j<notes1[i].length;j++)
            {
                for(int k=0;k<notes1[i][j].length;k++)
                {
                    notes1[i][j][k]='*';
                }
            }
        }
        for(int i=0;i<notes1.length;i++)
        {
```

```
            System.out.println("第"+(i+1)+"个二维数组");
            for(int  j=0;j<notes1[i].length;j++)
            {
                    for(int k=0;k<notes1[i][j].length;k++)
                    {
                            System.out.print(notes1[i][j][k]);
                    }
                    System.out.println();
            }
        }
    }
}
```

该示例进行了三个多维数组例子的演示，第一个例子定义了一个5×2整数数组nums，并用常数数组的方式为其初始化赋值，利用二重循环打印输出其元素下标及元素值。第二个例子定义了一个10×10的二维字符数组，分别利用了二重循环为其每个元素赋值并打印出相关的排列图形。第三个例子是一个三维数组，这个三维数组的各维子元素的个数不同，定义时每个子元素都是分别初始化定义的，然后利用三重循环为这个数组的每个元素赋初始值，并打印输出，该示例的运行结果如图3-17所示。

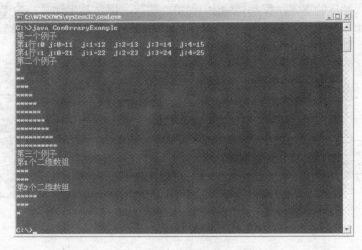

图3-17 多维数组示例运行结果

3.4 跳转语句

Java中的跳转包含break、continue和return，这些跳转语句经常与分支和循环结构结合使用来实现相关控制。

3.4.1 break跳转语句

1. break语句的使用

break的基本作用是终止相关代码块逻辑的运行，如终止switch语句的执行和跳出循环。中止switch语句的相关示例，在switch语句介绍的相关章节中已经举例说明了，在此不再重复。下面来看看使用该语句终止循环语句的相关示例，代码如下所示。

```java
public class BreakExample {
    public static void main(String[] args) {
        for (int i = 0; i <= 10; i++) {
            System.out.print(i + "\t");
            if (i == 5) {
                break;
            }
        }
        System.out.println("");
        int i = 0;
        while (i <= 10) {
            System.out.print(i + "\t");
            if (i == 5) {
                break;
            }
            i++;
        }
    }
}
```

该示例进行了两个使用break语句终止循环的例子，两个循环的运行执行逻辑和运行结果是完全相同的，只不过使用的循环控制语句的语法不同，一个使用的是for语句，另一个使用的是while语句，循环的正常执行都是输出0到10的整数，但是其中加了一个循环变量等于5就使用break语句中止循环的逻辑，所以结果是输出0到5的整数，该示例的运行结果如图3-18所示。

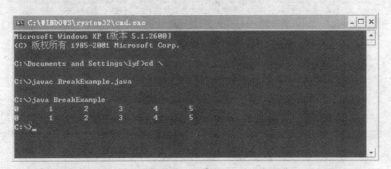

图3-18　使用break跳出循环的示例运行结果

2. break标签语句的使用

break标签语句是在普通break语句的基础之上，可以规定代码中止的更大范围，其语法格式如下所示。

```
lableName:{
……
break lableName ;
……
}
```

相关的说明及注意事项如下。

- 标签的定义：labelName是标识代码块的标签，后面指定一个代码块，在其开头加一个标签即可。labelName可以是任何合法有效的Java标识符后跟一个冒号（"："），一旦给一个块加上标签，这个标签就可以作为break语句的对象了，其中被加标签的代码块必须包含break语句，但是不需要直接包含。

- break lableName：当这种形式的break执行时，控制跳出指定lableName定义的代码块，从代码块定义之后顺序执行，可以使用一个加标签的break语句退出一系列的嵌套块，但是不能使用break语句将控制传递到不包含break语句的代码块。

break标签的示例代码如下：

```java
public class BreakLableExample {
    public static void main(String[] args) {
    System.out.println("Demo with Lable!");
        Frist: {
                for (int i = 0; i <= 5; i++) {
                        System.out.print("i:" + i + "\t");
                        int j = 0;
                        while (j <= 5) {
                                System.out.print("j:" + j + "\t");
                                if (j == 2) {
                                break Frist;
                                }
                                j++;
                        }
                System.out.println("");
                }
        }
    System.out.println("");
    System.out.println("Demo without Lable!");
            for (int i = 0; i <= 5; i++) {
                    System.out.print("i:" + i + "\t");
                    int j = 0;
                    while (j <= 5) {
                            System.out.print("j:" + j + "\t");
                            if (j == 2) {
                            break ;
                            }
                            j++;
                    }
                    System.out.println("");
            }
    }
}
```

该示例进行了两个使用break语句终止循环的例子，第一个例子使用了标签，第二个例子没有使用标签，结果是第一个例子跳出了标签定义的外部循环，而第二个例子仅跳出了自己的内层循环，外层循环还会继续执行，其不同运行效果如图3-19所示。

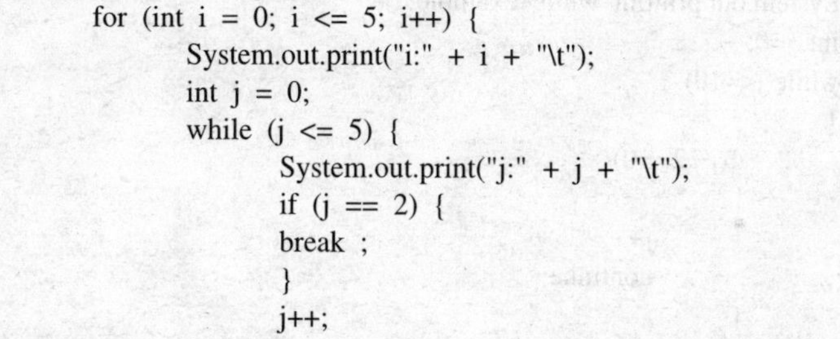

图3-19 break标签示例的运行结果

3.4.2 continue跳转语句

1. continue语句的使用

continue语句只能使用在循环语句内部，其功能是跳过该次循环的其余代码，继续执行下一次循环逻辑。在while和do...while语句中，continue语句跳转到循环判断条件处开始继续执行，而在for语句中，continue语句跳转到循环后处理语句处开始继续执行。

它与break语句的最大区别就是，break语句将跳出整个循环，而continue语句只是跳出本次循环。

continue跳转语句的示例代码如下：

```java
public class ContinueExample {
    public static void main(String[] args) {
        System.out.println("for example!");
        for(int i=0;i<=10;i++)
        {
            if(i%2==0)
                continue;
            System.out.print(i+"\t");
        }
        System.out.println();
        System.out.println("while example!");
        int j=0;
        while(j<=10)
        {
            if(j%2==0)
            {
                j++;
                continue;
            }
            System.out.print(j+"\t");
            j++;
        }
        System.out.println();
        System.out.println("do while example!");
        int k=0;
        do
        {
            if(k%2==0)
            {
                k++;
                continue;
            }
            System.out.print(k+"\t");
            k++;
        }while(k<=10);
    }
}
```

该示例进行了三个使用continue语句中止当次循环的例子，三个循环的运行执行逻辑和运行结果是完全相同的，只不过使用的循环控制语句的语法不同，分别使用的是for语句、while语句和do...while语句，循环的正常执行都是输出0到10的整数，其中加了一个能被2整除就跳过当前这次循环，而不执行之后的输出的逻辑，该示例的运行结果如图3-20所示。

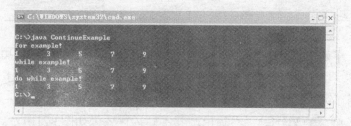

图3-20 continue跳转语句示例运行结果

2. continue标签语句的使用

与break语句类似，continue语句使用在循环嵌套的内部时，也只是跳过所在循环的结构，如果需要跳过外部的循环，则需要使用标签语句标识对应的循环结构，其语法格式如下：

```
lableName:
......
continue lableName ;
......
```

相关的说明及注意事项如下。

- 标签的定义：与break中标签的定义类似的地方在此不再重复说明，不同的是标签的定义是紧跟在外层循环体之前，不需要另外使用"{}"来定义新的代码块。
- continue lableName：当这种形式的continue执行时，控制跳到指定lableName定义的外层循环代码块，跳过该循环的当次循环，执行循环后处理语句，进行外层循环的下一次循环逻辑，从而达到中止外层循环当次循环的效果。

continue标签的示例代码如下：

```java
public class ContinueLableExample {
    public static void main(String[] args) {
        System.out.print("continue with lable!");
        lable1: for (int i = 0; i < 5; i++) {
            System.out.println();
            for (int j = 0; j < 5; j++) {
                if (j == 3) {
                    continue lable1;
                }
                System.out.print(j+"\t");
            }
        }
        System.out.println();
        System.out.println("continue without lable!");
        for (int i = 0; i < 5; i++) {
            for (int j = 0; j < 5; j++) {
                if (j == 3) {
                    continue;
                }
                System.out.print(j+"\t");
            }
```

```
            System.out.println();
        }
    }
}
```

该示例进行了两个使用continue语句中止循环的例子，第一个例子使用了标签，第二个例子没有使用标签，结果是第一个例子跳到了标签定义的外部循环，继续下一次外部循环的执行，所以内部循环剩余的部分j=4就没有输出，而第二个例子仅中止了自己的内层循环的当次运行，内部循环剩余的部分j=4仍然输出，其不同运行效果如图3-21所示。

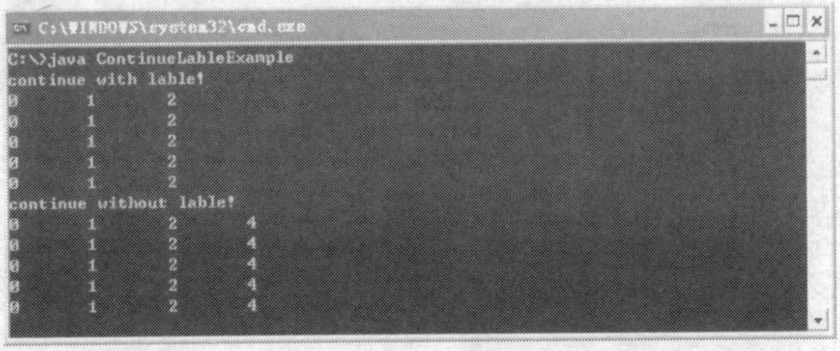

图3-21　continue标签语句示例运行结果

3.4.3　return跳转语句

Java中的return语句是控制方法运行的，在讲解方法时关于return的用法还会做详细的介绍，在这里简单介绍其基本用法。return最基本的用法是终止当前方法的运行，其语法格式如下：

```
return;
```

return语句的示例代码如下：

```
public class ReturnExample {
    public static void main(String[] args) {
        for(int i=0;i<=5;i++)
        {
            if(i==3)
                return;
            System.out.print(i+"\t");
        }
    }
}
```

该例中的return语句负责在if语句判断条件成立时，跳出主函数。该程序运行结果如图3-22所示。

图3-22　return语句示例运行结果

第4章　Eclipse集成开发环境

Eclipse是一个免费的Java开发工具平台，也是主流的Java集成开发环境之一，由于其强大的功能和持续的发展性，在Java的实际开发中被广泛地使用。本章将主要讲解使用Eclipse开发Java SE应用的相关功能及基本操作，熟练地掌握Eclipse将极大地提高编码的质量和开发效率。

4.1　Eclipse安装与配置

4.1.1　Eclipse的下载和安装

Eclipse是免费的软件，可以从Eclipse的官方站点http://www.eclipse.org上下载。本书编写时Eclipse的最新版本为3.4。该版本需要JDK 6版本的支持。Eclipse 3.4下载页面如图4-1所示。

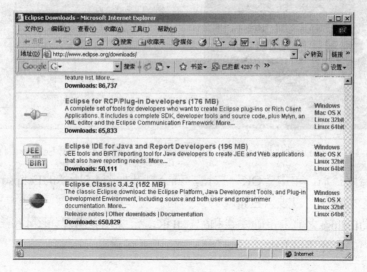

图4-1　Eclipse 3.4下载页面

Eclipse是一个绿色软件，不需要运行安装程序，更不需要向Windows的注册表写入信息，只需要把下载后的压缩包解压到某个路径下就可以运行了。例如，将Eclipse压缩文件直接解压到"F:\"下，解压后的目录名称为eclipse，如图4-2所示。

4.1.2　Eclipse的启动

与其他的Java集成开发环境相似，Eclipse同样要求在启动前，系统中必须正确安装并配置JDK。JDK具体的安装和配置工作在第1章中已经详细介绍过了，这里就不再赘述了。

JDK安装并配置成功后，双击eclipse安装目录下面的eclipse.exe执行文件，就将启动Eclipse，会出现如图4-3所示的启动界面。

图4-2　Eclipse 3.4安装目录

　　启动界面过后，将显示如图4-4所示的选择Eclipse工作台的对话框，在其中设置工作台的路径后，单击"OK"按钮，就将进入Eclipse的主界面。

图4-3　Eclipse启动界面

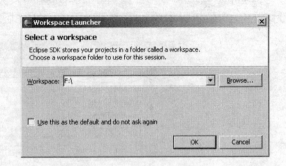

图4-4　选择Eclipse工作台

　　确定工作台路径后，单击"OK"按钮，就会打开如图4-5所示的Eclipse欢迎主界面。单击屏幕最右面的按钮就可以进入Eclipse的工作台。

　　如果在启动Eclipse之前未正确安装和配置JDK，系统就会出现如图4-6所示的错误信息提示框，提示用户必须先安装JDK，并正确配置后再重新启动。

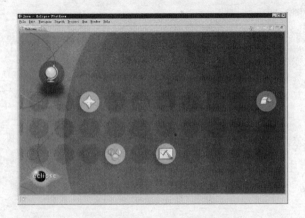

图4-5　Eclipse欢迎主界面

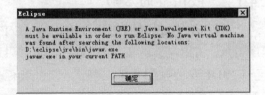

图4-6　未安装Java运行环境的错误提示框

4.2　Eclipse工作台

对于Eclipse集成开发环境来说，其界面的外在表现形式为工作台窗口。所谓工作台（WorkBench）就是一个桌面开发环境，是用户开发程序的主要场所，其主要的目标是通过创建、管理和导航工作空间资源、提供公共范例来获得无缝工具集成。

如图4-7所示的工作台窗口主要由以下几部分组成：

- 标题栏。
- 菜单栏。
- 工具栏。
- 透视图，其中透视图又包括视图和编辑器。

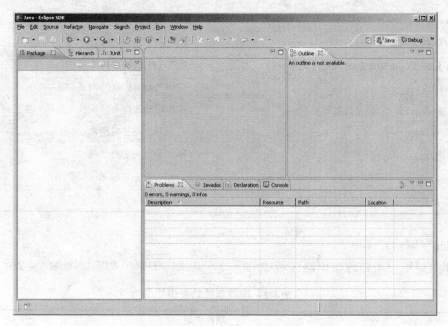

图4-7　Eclipse工作台窗口

4.2.1　Eclipse中的菜单栏

Eclipse工作台最上面的蓝色标题栏下的就是菜单栏，通过菜单栏可以执行Eclipse中的大部分操作。菜单栏中包含菜单（例如File）和菜单项（例如File→New），在菜单项下面则可能显示子菜单（例如File→New→Project...）。Eclipse的菜单栏如图4-8所示。

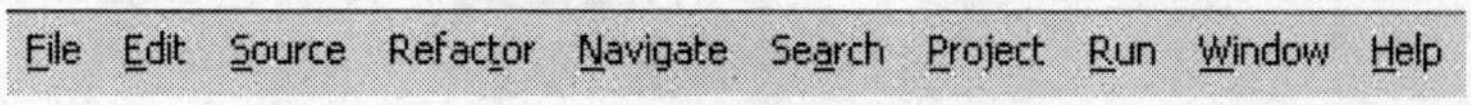

File　Edit　Source　Refactor　Navigate　Search　Project　Run　Window　Help

图4-8　Eclipse菜单栏

下面详细介绍各个主菜单的功能。

- File（文件）菜单

文件菜单的主要功能有新建、打开、关闭、保存、切换工作空间、重新启动、导入导出项目、属性设置、最近打开的项目文件及退出等，其详细的菜单功能说明如表4-1所示。

表4-1 文件菜单功能说明

菜单	功能说明
New（新建）	新建文件或项目
Open File（打开文件）	打开一个已经存在的文件
Close（关闭）	关闭当前编辑器
Close All（全部关闭）	关闭所有编辑器
Save（保存）	保存当前编辑器的内容
Save As（另存为）	将当前编辑器的内容另存为新名
Save All（全部保存）	保存工程中的所有文件
Revert（还原）	使当前编辑器的内容还原为已保存文件的内容
Move（移动）	移动资源
Rename（重命名）	重命名资源
Refresh（刷新）	刷新所选元素的内容
Convert Line Delimiters To（转换行定界符）	改变活动部件中所选文件的行定界符
Print（打印）	打印当前编辑器的内容
Switch Workspace（切换工作空间）	重新启动工作台，切换至其他工作空间
Import（导入）	打开导入向导对话框
Export（导出）	打开导出向导对话框
Properties（属性）	打开所选元素的属性页面
Exit（退出）	退出Eclipse

· Edit（编辑）菜单

编辑菜单可用于处理编辑器区域中的资源，其具体的菜单功能说明如表4-2所示。

表4-2 编辑菜单功能说明

菜单	功能说明
Undo（撤销）	撤销最近一次编辑操作
Redo（重做）	重做最近撤销的操作
Cut（剪切）	除去选择的内容并将它放置在剪贴板上
Copy（复制）	将选择的副本放置在剪贴板上
Copy Qualified Name（复制限定名）	将当前选择元素的标准名称复制到剪贴板
Paste（粘贴）	将剪贴板上的内容放置于编辑器当前光标位置处
Delete（删除）	删除当前选择
Select All（全部选中）	选择当前编辑器中的所有文本或对象
Expand Selection To（将选择范围扩展到）	扩大选择的范围
Find/Replace（查找/替换）	查找或替换编辑器中的内容
Find Next（查找下一个）	搜索当前所选项下一次出现的位置
Find Previous（查找上一个）	搜索当前所选项上一次出现的位置

菜单	功能说明
Incremental Find Next（增量式查找下一个）	搜索时会自动增量跳到编辑器中下一个精确匹配
Incremental Find Previous（增量式查找上一个）	搜索时会自动增量跳到编辑器中上一个精确匹配
Add Bookmark（添加书签）	将书签添加到活动文件中当前显示光标的行上
Add Task（添加任务）	将任务添加到活动文件中当前光标所在的行上
Smart Insert Mode（智能插入模式）	切换插入模式，当禁用智能插入方式时，将禁用输入辅助
Show Tooltip Description（显示工具提示）	将出现在当前光标位置的悬浮提示的值
Content Assist（内容辅助）	在当前光标位置打开内容辅助对话框
Word Completion（文字补全）	补全活动编辑器中当前正在输入的文字内容
Quick Fix（快速修正）	光标位于问题处，将打开带有解决方案的对话框
Set Encoding（设置编码）	更改在活动编辑器中用来读写文件的文件编码

· Source（代码）菜单

源码操作菜单主要集中了针对所编写的代码的功能操作，比如添加注释、代码的排版、添加引入类、自动生成代码等，其详细的功能说明如表4-3所示。

表4-3　代码菜单功能说明

菜单	功能说明
Toggle Comment（添加或取消注释）	对当前选择的所有行添加注释或取消注释
Add Block Comment（添加块注释）	对包含当前选择的所有行添加块注释
Remove Block Comment（移除块注释）	从包含当前选择的所有行中除去块注释
Generate Element Comment（生成元素注释）	对选择的元素添加注释
Shift Right（缩进右移）	增加当前选择行的缩进的级别
Shift Left（缩进左移）	减少当前选择行的缩进的级别
Correct Indentation（更正缩进）	更正当前选择的文本所指示行的缩进
Format（格式化）	格式化当前文本
Format Element（格式化元素）	格式化当前文本中选择的元素
Add Import（添加导入）	为当前所选择的类型引用创建导入声明
Organize Imports（组织导入）	在当前打开或所选择的编译单元中组织导入声明
Sort Members（成员排序）	按照指定的排序顺序对类型的成员进行排序
Clean Up（代码清理）	执行各种更改以清除代码
Override/Implement Method（覆盖/实现方法）	打开允许覆盖或实现当前类型中的方法的对话框
Generate Getters and Setters（生成Getter和Setter方法）	打开生成Getter()方法和Setter()方法的对话框
Generate Delegate Methods（生成代理方法）	打开为当前类型中的字段创建方法代理的对话框
Generate hashCode()and equals()（生成hashCode()和equals()方法）	打开生成HashCode()和Equals()的对话框，在当前类中创建并控制hashCode()和equals()方法的生成

（续表）

菜单	功能说明
Generate Constructor using Fields（使用字段生成构造函数）	添加构造函数，这些构造函数初始化当前选择的类型的字段
Generate Constructors from Superclass（从基类中生成构造函数）	对于当前所选择的类型，按照其基类中的定义来添加构造函数
Surround With（包围方法）	使用代码模板包围所选语句
Externalize Strings（外部化字符串）	使用语句访问属性文件来替换代码中的字符串
Find Broken Externalize Strings（查找损坏的外部化字符串）	搜索错误的外部字符串

· Refactor（重构）菜单

重构菜单向用户提供了有关项目重构的相关操作命令，其详细的功能说明如表4-4所示。

表4-4 重构菜单功能说明

菜单	功能说明
Rename（重命名）	重命名所选择的元素
Move（移动）	移动所选择的元素
Change Method Signature（更改方法结构）	更改方法参数名称、参数类型和参数顺序
Extract Method（抽取方法）	创建一个包含当前所选择的语句或表达式的新方法，并将选择替换为对新方法的引用
Extract Local Variable（抽取局部变量）	创建为当前所选择的表达式指定的新变量，并将选择替换为对新变量的引用
Extract Constant（抽取常量）	从所选表达式创建静态常量及替换字段的引用
Inline（内联）	直接插入局部变量、方法或常量
Convert Anonymous Class To Nested（将匿名类转换为成员类）	将匿名内部类转换为成员类
Convert Member Type to Level（将成员变量转换为顶级）	为所选成员类型创建新的Java编译单元，并根据需要更新所有引用
Convert Local Variable to Field（将局部变量转换为字段）	将局部变量转换为字段
Extract SuperClass（抽取基类）	从一组同代类型中抽取公共基类
Extract Interface（抽取接口）	使用一组方法创建接口并使选择的类实现该接口
Use Supertype Where Possible	将某个类型的出现替换为它的一个父类型
Push Down（下推）	将一组方法和字段从一个类移至它的子类
Pull Up（上拉）	将字段或方法移至其声明类的基类
Introduce Indirection（引入间接）	创建委托给所选方法的静态间接方法
Introduce Factory（引入工厂方法）	创建一个新的工厂方法
Introduce Parameter Object（引入参数对象）	表达式替换为对新方法参数的引用，该参数类型为对象

（续表）

菜单	功能说明
Introduce Parameter（引入参数）	表达式替换为对新方法参数的引用
Encapsulate Field（包括字段）	将对字段的引用替换为getter()和setter()方法
Generalize Declared Type（通用化已声明的类型）	允许用户选择引用当前类型的超类型，如果可以将该引用安全地更改为新类型，则执行此更改
Infer Generic Type Arguments（推断通用类型参数）	在标识所有可以将通用类型的原始类型出现替换为已参数化的类型的位置之后，执行该替换
Migrate JAR File（迁移JAR文件）	将项目构建路径中的JAR文件迁移到较新的版本
Create Script（创建脚本）	创建已在工作空间中应用的重构的脚本
Apply Script（应用脚本）	在工作空间中将重构脚本应用于项目
History（历史记录）	浏览工作空间的重构历史记录，并提供用于从重构历史记录中删除重构的选项

• Navigate（浏览）菜单

浏览菜单允许操作用户定位和浏览显示在"工作台"中的资源和其他工件，其详细的功能说明如表4-5所示。

表4-5 浏览菜单功能说明

菜单	功能说明
Go Into（进入）	将视图输入设置为当前所选择的元素
Go To（转至）	跳转至视图中的不同资源中
Open（打开声明）	解析代码中引用的元素并打开声明该引用的文件
Open Type Hierarchy（打开类型层次结构）	解析在当前选择的代码中引用的元素，并在类型层次结构视图中打开该元素
Open Call Hierarchy（打开调用层次结构）	解析在当前选择的代码中引用的方法
Open Super Implementation（打开超实现）	对当前所选方法的超实现打开编辑器
Open External Javadoc（打开外部Javadoc）	打开当前选择的元素或文本选择的Javadoc文档
Open Type（打开类型）	通过打开类型对话框来在编辑器中打开类型
Open Type In Hierarchy（在层次结构中打开）	通过打开类型对话框来在编辑器和类型层次结构视图中打开类型
Open Resource（打开资源）	通过打开资源对话框打开工作空间中的任何资源
Show In（显示位置）	在不同的位置显示当前选择的编译单元
Quick Outline（快速大纲）	打开当前所选类型的轻量级大纲视图
Quick Type Hierarchy（快速类型层次结构）	打开当前选择的类型的轻量级层次结构查看器
Next（下一个注释）	选择下一个注释
Previous（上一个注释）	选择上一个注释
Last Edit Location（上一个编辑位置）	显示上一个编辑操作的发生位置

（续表）

菜单	功能说明
Go to Line（跳转到行）	输入并跳转到编辑器应该跳至的行号
Back（后退）	显示位置历史记录中的上一个编辑器位置
Forward（前进）	显示位置历史记录中的下一个编辑器位置

· Search（搜索）菜单

搜索菜单中列出了和搜索相关的命令操作，其详细的功能说明如表4-6所示。

表4-6　搜索菜单功能说明

菜单	功能说明
Search（搜索）	打开搜索对话框
File（文件）	打开"文件搜索"页面上的"搜索"对话框
Java	打开"Java搜索"页面上的"搜索"对话框
Text（文本）	在特定范围中进行查找
References（引用）	查找对所选Java元素的所有引用
Declaration（声明）	查找所选Java元素的所有声明
Implementors（实现器）	查找所选接口的所有实现器
Read Access（读访问）	查找对所选字段的所有读访问权
Write Access（写访问）	查找对所选字段的所有写访问权
Occurrences in File（文件中的出现位置）	查找所选Java元素在其文件中的所有出现
Referring Tests（引用测试）	此命令转移至引用了此Java元素的测试

· Project（项目）菜单

项目操作菜单主要包含打开关闭项目、项目编译构建设置及操作、项目设置等功能，其详细的功能说明如表4-7所示。

表4-7　项目菜单功能说明

菜单	功能说明
Open Project（打开项目）	用来选择已关闭的项目并打开该项目的对话框
Close Project（关闭项目）	关闭当前所选择的项目
Build All（全部构建）	在工作空间中构建所有项目
Build Project（构建项目）	构建当前所选择的项目
Build Working Set（构建工作集）	构建当前工作集中包含的项目
Clean（清理）	显示一个对话框，可以从中选择要清理的项目
Build Automatically（自动构建）	选中此项，则保存已修改的文件时都将自动重建
Generate Javadoc（产生Javadoc）	对当前选择的项目打开生成Javadoc向导
Properties（属性）	对当前选择的项目打开属性页面

· Run（运行）菜单

运行操作菜单，主要是包含运行和调试项目的相关设置和操作，其详细的功能说明如表4-8所示。

表4-8　运行菜单功能说明

菜单	功能说明
Run（运行上次启动）	允许以受支持的运行方式快速重复最近的启动
Debug（调试上次启动）	允许以受支持的调试方式快速重复最近的启动
Run History（运行历史记录）	显示以调试方式启动的启动配置的最近历史记录
Run As（运行方式）	显示已注册的运行启动快捷方式的子菜单
Open Run Dialog（打开启动对话框）	实现启动配置对话框来管理运行方式启动配置
Debug History（调试历史记录）	显示以调试方式启动的启动配置的最近历史记录
Debug As（调试方式）	显示已注册的调试启动快捷方式的子菜单
Open Debug Dialog（打开调试对话框）	实现启动配置对话框来管理调试方式启动配置
All References（所有引用）	用于创建显示项目中所有的引用的项
All Instances（所有实例）	用于创建显示项目中所有的实例的项
Watch（查看）	用于创建查看项
Inspect（检查）	当线程暂挂时，显示在该线程的堆栈帧或变量的上下文中对所选表达式或变量进行检查的结果
Display（显示）	当线程暂挂时，显示在该线程中的堆栈帧或变量的上下文中对所选表达式进行求值的结果
Execute（执行）	在Java代码段编辑器中，允许对表达式进行求值但不显示结果
Force Return（强制返回）	在程序执行过程中强制返回
Step Into Selection（单步跳入选择的内容）	单步跳入到所选择的方法
Toggle Breakpoint（切换断点）	允许添加或除去在编辑器中的断点
Toggle Line Breakpoint（切换行断点）	允许添加或除去在编辑器中所选中行的行断点
Toggle Method Breakpoint（切换方法断点）	允许添加或除去当前方法的方法断点
Toggle Watchpoint（切换观察点）	允许添加或除去当前Java字段的字段观察点
Skip All Breakpoints（跳过所有断点）	跳过已经设定的所有断点
Remove All Breakpoints（清除所有断点）	清除已经设定的所有断点
Add Java Exception Breakpoint（添加Java异常断点）	允许创建异常断点
Add Class Load Breakpoint（添加类加载断点）	允许创建类加载断点
External Tools（外部工具）	用于运行控制台以外的工具

· Window（窗口）菜单

窗体操作菜单，主要包含打开新窗口、新的编辑器、透视图切换、打开视图、透视图的设置、菜单选项操作及参数设置，其详细的功能说明如表4-9所示。

表4-9 窗口菜单功能说明

菜单	功能说明
New Window（新建窗口）	打开一个新的"工作台"窗口
New Editor（新建编辑器）	根据当前的活动编辑器打开编辑器
Open Perspective（打开透视图）	在"工作台"窗口中打开新的透视图
Show View（显示视图）	在当前透视图中显示所选视图
Customize Perspective（定制透视图）	定制透视图中的操作
Save Perspective As（透视图另存为）	可以保存当前透视图并创建用户的定制透视图
Reset Perspective（复位透视图）	此命令将当前透视图的布局更改为其原始配置
Close Perspective（关闭透视图）	此命令关闭活动透视图
Close All Perspectives（关闭所有透视图）	此命令关闭"工作台"窗口中所有打开的透视图
Navigation（导航）	用来在视图、透视图和编辑器之间进行快速切换的快捷键
Working Sets（工作集）	此子菜单包含用于选择或编辑工作集的条目
Preferences（首选项）	设置和配置"工作台"中的各部分的外观和行为

· Help（帮助）菜单

帮助菜单提供了有关使用工作台的帮助信息，其详细的功能说明如表4-10所示。

表4-10 帮助菜单功能说明

菜单	功能说明
Welcome（欢迎）	打开一个欢迎窗口
Help Contents（帮助内容）	在帮助窗口或外部浏览器中显示帮助内容
Search（搜索）	显示帮助信息中的"搜索"页面
Dynamic Help（动态帮助）	显示帮助信息中的"相关主题"
Key Assist（快捷键列表）	显示快捷键绑定列表
Tips And Tricks（提示和技巧）	打开可能还未发现的有吸引的效率功能部件列表
Cheat Sheets（备忘录）	打开备忘录选择对话框
Software Updates（软件更新）	允许更新产品并下载和安装新功能部件
About Eclipse SDK（关于Eclipse SDK）	显示产品、已安装功能部件和可用插件的信息

4.2.2 Eclipse中的工具栏

位于菜单栏下方的就是工具栏，如图4-9所示。

图4-9 Eclipse的工具栏

工具栏中包含了Eclipse最常用的功能。拖动工具栏上的图标可以更改按钮显示的位置。表4-11列出了常见的Eclipse工具栏按钮及其对应的功能。

表4-11 Eclipse工具栏按钮及其功能

工具栏按钮	功能说明
	新建文件或项目
	保存文件或项目
	打印
	调试程序
	运行程序
	运行外部工具
	新建Java项目
	新建包
	新建Java类
	打开类型
	搜索
	匹配单词间切换
	跳转到后一标注
	跳转到前一标注
	跳转到上次修改的位置
	跳转到上次访问的文件

4.2.3 Eclipse中的透视图

工作台窗口中包含一个或多个透视图,而且这些透视图共享同一代码编辑器。透视图用于定义工作台窗口中视图的初始设置和布局,目的在于完成特定类型的任务或便于使用特定类型的资源。

在Eclipse集成开发环境中提供了几种常用的透视图,例如Java透视图、资源透视图、调试透视图、团队同步透视图等。开发者可以在不同的透视图之间自由切换,但是同一时刻只有一个透视图是活动的,该活动的透视图可以控制哪些视图显示在工作台的界面上,并控制这些视图的大小和位置。

在Java应用开发中最常用的就是Java透视图。单击Eclipse菜单栏中的"Windows"→"Open Perspective"→"Other..."选项,在弹出的如图4-10所示的"打开透视图"窗口中选择"Java(default)"就将打开Java透视图。

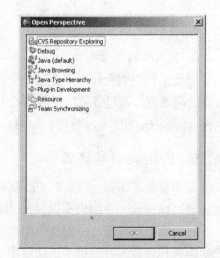

图4-10 "打开透视图"窗口

4.2.4 Eclipse中的视图

视图支持编辑器并提供浏览工作台中信息的方

法。视图可能在工作台中单独出现，也可能与其他视图一起出现。在工作台窗口中，可以打开和关闭视图，并修改它们停放的位置，进而改变透视图的布局。

在使用Java透视图时，将会连带打开几个与Java相关的视图，通过这些视图可以方便地对Java项目进行管理。

1. 包资源管理器视图

包资源管理器视图用来显示工作台中的Java项目的Java元素层次结构。元素层次结构是从项目的构建类路径中派生出来的。对于每个项目来说，其源文件和引用的类库都显示在树中，开发者可以打开和浏览内部或外部JAR文件的具体内容。包资源管理器视图如图4-11所示。

2. 大纲视图

大纲视图主要用来显示当前Java类的结构，包括包声明、导入声明、字段和方法等。当在"大纲"视图中选择Java类的方法或字段时，将在Java代码编辑器中直接跳转到对应的代码位置，大纲视图如图4-12所示。

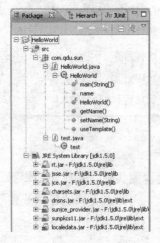

图4-11　包资源管理器视图

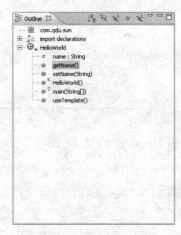

图4-12　大纲视图

3. 层次结构视图

层次结构视图允许用户查看类型的完整层次结构，并且可以只查看它的子类型或者只查看它的超类型。在包资源管理器视图中，用右键单击项目名称，在弹出的菜单中选择"Open Type Hierarchy"选项，将显示如图4-13所示的层次结构视图。

4.2.5　Eclipse的编辑器

编辑器是工作台上的一个主要的部件。在任何给定的透视图中都会包含一个编辑器区域，该区域可以包含一个编辑器以及一个或多个相关的视图。

Java代码编辑器是Eclipse中用来编写Java源代码的特殊功能部件，主要用来进行Java代码的输入和修改，并提供了语法突出显示、代码快速修正等辅助功能。Java代码编辑器如图4-14所示。

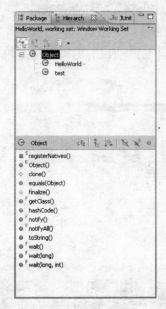

图4-13 层次结构视图 　　　　图4-14 Java代码编辑器

4.3 创建并运行Java项目

　　使用Eclipse集成开发环境创建Java应用程序非常简单，主要包括以下几个步骤。

4.3.1 创建Java项目工程

　　Java项目工程是Java应用程序在Eclipse中的组织形式，主要由Java的类文件和其他相关文件组成。在Eclipse中开发Java应用程序首先必须创建一个Java项目工程，具体步骤如下。

　　（1）单击Eclipse菜单栏中的"File"→"New"→"Java Project"选项，将弹出如图4-15所示的"创建Java项目"窗口，可用来新建一个空的Java项目。

　　该窗口中各属性的详细说明如表4-12所示。

表4-12 创建Java项目的窗口中属性说明

属性	说明
Project name	创建项目的名称
Create new project in workspace	在工作区中创建新项目
Create project from existing source	从现有代码中创建项目
Use default JRE	使用Eclipse当前默认的JRE
Use a project specific JRE	使用一个项目特定的JRE
Use an execution environment JRE	使用一个可运行环境的JRE
Use project folder as root for sources and class files	使用项目目录作为源代码和类的根目录，这种方式不推荐，因为java和class文件混杂一起
Create separate folders for sources and class files	使用分开的目录来分别存放源代码和类文件，这种方式推荐使用

（2）在"Project name"文本框中输入项目名称，这里输入"HelloWorld"，其余的属性选项采用默认值，这样在工作空间就会建立一个同名的目录。然后单击"Next"按钮，将显示如图4-16所示的"Java项目设置"窗口。在其中可以设置项目的编译路径、输出设置等属性。

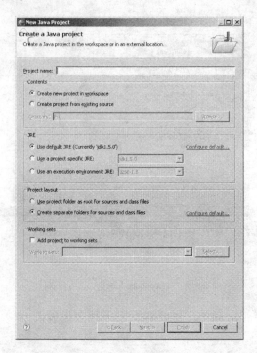

图4-15　"创建Java项目"的窗口

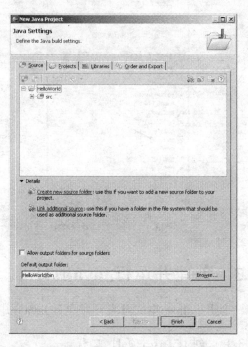

图4-16　"Java项目设置"窗口

图 4-17　创建的Java项目
组织结构

（3）单击"Finish"按钮，就将完成Java项目工程的创建。创建完成后，在Package视图中将会增加一个项目，此项目最初只有src文件夹和JRE系统库，如图4-17所示。

4.3.2　创建Java类

Java项目工程创建完成后，接下来需要在项目中创建一个用来执行的Java类，具体步骤如下。

（1）单击菜单栏中"File"→"New"→"Class"选项，将弹出如图4-18所示的"新建Java类"窗口。该窗口中各属性的详细说明如表4-13所示。

表4-13　新建Java类窗口中属性说明

属性	说明
Source folder	新建Java类的源代码的存放目录
Package	新建Java类的包名
Name	新建Java类的类名
Modifiers	新建Java类的类修饰符
Superclass	新建Java类所继承的父类

（续表）

属性	说明
Interface	新建Java类所实现的接口
public static void main(String[] args)	新建Java类是否包含主函数
Constructors from superclass	新建Java类是否从父类中派生构造函数
Inherited abstract methods	新建Java类是否要继承父类中的抽象方法

（2）在该窗口中，输入类名HelloWorld，包名com.qdu.sun后，单击"Finish"按钮，将打开一个代码编辑器，可以看到左边的视图中已经增加了对应的包和Java类，如图4-19所示。

在代码的编辑器中可以编写代码，在编写过程中，使用"."符号去调用相关类的属性或者方法时，编辑器会自动弹出提示快捷窗口，可以使用键盘的上下键操作，选择到相关位置，使用"Enter"键便可以直接输入相关属性和方法，而不必手工输入，当然也可以用鼠标选择快捷窗口中所需的属性和方法。相关注意事项如下。

· 代码没有完全编写完成时，编辑器会报语法错误，一般可以忽略，等代码编写完成并保存之后错误将自动消失。

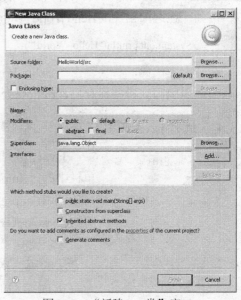

图4-18 "新建Java类"窗口

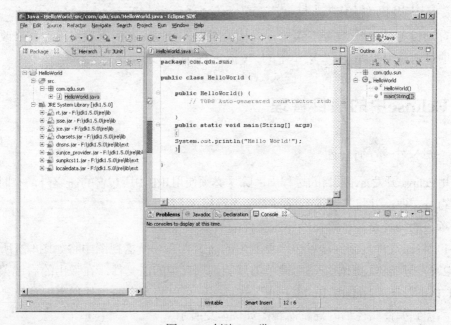

图4-19 创建Java类

- 当代码编写完成并保存后，源码会被自动编译成Java类文件（项目的构建设置为自动），代码有未保存的，在编辑器标题窗体会有星号"*"标识，代码保存后星号"*"会自动消失。
- 代码的保存可以使用工具栏上的保存按钮，也可以使用"File"菜单栏中的选项，当然最常用的方式是使用快捷键"Ctrl+s"。

4.3.3 添加Java代码

在打开的Java代码编辑器中，可以根据要实现的功能直接添加Java代码。

例如，在之前创建的HelloWorld类的main()函数中添加如下代码：

```
System.out.println("Hello  World!");
```

运行上述代码，将会输出"Hello World"字符串。

当代码编写完毕并保存后，Eclipse会自动将Java源文件编译成类文件。

4.3.4 执行Java应用程序

图4-20 Java程序执行结果

Java应用程序编写完成后，就可以在Eclipse中运行了。单击菜单栏中的"Run"→"Run"选项或者按快捷键"Ctrl+F11"，就会自动调用Eclipse中的Java解释器，如果程序代码没有语法错误，就将在Console视图中输出执行的结果。要注意的是，要运行的Java类里面一定要有"main"方法，该方法是Java的运行入口方法，定义该方法的语法格式是固定的。

上面编写的程序执行后，将在Console视图中输出"Hello World!"字样，如图4-20所示。

4.3.5 关闭和保存Java项目

保存项目可以使用"File"菜单下的相关操作，可以保存所有项目添加和修改的内容，而关闭项目则使用"Project"菜单下的"Close Project"选项。

4.4 Eclipse中的项目管理

4.4.1 导入外部的jar包

使用Eclipse开发Java项目的过程中，除了必须使用JRE中所包含的jar之外，有时还需要引入外部的jar文件，并将其添加到项目的编译路径中。

向项目的编译路径中添加外部jar文件的具体步骤如下。

（1）将jar文件复制到项目中。复制后的jar文件在导航器视图中将如图4-21所示。

（2）在导航器视图中，用右键单击复制到项目中的jar文件，在弹出的右键菜单中单击"Build Path"→"Add to Build Path"选项，就可以将这个jar文件加入编译路径中了。将jar文件添加到编译路径后的导航器视图如图4-22所示。

图4-21 向项目中添加外部jar文件　　　　图 4-22 jar文件添加到项目编译路径中

（3）要从项目的编译路径中去掉这个jar文件，可以右键单击该jar文件，从弹出的右键菜单中单击"Build Path"→"Remove from Build Path"选项。

4.4.2 导出Java项目

项目开发过程中经常需要备份成果或者变化项目工程开发环境，这就需要把项目导出，成果一般可以使用两种方式保存，一种是文件目录方式，另一种是类库文件方式。项目导出功能可以通过文件（File）菜单的导出（Export）功能进行。导出项目选择对话框如图4-23所示。

在其中选择"General"选项下的"File System"，这样就可以用目录方式导出工程，单击"Next"按钮，则可以进入如图4-24所示的项目导出设置对话框，在其中可以选择要导出的项目和导出项目要保存的目录等，单击"Finish"按钮，就可以将项目导出到指定的目录下。

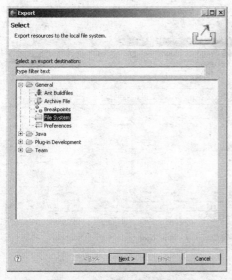

图4-23 导出项目选择对话框　　　　图4-24 项目导出设置对话框

除了以目录形式导出项目外，还可以把项目导出为类库包文件（*.jar）的形式。导出项目选择对话框和项目导出设置对话框分别如图4-25和图4-26所示。

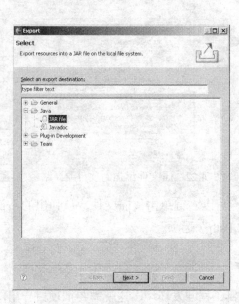

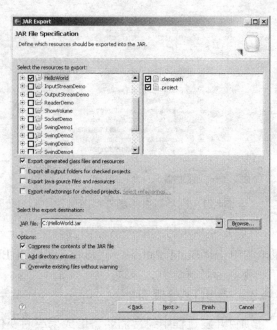

图4-25　导出项目选择对话框　　　　　　　　图4-26　项目导出设置对话框

4.4.3　导入Java项目

　　使用Eclipse导出的目录形式的项目，可以再通过文件（File）菜单的导入（Import）功能，导入到Eclipse集成开发环境中，导入项目选择对话框如图4-27所示。

　　单击"Next"按钮，则可以进入如图4-28所示的项目导入设置对话框，在其中可以选择要导入的项目和要导入的项目文件目录的路径等，单击"Finish"按钮，就可以将指定的目录下的项目文件目录导入到Eclipse的项目中。

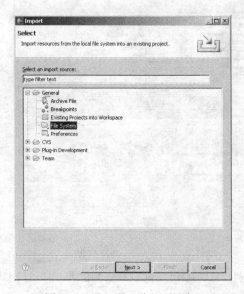

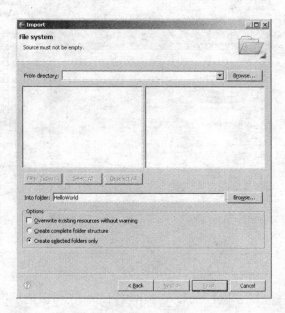

图4-27　导入项目选择对话框　　　　　　　　图4-28　项目导入设置对话框

第5章 Java SE 6的面向对象编程

本章重点讲解了Java语言的面向对象技术，包括面向对象的基本概念、面向对象的程序设计方法和Java中的类、包、对象、抽象类、接口以及继承、封装和多态性等面向对象的特性。通过对本系统中实体对象的定义和使用，使读者深入掌握Java面向对象的编程的精髓。

5.1 类和对象

Java语言是一种面向对象的高级程序设计语言。面向对象编程（OOP）是目前最接近人类思维的计算机语言之一，它是计算机语言朝着人类自然语言发展方向上的研究成果。对问题的求解过程实际上是模拟人类社会对事物的处理过程。所有的物体都可以看作对象，对象有一定的框架结构，具有一定的功能，可以完成一定的任务，而且这些对象之间可以建立起联系，就像人类社会那样处理各种各样的事务。在Java语言中，对象都是通过类来构造的。

Java语言中的类就是一块模板。对象是在其类模板上建立起来的，就像根据建筑图纸来建楼一样。同样的图纸可用来建许多楼房，而每栋楼房则只是建筑图纸的一个对象。

5.1.1 Java类定义

把众多的事物归纳划分成一些类是人类在认识客观世界时经常采用的思维方法。分类的原则是抽象。类是具有相同属性和方法的一组对象的集合，它为属于该类的所有对象提供了统一的抽象描述，其内部包括属性和方法两个主要部分。

在面向对象的编程语言中，为了符合编程人员的思维习惯以及更好地使客观世界与程序世界相对应，提出了类的概念。类是一个独立的程序单位，是Java程序的基本组成单位，它应该有一个类名并包括属性说明和方法说明两个主要部分。在面向对象编程语言中，要使用类的概念，首先必须进行类定义。

1. 类的定义格式

Java中类的定义格式如下：

```
<类首声明>{
        <类主体>
}
```

其中：

类首声明定义了类的名字、访问权限以及与其他类的关系；

类主体定义了类的成员，包括变量（属性）和方法（行为）。

2. 类首声明

类首声明的格式如下：

```
[<修饰符>] class <类名> [extends <父类名>] [implements <接口名>]
```

其中：

class：类定义的关键字；

extends：表示定义的类和另外一个类的继承关系的关键字；

implements：表示类实现了某些接口的关键字；

修饰符：表示类的访问权限（public、private等）和一些其他特性（abstract、final等）。

3. 类主体

类主体的结构如下：

```
<类首声明>{//以下为类主体
      <成员变量的声明>
      <成员方法的声明及实现>

    }
```

其中：

成员变量即类的属性，其主要反映了类的状态；

成员方法即类的行为，主要定义了对属性的操作。

例5.1 定义一个用户类

```
public class User{
    //成员变量
    String name;
    int age;
    //成员方法
    public void show()
       {
           System.out.println("用户姓名是: "+ name +", 年龄是: "+ age);
       }
    }
```

在例5.1定义的类中，成员变量name、age分别表示用户的姓名和年龄，成员方法show()用来对属性进行操作，即打印出用户的信息。这样就可以将一个用户的相关信息和行为封装为一个类。

通过本例，读者可以看到，使用类的形式进行定义，将有助于程序员编写出更加容易维护和修改的程序。

5.1.2 类的成员变量和成员方法

从程序设计的角度来看，类的成员变量用来表示事物的属性，类的成员方法用来表示事物的行为。例如，现实生活中一个人，每个人都有自己的行为和属性，一个人的属性根据需要可以包括有姓名、性别、年龄、身高和体重等，一个人的行为可以有行走、跑步、开车等。

1. 成员变量

类的成员变量的声明要给出变量名、变量类型以及其他特性，其格式如下：

```
[<修饰符>][static][final][transient][volatile] <变量类型><变量名>
```

其中：

static：表示是一个类成员静态变量；

final：表示是一个常量；

transient：表示是一个临时变量；

volatile：用于并发线程的共享变量；

修饰符：表示变量的访问权限（默认访问、public、private和protected），关于访问权限将在后续章节中详细说明。

在本章的例5.1中，定义的成员变量name是字符串类型变量，age是整型变量，在定义变量时没有显式的声明修饰符，则表示默认的访问权限。

2. 成员方法

类的成员方法是类的行为，通过它实现了对类的属性的操作。此外，其他类也可以通过某个类的方法对其变量进行访问。

对于习惯了C语言等面向过程的读者而言，特别需要注意的是，Java中的方法必须属于某个类，不可能定义一个不属于任何类的方法。

类的成员方法的声明格式如下：

```
    [<修饰符>][static][final ｜ abstract][native][synchronized]<返回类型> <方法名> ([<参数列表>])
[throws<异常类>]{
        方法体
    }
```

其中：

修饰符：表示方法的访问权限（默认访问、public、private和protected）；

static：静态方法，可通过类名直接调用；

abstract：抽象方法，只有方法声明，没有方法体；

final：最终方法，方法不能被重写；

native：集成其他语言代码的方法；

synchronized：控制多个并发线程访问的方法；

返回类型：为该方法返回值的类型，若该方法没有返回值，则方法的返回类型为void；

参数列表：如果有数据要传递到该方法中，参数列表中的参数变量用于接收数据。

在本章的例5.1中，定义的成员方法show()没有返回值，也不需要输入参数，有public的访问权限。

5.1.3 类的构造函数

在类定义中有一类特殊的成员方法，这类成员方法的名字与类名完全一致，在创建对象时用来对成员变量进行初始化。这类方法被称作构造方法。

创建一个构造方法和创建其他成员方法是一样的，但是，需要注意的是类中的构造方法的名字必须和这个类的名字一模一样。此外，构造方法不能有返回值，特别需要注意的是，在构造方法名字前面连void也不能加。

那么，是不是在类中必须定义一个构造方法呢？答案是否定的。因为，如果在类中没有创建用户自定义的构造方法，Java会提供一个默认的构造方法，默认的构造方法没有参数，因此不能对成员变量进行初始化。但是，这里需要注意一点，如果类中有了用户自定义的构造方法后，Java就不会给出默认的构造方法了。所以，用户如果想在程序中继续使用无参的构造方法，就必须在类中自己再定义一个无参的构造方法。

实际上，构造方法是可以重载的（关于重载，将在后续章节中详细介绍），也就是说，可以在一个类中创建多个同名但参数不一样的构造方法。

例5.2 用户类中添加构造方法

```java
public class User{
    //成员变量
    String name;
    int age;
    //用户自定义的构造方法
    public User(String name,int age)
      {
          this.name=name;
          this.age=age;
      }
    //无参构造方法
    public User()
      {}
    //成员方法
    public void show()
      {
          System.out.println("用户姓名是："+ name + "，年龄是："+ age);
      }
}
```

5.1.4 对象的创建和使用

对象是系统中用来描述客观事物的一个实体，它是构成系统的一个基本单位。一个对象由一组属性和对这组属性进行操作的一组服务组成。从更抽象的角度来说，对象是问题域或实现域中某些事物的一个抽象，它反映该事物在系统中需要保存的信息和发挥的作用。对象是一组属性和有权对这些属性进行操作的一组服务的封装体。客观世界是由对象和对象之间的联系组成的。

当定义了一个类之后，这个类就与int、float、char等基本数据类型一样是Java的一种数据类型。类被认为是Java中的抽象数据类型，它为对象的特殊类型提供定义。它规定对象内部的数据，创建该对象的特性，以及对象在其自己的数据上运行的功能。因此类就是一块模板。对象是在其类模块上建立起来的。类与对象的关系就如模具和铸件的关系，类的实例化结果就是对象，而对一类对象的抽象就是类。

应该注意，类定义了对象是什么，但它本身不是一个对象。在程序中只能有一个类定义，但可以有几个对象作为该类的实例。因此，在程序中不能直接使用类，而是要首先实例化一个对象，然后通过该对象调用类中定义的成员变量和成员方法，否则将无法调用类中定义的成员变量和成员方法（类中的静态成员变量和成员方法除外，这个稍候会详细介绍）。

1. 对象的创建

在Java编程语言中使用运算符new来实例化一个对象。创建对象的形式有两种。

第一种形式的步骤如下：

（1）声明对象。声明一个对象的具体格式如下：

  <类名> <对象名>

例如：

  User user;

表示将user声明为类User的对象，但是这样并没有将该对象实例化，而仅仅是通知Java编译器，user是类User类型的一个对象。

（2）实例化对象。用运算符new来实例化对象，具体格式如下：

  <对象名>=new 构造方法( )

例如：

  user=new User( );

表示对User类的对象user进行实例化，使用的是默认的构造方法。

第二种创建对象的形式是在声明对象的同时进行实例化。具体格式如下：

  <类名> <对象名>=new 构造方法( )

例如：

  User user=new User( );

表示在声明对象时，就向内存申请分配存储空间，同时对对象进行实例化。

在编程过程中，可以在程序中创建同一个类的若干个对象。

例5.3 应用程序中创建对象

```java
public class User{
    //成员变量
    String name;
    int age;
    //用户自定义的构造方法
    public User(String name,int age)
      {
          this.name=name;
          this.age=age;
      }
    //无参构造方法
    public User()
      {}
    //成员方法
    public void show()
      {
          System.out.println("用户姓名是："+ name + "，年龄是："+ age);
      }
    public static void main(String[ ] args)
      {
              //用默认的构造方法创建对象
              User user1=new User( );
              //用用户自定义的构造方法创建对象，并同时进行初始化
              User user2=new User("sun",28);
      }
}
```

在例5.3中创建了两个User类的对象，其中user1是使用无参的默认构造函数创建的，user2是使用用户自定义的构造函数创建的。

2. 对象的使用

创建了对象之后，就可以根据对象和对象成员的访问权限对成员变量进行访问，或对成员方法进行调用。

引用成员变量或成员方法时要用句点"."运算符。

（1）成员变量的引用。

成员变量的引用格式如下：

> <对象名>.<变量名>

例如，在例5.4中，创建user2实例后，可以通过user2.name引用成员变量name。

（2）成员方法的引用。

成员方法的调用格式如下：

> <对象名>.<方法名([参数])>

例如，在例5.4中，创建user2实例后，可以通过user2.show()调用成员方法show()。

例5.4 调用对象的方法

```java
public class User{
    //成员变量
    String name;
    int age;
    //用户自定义的构造方法
    public User(String name,int age)
    {
        this.name=name;
        this.age=age;
    }
    //无参构造方法
    public User()
    {}
    //成员方法
    public void show()
    {
        System.out.println("用户姓名是："+ name + "，年龄是："+ age);
    }
    public static void main(String[ ] args)
    {
        //用默认的构造方法创建对象
        User user1=new User( );
        //用用户自定义的构造方法创建对象，并同时进行初始化
        User user2=new User("sun",28);
        //引用成员变量
        System.out.println("用户姓名是："+user2.name+ "，年龄是："+user2.age);
        //调用成员方法
        user2.show();
    }
}
```

根据第4章中介绍的Eclipse开发Java应用程序的步骤，在Eclipse集成开发环境中编写并运行例5.4，最后的运行结果如图5-1所示。

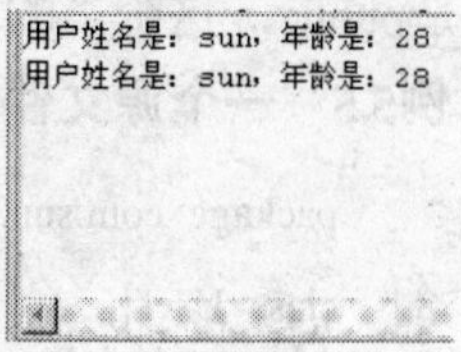

用户姓名是：sun，年龄是：28
用户姓名是：sun，年龄是：28

图5-1　程序运行结果

5.1.5　类的封装

封装性就是把类的属性和方法结合成一个独立的单位，并尽可能地隐蔽类内部的实现细节，这主要包含两层含义：

- 把类的全部属性和全部方法结合在一起，形成一个不可分割的独立单位（即类）；
- 信息隐蔽，即尽可能隐蔽类的内部细节，对外形成一个边界（或者说形成一道屏障），只保留有限的对外接口使之与外部发生联系。

通过前面有关章节的学习，读者已经能够体会到类定义中的封装性，因此，如何对类中的成员进行有效的访问控制将是本小节重点讨论的内容。

在前面的例子中，对类的成员变量和成员方法都没有设定访问权限，因此，类外的代码可以直接访问类的成员。但是，这样将降低类中数据的安全性。

例如，在例5.4中，在公共类中user2.name和user2.age就是对User类的内部成员变量的直接访问，如果在类Test中使用如下语句：

```
user2.name="Tom";
user2.age=18;
```

就可以直接修改User类中的成员变量。这样是非常危险的。这意味着类的外部可以没有限制地直接访问类中的变量。

因此，必须限制类的外部程序对类内部成员的访问，这就是类封装的目的。但是，封装并不意味着不允许外部程序访问类的成员变量，而是需要创建一些允许被外部程序调用的方法，通过这样的方法来访问类的成员变量。这样的方法被称为公共接口。而访问权限就是用来控制这些公共接口能够被哪些外部程序调用的。

1. 访问权限

Java语言中有四种不同的限定词，提供了四种不同的访问权限：公有的（public）、受保护的（protected）、默认的、私有的（private）。各种权限的访问级别如表5-1所示。

表5-1　各种权限的访问级别

权限	同一类	同一包	不同包的子类	所有类
public	允许	允许	允许	允许
protected	允许	允许	允许	不允许
默认的	允许	允许	不允许	不允许
private	允许	不允许	不允许	不允许

2. 类的访问权限的设置

类的访问权限有两种：默认的和public。因此，在声明一个类时，其权限关键字要么没有，要么就是public。在同一个源文件中，可以声明多个类，但是其中只能有一个类的权限关键字是public，这个类的名字必须和源文件的名字相同，main()方法也应该在这个公共类中。

例5.5 一个源文件中包含多个类

```java
package com.sun.qdu;

class User{
    //成员变量
    String name;
    int  age;
    //用户自定义的构造方法
    public User(String name,int age)
      {
          this.name=name;
          this.age=age;
      }
    //无参构造方法
    public User()
      {}
    //成员方法
    public void show()
      {
          System.out.println("用户姓名是："+ name + "，年龄是："+ age);
      }

    }
    //定义公共类
public class Test {
    public static void main(String[ ] args)
      {
          //用默认的构造方法创建对象
          User user1=new User( );
          //用用户自定义的构造方法创建对象，并同时进行初始化
          User user2=new User("sun",28);
          //引用成员变量
          System.out.println("用户姓名是："+user2.name+ "，年龄是："+user2.age);
          //调用成员方法
          user2.show();
      }

    }
```

在上述代码中，包含两个类定义，其中公共类Test包含主函数main()，并且与源文件名相同。

3. 类的成员的访问权限的设置

用权限关键字设置类的成员的权限，可以决定是否允许类外部的代码访问这些成员。各种权限关键字的含义如下。

· public：该类的成员可以被其他任何所有的类访问。

· protected：该类的成员可以被同一包中的类或其他包中的该类的子类访问。

· 默认的：该类的成员能被同一包中的类访问。

· private：该类的成员只能被同一类中的成员访问。

例5.6 类中的私有成员

在该类中，将User类中的成员变量name和age的访问权限设置为private。

```java
package com.sun.qdu;

class User{
    //成员变量
    private String name;
    private int age;
    //用户自定义的构造方法
    public User(String name,int age)
        {
            this.name=name;
            this.age=age;
        }
    //无参构造方法
    public User()
        {}
    //成员方法
    public void show()
        {
            System.out.println("用户姓名是："+ name + "，年龄是："+ age);
        }

    }
    //定义公共类
public class Test {
    public static void main(String[ ] args)
        {
            //用默认的构造方法创建对象
            User user1=new User( );
            //用用户自定义的构造方法创建对象，并同时进行初始化
            User user2=new User("sun",28);
            //引用成员变量
            System.out.println("用户姓名是："+user2.name+ "，年龄是："+user2.age);
            //调用成员方法
            user2.show();
        }

    }
```

在Eclipse集成开发环境中编写并运行例5.6，将显示如图5-2所示的错误信息。

```
Exception in thread "main" java.lang.Error: Unresolved compilation problems:
    The field User.name is not visible
    The field User.age is not visible

    at com.sun.qdu.Test.main(Test.java:32)
```

图5-2 显示运行错误信息

程序运行错误的原因是，在User类中将成员变量name和age设置为私有的，因此，这两个成员变量只能够被User类内部的成员方法直接访问，而在类外部不能够被直接访问，而本程序中在公共类Test中直接访问了User类内部的私有成员变量，违反了变量的访问控制权限。

4. 类的静态成员

在5.1.2小节中已经介绍过，一般情况下，在类中定义的成员方法和成员变量都是属于一个个由类产生的对象的，而类中有一种特殊的成员，它不属于类的某个对象，而属于类本身。这种成员在声明时只需在前面加上关键字static，它们被称作静态成员变量和静态成员方法。如果在声明时不用static关键字修饰，则声明的变量和方法为实例变量和实例方法。

（1）实例变量和类的静态成员变量。

每个对象的实例变量都分配内存，通过该对象来访问这些实例变量，不同的实例变量是不同的。

类的静态成员变量仅在生成第一个对象时分配内存，相当于全局变量，所有实例对象共享同一个类的静态成员变量，每个实例对象对类的静态成员变量的改变都会影响到其他的实例对象。类的静态成员变量可通过类名直接访问，无需先生成一个实例对象，也可以通过实例对象访问类的静态成员变量。

类的静态成员变量引用格式如下：

<类名>.<类的静态成员变量>

（2）实例方法和类方法。

实例方法可以对当前对象的实例变量进行操作，也可以对类的静态成员变量进行操作，实例方法由实例对象调用。但类的静态成员方法不能访问实例变量，只能访问类的静态成员变量。类的静态成员方法可以由类名直接调用，也可由实例对象进行调用。类的静态成员方法中不能使用this或super关键字。

类的静态成员方法引用格式如下：

<类名>.<类的静态成员方法>
<对象名>.<类的静态成员方法>

通过上述介绍，可以看到，类的静态成员方法可以不用实例化直接通过类名就可以调用，因此，用第一种格式调用非常方便。

5.1.6 包的创建和使用

包是类的逻辑组织形式。在程序中可以声明类所在的包。同一包中类的名字不能重复。通过包可以对类的访问权限进行控制（在本章5.1.5.1小节已经详细说明）。此外，包是有层次结构的，即包中可以包含子包。

除了Java提供的用于程序开发的系统类被存放在各种系统包中之外，用户也可以创建自己的用户包。

1. 自定义包

如果在程序中没有声明包，类就将被存放在默认的包中，这个默认包是没有名字的。对于包含类比较多的程序，不建议采用默认包的形式，而是建议开发者创建自己的包。

在程序中声明包的格式如下：

package <包名>

需要注意的是，声明一个包的语句必须写在源程序中的第一行。

例如，例5.6中第一行代码：

```
package com.sun.qdu;
```

表示创建一个包com.sun.qdu，在该源文件中定义的所有的类都存放在这个包中。

2. 包的导入

如果要使用Java中存在的包，要在源程序中使用import语句导入包。

在程序中导入包的格式如下：

```
import <包名>.<类名>
import <包名>.*
```

如果要导入一个包中的多个类，可以用星号"*"表示包中所有的类。

例如：

```
import javax.swing.*;     //导入javax.swing包中所有的类
import java.awt.Button;   //导入java.awt包中的Button类
```

3. 包的层次结构

在操作系统中，包对应于一个文件夹，而类则是文件夹中的一个文件。包路径同样可以有层次结构，例如：

```
package com.sun.qdu;
```

其中，用句点"."将包的层次分开，同时形成包路径的层次，qdu是sun文件夹的子文件夹，sun是com文件夹的子文件夹。

当使用多层次包结构时，要了解父包和子包在使用上是否有联系。当用星号"*"导入一个包中的所有类时，并不会导入这个包的子包中的类，如果需要用到子包中的类，就需要将子包单独再导入一次。例如，在后续章节中，经常会看到以下代码：

```
import java.awt.*;
import java.awt.event.* ;
```

4. 包的访问权限

一个包中只有访问权限为public的类，才能被其他包中的类引用，其他包中具有默认访问权限的类只能在同一包中使用。

同一包中类成员的访问权限在前面已经详细讲述过了，下面着重讲一下在不同包中类成员的访问权限。

（1）public访问权限的类成员。

public类中的public成员可以被其他包中的类访问。public类中的protected成员可以被由它派生的在其他包中的子类访问。

（2）默认访问权限的类成员。

无论类的访问权限修饰符是什么，类中的默认访问权限的成员，都不能被其他包中的类访问。

5.1.7 任务：创建用户类User

在办公固定资产管理系统中，需要将系统中用户的信息封装起来，定义成用户类，其中包括用户的姓名、年龄等基本信息。此外，还需要提供一种机制，能够获得并输出系统中已经存在的用户的个人信息。因此，在本小节中，需要定义封装系统中用户信息的用户类User。

系统中封装用户信息的用户类User定义如下：

```java
public class User{
    //成员变量
    String name;
    int age;
    //用户自定义的构造方法
    public User(String name, int age)
    {
        this.name=name;
        this.age=age;
    }
    //无参构造方法
    public User()
    {}
    //成员方法
    public String getName( )
    {
        return name;
    }
    public void setName( String name)
    {
        this.name=name;
    }
    public int getAge( )
    {
        return age;
    }
    public void setAge(int age)
    {
        this.age=age;
    }
    public void show()
    {
        System.out.println("用户姓名是："+ name + "，年龄是："+ age);
    }
}
```

5.2 类的继承性

继承性是面向对象语言的又一个基本特性，它是一种由已有的类创建新类的机制，正是因为有这种机制，才使得面向对象语言编写的程序代码具有较高的复用性。

5.2.1 类的继承

继承是指相关的类之间的层次关系。利用继承，可以先创建一个共有属性的一般类，根据该一般类再创建具有特殊属性的新类，新类继承一般类的状态和行为，并根据需要增加新的状态和行为。

由继承而得到的类称为子类，被继承的类称为父类。类继承的具体定义格式如下。

```
class subclassname extends superclassname{
    ...
}
```

在上述类的声明中，通过使用关键字extends来创建一个类的子类，其中，subclassname是声明的子类的类名，superclassname是继承的父类的类名。

在5.1.1小节中已经介绍过Java类的声明，当时定义的类并没有使用extends关键字，那么，是不是表示当时定义的类没有继承其他的类呢？答案是否定的。在Java语言中，Object类是所有类的祖先类，也就是说所有的类都是直接或者间接继承Object类的。所以当没有使用extends关键字时，就表示这个类只是Object类的子类。

例5.7 定义类的继承

首先定义父类Student，该类中包含一个int型的成员变量以及名称为set_id()和show_id()的两个成员方法。

```
class Student {
    int stu_id;
    void set_id(int id) {
        stu_id=id;
    }
    void show_id() {
        System.out.println("The student_ID is:"+stu_id);
    }
}
```

然后定义继承Student类的子类Granduate类。

```
class Granduate extends Student {
    int dep_number;
    void set_dep(int dep_num) {
        dep_number=dep_num;
    }
    void show_dep() {
        System.out.println("The department number is:"+dep_number);
    }
}
```

该类是Student类的子类，因此，它可以直接使用Student类中定义的成员变量和成员方法，而无需重复定义。除此之外，它还定义了自己的成员变量和成员方法。

最后定义调用Granduate类的应用程序类。

```
public class Student_Show {
    public static void main(String args[]) {
        Granduate sun=new Granduate();
        sun.set_id(102);
        sun.set_dep(6);
        sun.show_id();
        sun.show_dep();
    }
}
```

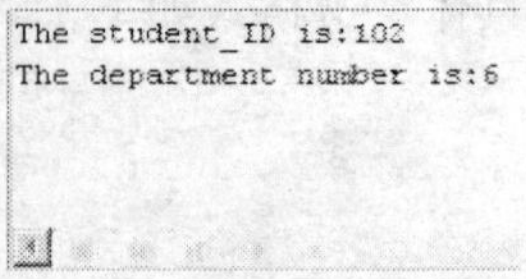

```
The student_ID is:102
The department number is:6
```

图5-3　程序运行结果

该程序的输出结果如图5-3所示。

根据类的继承关系，创建的子类对象一定也是父类的对象。例如例5.7中创建的Granduate类的对象sun也是其父类Student类的对象，但是反过来，父类的对象则不一定是子类的对象。

这里读者需要注意的是，与C++中的继承不同，Java语言不支持多重继承，子类只能有一个父类。

5.2.2　方法的重载和覆盖

当类之间出现继承关系之后，在子类中就将出现成员方法的重载和覆盖。

1. 方法的覆盖

如果在子类中定义了与父类中的成员方法同名的成员方法，那么当子类的对象在程序中调用该成员方法时，调用的将是子类中新定义的成员方法，而子类中继承下来的父类中的成员方法被覆盖掉了，如果要访问被覆盖的成员方法，则只有通过父类的对象来调用它。

例如，在例5.7中子类Granduate中定义的成员方法与其继承的父类中的成员方法没有同名，所以不存在方法的覆盖。下面修改Granduate类的定义，具体代码如下：

```java
class Granduate extends Student {
    int dep_number;
    void set_dep(int dep_num) {
        dep_number=dep_num;
    }
    //定义与父类中成员方法同名的方法，实现方法的覆盖
    void show_id() {
        System.out.println("The department number is:"+dep_number);
    }
}
```

将调用Granduate类的应用程序类的代码修改如下：

```java
public class Student_Show {
    public static void main(String args[]) {
        Granduate sun=new Granduate();
        sun.set_id(102);
        sun.set_dep(6);
        //由于方法覆盖，这里调用的是子类中定义的show_id()方法
        sun.show_id();
    }
}
```

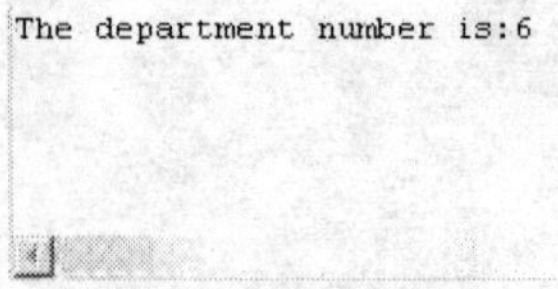

```
The department number is:6
```

图5-4　调用子类中覆盖后的方法

这时，执行应用程序时，将调用子类中定义的show_id()方法，最终程序输出结果如图5-4所示。

2. 方法的重载

如果在一个类中，定义了两个或者两个以上的具有不同参数列表的同名方法，这种情况被称为方法的重载，方法的重载体现了Java作为面向对象语言的多态性。

那么什么是不同的参数列表呢？仅仅是形参名称不同

的两个参数列表实际上仍然是相同的，但如果是参数的个数或者参数的数据类型不同，则这样的参数列表才是不同的。因此，同一个对象在调用具有相同名称的方法时，会根据传递进来的参数的个数或数据类型的不同，而自动选择对应的方法。

在类的继承关系中，如果子类中定义了与父类中同名的方法，但是方法的参数列表不同，这时在子类中将对该方法进行重载，即子类中既继承了父类的方法，又定义了自己的新的成员方法，不会对父类的方法进行覆盖。

下面修改例5.7中Granduate类的定义，具体代码如下：

```
class Granduate extends Student {
        int dep_number;
        void set_dep(int dep_num) {
                dep_number=dep_num;
        }
        //定义与父类中成员方法同名的方法，但参数列表不同
        void show_id(String name) {
                System.out.println("The department number of"+name+" is:"+dep_number);
        }
}
```

在该类中定义了与父类中成员方法同名的方法，但是与父类中的show_id()方法的参数列表不同，因此在Granduate类中将存在两个名称为show_id的成员方法，但是这两个方法一个参数为空，一个参数为一个字符串类型。

将调用Granduate类的应用程序类的代码修改如下：

```
public class Student_Show {
        public static void main(String args[]) {
                Granduate sun=new Granduate();
                sun.set_id(102);
                sun.set_dep(6);
                //由于方法重载，这里调用子类中的两个不同的show_id()方法
                sun.show_id();
                sun.show_id("sun");
                }
}
```

这时，执行应用程序时，将调用子类中重载的两个不同的show_id()方法，最终程序输出结果如图5-5所示。

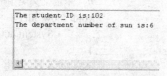

图5-5 调用重载的方法

5.2.3 抽象类和最终类

在一般情况下，Java中的所有的类都可以被其他类继承，也可以直接被实例化使用。但是有两种特殊的类，一种是专门用来给其他类做父类的，自己不能够被实例化，另一种是不能够再被其他类所继承。这就是本小节要详细介绍的抽象类和最终类。

1. 抽象类

面向对象的编程思想使得开发者可以编写模块化的程序，然后用类似搭积木的方式来组织这些模块以实现特定的功能。甚至可以对一个未定的功能预留一个模块的位置，留待以后去实现。

将这种思想应用于类的定义中，对于某种未定的操作，可以在类中先只定义方法声明，不定义方法实现，以后再在这个类的子类中去具体实现这个方法。这样的方法被称为抽象方法，而包含抽象方法的类就被称为抽象类。

抽象方法和抽象类的定义方式都是在方法名和类名之前加上abstract关键字。其中，抽象方法的声明与普通方法基本一致，也需要有方法名、参数列表和返回值类型，只是没有方法体。类的成员方法的声明格式如下：

[<修饰符>] abstract <返回类型> <方法名> ([<参数列表>]);

这里一定要注意，在参数列表的括号后面一定要加上分号。

抽象类由于包含抽象方法，因此它不能使用new关键字进行实例化，也不能在类中定义构造函数和静态方法，但是抽象类中可以包含具体实现了的非静态方法。所以读者不要误解抽象类中的方法全部都是抽象方法，而是只有一个类中包含一个抽象方法，那么这个类就是抽象类。抽象类的子类中应该对抽象方法进行具体的实现，否则子类本身也就成为抽象类了。

例5.8　抽象类的定义和使用

首先定义抽象类Student，该类中包含一个抽象方法show_id()。

```
abstract class Student {
    int stu_id;
    void set_id(int id) {
        stu_id=id;
    }
    //定义抽象方法
    abstract void show_id();
}
```

然后定义继承Student类的子类Granduate类。

```
class Granduate extends Student {
    int dep_number;
    void set_dep(int dep_num) {
        dep_number=dep_num;
    }
    //具体定义父类中的抽象方法
    void show_id() {
        System.out.println("The department number is:"+dep_number);
    }
}
```

在该类中，必须具体定义父类中的抽象方法，否则该类也将成为抽象类。

最后定义调用Granduate类的应用程序类。

```
public class Student_Show {
    public static void main(String args[]) {
        Granduate sun=new Granduate();
        sun.set_id(102);
        sun.set_dep(6);
        sun.show_id();
    }
}
```

执行应用程序，将调用子类中具体定义后的show_id()方法，最终程序输出结果与图5.4所示的结果一样。

2. 最终类

如果在一个类定义前加上final关键字，那么这个类就不能再被其他的类所继承，这样的类被称作最终类。最终类可以避免开发者编写的类被别人继承后加以修改。

例如，下面的类定义和继承：

```
final class A {
    .....
}
class B extends A {
    ....
}
```

这样的继承将是错误的，在程序编译时将提示类A是不能被继承的。

final关键字除了可以用在声明最终类时，还可以应用在成员变量和成员方法的声明上，如果在成员变量的定义前加上final关键字，则这个变量的值在以后的程序中只能被引用，而不能被改变，final在这里的作用相当于C++语言中的const。这里需要注意的是，使用final的成员变量必须在声明时同时给定初始值。

例如，声明不能被修改的成员变量的示例代码如下：

```
class A {
    final float PI=3.14159f;
    final float E=2.71828f;
    ....
}
```

如果在成员方法定义前加上final关键字，那么表示这个方法在子类中不能被覆盖。

5.2.4 任务：创建管理员类Admin和员工类Employee

在5.1.7小节中，已经将系统中用户的信息封装起来，定义成用户类User，其中包括用户的姓名、年龄等基本信息。此外，在办公固定资产管理系统中还需要定义系统的管理员类Admin和普通的员工类Employee。这两个类都具有User类中的公共的属性和方法，并且各自又具有自己特有的属性和方法，因此可以通过继承User类来实现。

系统中封装管理员信息的管理员类Admin定义如下：

```
public class Admin extends User{
    //成员变量
    String  password;
    //用户自定义的构造方法
    public Admin(String name, int age ,String password)
    {
        super(name, age);
        this.password=password;
    }
    //成员方法
    public String getPassword( )
    {
```

```
                return  password;
            }
        public void  setPassword(String  password)
          {
                this.password=password;
          }
      }
```

该类是User类的子类，它将继承父类中的全部成员变量和成员方法，并且在子类中定义了该类自己的成员变量password以及用来设置和获取该成员变量的成员方法。其中特别需要说明的是，子类构造函数中的super()方法必须出现在子类构造函数中的第一句，实际上是调用父类的构造函数。

系统中封装员工信息的员工类Employee定义如下：

```
public class Employee extends User{
    //成员变量
    String departmentId;
    //用户自定义的构造方法
    public Admin(String name, int age ,String departmentId)
      {
            super(name, age);
            this.departmentId=departmentId;
      }
    //成员方法
    public String get DepartmentId ( )
      {
                return  departmentId;
      }
    public void set DepartmentId (String departmentId)
      {
            this.departmentId=departmentId;
      }
    }
```

5.2.5 内部类和匿名类

在例5.5中已经为读者演示了如何在一个源文件中定义多个Java类，但是这多个类之间是相互并列的关系，即每个类都是独立定义的，不存在嵌套关系。其实在Java中也存在着与C++中嵌套类一样的概念，那就是内部类。

1. 内部类

简单地说，内部类就是在另一个类的内部声明的类。这与在类中声明字段和方法非常相似。包含了内部类声明的类就称为外部类。

Java中内部类的定义格式如下：

```
            <外部类类首声明>{
                <外部类类主体>
                <内部类类首声明>{
                        <内部类类主体>
                    }
            }
```

其中，内部类可以使用private访问权限修饰符来声明，因为这时编译器已经把内部类看作外部类的成员了，但是在一般使用时，就是所谓的"顶级类"时，不能使用private声明，只能使用public或者默认的访问权限修饰符来声明。

内部类从表面上看，就是在类中又定义了一个类，而实际上并没有那么简单，乍看上去内部类似乎有些多余，它的用处对于初学者来说可能并不显著，但是随着对它的深入了解，读者将会发现Java的设计者在内部类身上的良苦用心。学会使用内部类，是掌握Java高级编程的一部分，它可以让开发者更优雅地设计自己的程序结构。

下面简单说明内部类与普通类的区别。

一个内部类的对象能够访问包含它的外部类中的所有数据，包括私有数据。而且对于同一个包中的其他类来说，内部类能够隐藏起来，不被这些类所感知。

例5.9 内部类的定义和使用

```java
publicclass Outer {
    private static int i = 1;
    private int j = 10;
    private int k = 20;
    public static void outer_f1() {
    }
    public void outer_f2() {
    }
    //成员内部类中，不能定义静态成员
    //成员内部类中，可以访问外部类的所有成员
    class Inner {
        //static int inner_i = 100;        //内部类中不允许定义静态变量
        //内部类和外部类的实例变量可以共存
        int j = 100;
        int inner_i = 1;
        void inner_f1() {
                //在内部类中访问内部类自己的变量直接用变量名
            System.out.println(j);
                //在内部类中访问内部类自己的变量也可以用this.变量名
            System.out.println(this.j);
                //在内部类中访问外部类中与内部类同名的实例变量用外部类名.this.变
                //量名
            System.out.println(Outer.this.j);
                //如果内部类中没有与外部类同名的变量，则可以直接用变量名访问外
                //部类变量
            System.out.println(k);
            outer_f1();
        }
    }
    //外部类的非静态方法访问成员内部类
    public void outer_f3() {
        Inner inner = new Inner();
        inner.inner_f1();
    }
    //外部类的静态方法访问成员内部类，与在外部类外部访问成员内部类一样
    public static void outer_f4() {
            //建立外部类对象
        Outer out = new Outer();
            //根据外部类对象建立内部类对象
```

```
        Inner inner = out.new Inner();
        //访问内部类的方法
        inner.inner_f1();
    }
    public static void main(String[ ] args) {
     //该语句的输出结果和下面三条语句的输出结果一样
        outer_f4();
     //如果要直接创建内部类的对象，不能想当然地认为只需加上外部类Outer的名字，
     //就可以按照通常的样子生成内部类的对象，而是必须使用此外部类的一个对象来
     //创建其内部类的一个对象：
     //Outer.Inner outin = out.new Inner()
     //因此，除非已经有了外部类的一个对象，否则不可能生成内部类的对象。因为此
     //内部类的对象会悄悄地链接到创建它的外部类的对象。如果用的是静态的内部类，
     //那就不需要对其外部类对象的引用。
        Outer out = new Outer();
        Outer.Inner outin = out.new Inner();
        outin.inner_f1();
    }
}
```

内部类是一个编译时的概念，上述代码一旦编译成功，就会成为完全不同的两类。对于一个名为Outer的外部类和其内部定义的名为Inner的内部类，编译完成后出现Outer.class和Outer$Inner.class两个类文件。

2. 匿名类

匿名类是一种特殊的内部类，它是不能有名称的类，所以没办法引用它们，必须在创建类时，作为new语句的一部分来声明它们。

Java中匿名类的定义格式如下：

　　new <类或接口> <类主体>

这种形式的new语句声明一个新的匿名类，它对一个给定的类进行扩展，或者实现一个给定的接口。它还同时创建定义的类的一个新实例，并把该实例作为语句的结果返回。要扩展的类和要实现的接口是new语句的操作数，后面跟匿名类的主体。

如果匿名类对另一个类进行扩展，则匿名类的主体可以访问继承类的成员、覆盖它的方法等，这和其他任何标准的类都是一样的。如果匿名类实现了一个接口，它的主体必须实现接口中声明的方法。

例5.10　匿名类的定义和使用

```
//定义一个接口
interface pr
{
void print1();
}
   //定义标准类
public class noNameClass
{
//定义返回类型为pr接口的方法
public pr dest()
{
   //定义匿名类，没有类名，该类实现pr接口
    return new pr(){
```

```
        public void print1()
        {
            System.out.println("Hello world!!");
        }
    };
}
public static void main(String args[])
{
    //创建一个标准类的实例
    noNameClass c=new    noNameClass();
    //调用该类的dest()方法
    pr hw=c.dest();
    hw.print1();
}
}
```

在上述代码中，声明了一个匿名类，其中new是建立一个实现pr接口的对象，后面一个括号"（）"表示这个括号中的操作作用于这个默认的对象，后面的花括号中的代码表示创建一个对象的实例，并且实现接口中声明的方法。

Java中匿名类用的最多的地方就是为Swing包中的组件声明并添加监听器，具体内容将会在第6章中详细介绍。

5.3 接口

前面已经介绍过，Java只允许单继承，即不允许一个类同时继承多个父类，不过Java中提供了接口，一个类可以同时实现很多个接口，这样就实现了多重继承的部分功能。

5.3.1 接口的定义

接口的定义包括接口声明和接口体，定义的一般格式如下：

```
[public] interface interfaceName[extends listOfSuperInterface] {
    type methodname(parameterlist);
    type constname=value;
}
```

其中，接口只能用public限制访问修饰符修饰，不能使用其他的限制访问修饰符，extends后可以有多个父接口，这多个父接口之间用逗号隔开。

接口体包括常量定义和方法声明，这里的方法声明包含方法名称、参数列表和返回值类型，但是没有方法体。看到这里，读者可能会问，接口不就是抽象类吗？的确，接口与抽象类有许多相同之处，但是它们之间也有很多的不同点。接口与抽象类属于不同的层次，接口是将抽象类提高了一个层次，并给它加上了一些限制和特性。

下面来比较一下接口与抽象类的异同。

相同点：

- 接口与抽象类中都包含有方法声明，这些方法声明将在实现接口或继承抽象类的类中具体实现，否则这些实现接口或继承抽象类的类还是抽象类。这也是容易把接口和抽象类混淆的主要原因。

- 接口与抽象类中由于都有方法声明，因此都不能用new来创建对象，但它们都可以去引用实现接口或继承抽象类的类的实例。
- 接口与抽象类都可以实现继承，继承之后子接口就拥有了所有父接口中的方法声明和常量定义。

不同点：

- 在抽象类中，方法声明的前面必须加上abstract关键字，而在接口中则不需要。
- 在抽象类中，除了抽象方法之外，也可以定义普通的成员方法和成员变量，而在接口中这是不允许的，接口中只能有方法声明和常量定义，这是接口和抽象类的本质区别。
- 接口允许多继承，不但一个接口可以继承多个父接口，而且实现接口的类也可以同时实现多个接口。

例5.11　接口的定义

下面定义一个用于计算立体几何图形体积的接口，因为不同的立体几何图形计算体积的方法不同，因此可以在接口中定义一个计算体积的方法的声明，而在具体的图形类中实现该接口，并根据各图形的体积计算公式来定义该方法。接口的具体定义如下：

```java
public interface ThreeD_Object {
        float Volume(float x, float y, float z);
}
```

5.3.2　接口的实现

接口中的方法声明需要在某个类中定义实际的代码，这时就称这个类"实现"了这个接口。关键字implements用来表示对接口的实现。如果一个类同时实现了多个接口，则只需在implements后把多个接口名用逗号隔开即可。

接口实现的一般格式如下：

```
class <类名> implements <接口名>
```

例如，下面示例代码中定义了两个接口以及实现这两个接口的实现类。

```java
interface A {
        void Method1();
}
interface B {
        void Method2();
}
class C implements A,B {
        public void Method1() {
                ...//具体方法定义代码
        }
public void Method2() {
                ...//具体方法定义代码
        }
}
```

这里需要注意，在类中实现接口中的方法声明时，方法的返回值类型、方法名称和参数列表必须保持一致，同时要给出方法的具体实现代码。此外，Java中规定在类中实现的方法都要声明为public的。

如果在类中没有具体实现方法声明，那么这个方法就将是一个抽象方法，由于这时它位于一个类中，

例5.12 接口的实现

在例5.11中定义了用于计算立体几何图形体积的接口，在本实例中根据具体立体几何图形分别定义该接口不同的实现类。

首先定义立方体的实现类Cube，具体代码如下：

```java
class Cube implements ThreeD_Object {
    //根据立方体体积计算公式具体定义方法
    public float Volume(float x, float y, float z) {
        return x*y*z;
    }
}
```

然后定义圆柱体的实现类Cylinder，具体代码如下：

```java
class Cylinder implements ThreeD_Object {
    //根据圆柱体体积计算公式具体定义方法
    public float Volume(float x, float y, float z) {
        return x*y*y *z;
    }
}
```

最后定义应用程序类ShowVolume，用来测试实现接口的类，其具体代码定义如下：

```java
public class ShowVolume {
    public static void main(String args[]){
        float vol1,vol2;
        float PI=3.14159f;
        //创建Cube类的对象
        ThreeD_Object obj1=new Cube();
        //创建Cylinder类的对象
        ThreeD_Object obj2=new Cylinder();
        //调用Cube类中实现的接口中的方法
        vol1=obj1.Volume(20.0f, 10.0f, 30.0f);
        //调用Cylinder类中实现的接口中的方法
        vol2=obj2.Volume(PI, 10.0f, 30.0f);
        System.out.println("The Volume of cube is:"+vol1);
        System.out.println("The Volume of cylinder is:"+vol2);
    }
}
```

最终程序输出结果如图5-6所示。

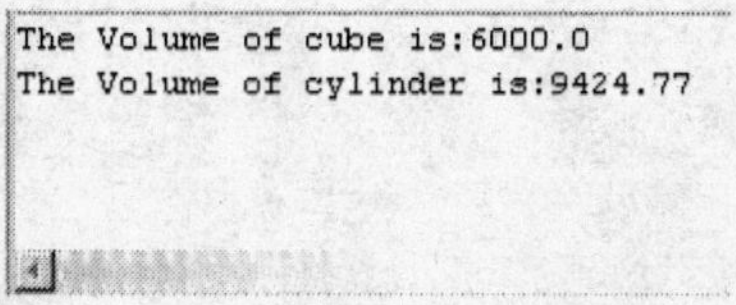

```
The Volume of cube is:6000.0
The Volume of cylinder is:9424.77
```

图5-6 接口实现类中具体方法的执行结果

5.3.3 任务：创建输出测试信息的接口

在系统调试时，为了测试方便，经常需要将一些类中的成员方法执行的信息输出出来。这些输出测试信息的方法在系统的各个类中都存在，但是在各个类中的实现又各不相同，因此可以将输出测试信息的方法声明定义在一个接口中，然后在具体类中再去实现该方法的具体定义代码。

系统中包含输出测试信息方法的接口ShowMessage定义如下：

```java
public interface ShowMessage {
    void showMessage(String str);
}
```

第6章 Java SE 6图形用户界面编程

美观方便的图形用户界面往往能给用户带来良好的应用体验，因此，Java中的图形用户界面编程技术就显得十分重要。本章将重点介绍使用Swing组件进行用户图形界面编程的基本方法。

6.1 Swing组件包概述

提到Java的图形用户界面编程就不能不说AWT（Abstract Windows Toolkit），它是Java在1995年第一次发布时用来构建图形用户界面应用程序的组件包。随着图形用户界面的发展，由于自身存在的一些设计缺陷，AWT越来越不能满足图形用户界面设计的需要。于是出现了技术上比AWT更进一步的Swing组件包。

那么，什么是组件包？组件包中都包含什么？这是初学者最容易提出的一个疑问。简单来说，读者可以将组件包理解为系统提供的类库，组件包中包含控件、容器、布局管理器以及对应的事件处理。

以家居设计做个比喻。首先要选择一套房屋，这相当于Swing组件包中的容器概念。然后要对房屋进行整体布局设计，例如一共需要几个房间，每个房间的大小和尺寸等，这相当于Swing组件包的布局管理器概念。整体布局规划好之后，开始布置每个房间，将各种家具或电器设备安放在合适的位置，这些家具或电器设备相当于Swing组件包的组件。最后确保家具或电器能够正常工作，例如，当使用电视机遥控调节音量时，电视机会正常做出反应，这里相当于Swing组件包的事件处理。

Swing中的组件都是JComponent类的子类，这些组件的层次图如图6-1所示。

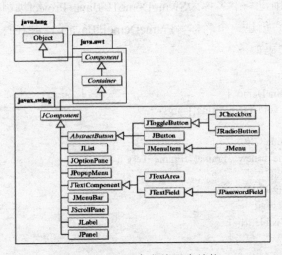

图6-1　Swing中类的层次结构

下面将通过具体实例详细讲解各组件的主要属性、方法及使用。

6.2 Swing中的简单控件和流式布局

使用Swing组件实现图形用户界面，首先应当创建组件对象，然后设置它们的属性，再调用它们的方法。当把这些图形用户界面组件组装在一起时，实际上使用了两种对象：控件和容器。一个容器是用于容纳其他组件的组件。因此，创建图形用户界面的第一步就是创建容纳组件的容器，而最常用的容器就是JFrame窗体。

6.2.1 JFrame窗体

JFrame窗体是一个顶层容器，所谓顶层容器就是那些不能够被包含在其他容器中的容器。JFrame带有标题和缩放按钮，类似于Windows中的窗口。

JFrame窗体有两个常用的构造函数形式：

· JFrame()：构造一个初始时不可见的新窗体。

· JFrame(String title)：构造一个初始不可见的、具有指定标题的新窗体。

JFrame窗体常用的方法如表6-1所示。

表6-1 JFrame窗体的常用方法

方法	功能说明
setVisible(boolean b)	该方法用来设置窗体是否可见，b为true时则显示窗口，b为false时则隐藏窗口
setTitle(String s)	该方法用来设置窗体的标题
setSize(int length, int width)	该方法用来设置窗体的显示范围大小
getContentPane()	返回此窗体的contentPane对象

例6.1 显示一个JFrame窗体

（1）在Eclipse中创建一个名称为SwingDemo1的Java Project项目。

（2）在该项目中，创建一个名称为FrameDemo的Java类，并在打开的Java代码编辑器中编写该类，具体定义代码如下：

```java
import javax.swing.*;
public class FrameDemo {
  public static void main(String[] args)
  {
    //创建JFrame对象
      JFrame f=new JFrame("JFrame Test");
    //设置窗体的大小
      f.setSize(400, 200);
    //设置窗体显示
      f.setVisible(true);

  }

}
```

该类中定义了一个空白的JFrame窗体，并将其显示出来。该示例的运行结果如图6-2所示。

6.2.2　JLabel组件

JLabel组件十分简单，用于显示静态文本或图像，显示的内容只能够在程序中被设置或更改，用户在使用界面时是无法修改的。JLabel组件还可以通过设置垂直和水平对齐方式，指定显示内容在何处对齐。

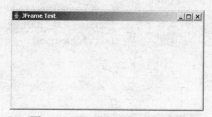

图6-2　显示空白的JFrame窗体

JLabel组件的构造函数形式如下。

- JLabel()：创建无图像并且无文本的JLabel实例。
- JLabel(Icon image)：创建具有指定图像的JLabel实例。
- JLabel(Icon image, int horizontalAlignment)：创建具有指定图像和水平对齐方式的JLabel实例。
- JLabel(String text)：创建具有指定文本的JLabel实例。
- JLabel(String text, Icon icon, int horizontalAlignment)：创建具有指定文本、图像和水平对齐方式的JLabel实例。
- JLabel(String text, int horizontalAlignment)：创建具有指定文本和水平对齐方式的JLabel实例。

JLabel组件常用的方法如表6-2所示。

表6-2　JLabel常用方法

方法	功能说明
setText(String text)	该方法用来设置显示的文本内容
getText( )	返回JLabel中的文本内容
setIcon(Icon icon)	该方法用来设置显示的图像
getIcon()	返回JLabel中的图像
setAlignment(int alignment)	设置JLabel中内容的对齐方式
getAlignment( )	返回JLabel中内容的对齐方式

例6.2　在窗体中显示JLabel组件

在名称为SwingDemo1的Java Project项目中，创建一个名称为JLabelDemo的Java类，并在打开的Java代码编辑器中编写该类，具体定义代码如下：

```
import javax.swing.JFrame;
import javax.swing.JLabel;

public class JLabelDemo {
    public static void main(String[] args)
    {
        //创建JFrame对象
            JFrame f=new JFrame("JFrame Test");
        //创建具有指定文本的JLabel对象
            JLabel label=new JLabel("第一个JLabel");
        //将JLabel组件添加到JFrame窗体上
```

```
        f.getContentPane().add(label);
        f.setSize(400, 200);
        f.setVisible(true);

    }
}
```

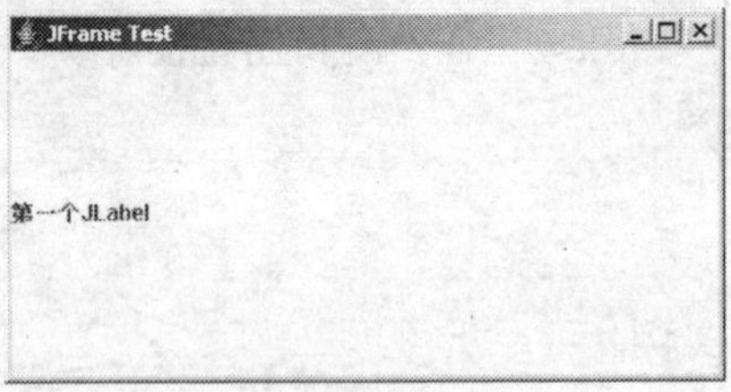

图6-3　显示JLabel组件

在该类中，**JFrame**对象调用其**getContentPane()** 方法，从而获取该窗体的contentPane对象，该对象调用add()方法将对应的组件添加到窗体上。该示例的运行结果如图6-3所示。

6.2.3　JTextField组件

JTextField是一个能够容纳单行输入的组件，经常用于接收用户的输入，在实际开发中经常被用到。

JTextField组件的常用构造函数形式如下。

- **JTextField()**：构造一个新的空的JTextField实例。
- **JTextField(int columns)**：构造一个具有指定列数的新的空的**JTextField**实例。
- **JTextField(String text)**：构造一个用指定文本初始化的新的**JTextField**实例。
- **JTextField(String text, int columns)**：构造一个用指定文本和列初始化的新的**JTextField**实例。

JTextField组件常用的方法如表6-3所示。

表6-3　**JTextField常用方法**

方法	功能说明
getColumns()	返回该JTextField中的列数
setFont(Font f)	设置该JTextField的当前字体
setHorizontalAlignment(int alignment)	设置该JTextField中的文本的水平对齐方式
getText()	返回该JTextField中包含的文本
isEditable()	返回该JTextField是否是可编辑的
setEditable(boolean b)	设置该JTextField是否是可编辑的
setText(String t)	设置该JTextField中的文本

例6.3　在窗体中显示JTextField组件

在名称为SwingDemo1的Java Project项目中，创建一个名称为JTextFieldDemo的Java类，并在打开的Java代码编辑器中编写该类，具体定义代码如下：

```
import javax.swing.JFrame;
import javax.swing.JLabel;
import javax.swing.JTextField;

public class JTextFieldDemo {
    public static void main(String[] args)
    {
        //创建JFrame对象
```

```
            JFrame f=new JFrame("JFrame Test");
        //创建具有指定文本的JLabel对象
            JLabel lname=new JLabel("Name:");
        //将JLabel组件添加到JFrame窗体上
            f.getContentPane().add(lname);
        //创建列数为20的JTextField对象
            JTextField tname=new JTextField(20);
        //将JTextField组件添加到JFrame窗体上
            f.getContentPane().add(tname);
            f.setSize(400, 200);
            f.setVisible(true);

        }

    }
```

在该类中，JFrame窗体中添加了一个JLabel
组件和一个JTextField组件。该示例的运行结果如
图6-4所示。

从图6-4中读者只看到JTextField组件填充了
整个窗体，而没有看到添加到窗体上的JLabel组
件。这主要是因为JFrame窗体的默认布局是边界
布局，而本示例中添加组件时并没有按照边界布

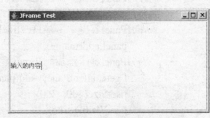

图6-4　显示JTextField组件

局的格式和要求进行添加。那么如何在JFrame窗体中添加多个组件呢？这就需要使用JPanel面
板容器的帮助了。

6.2.4　JPanel面板容器

当多个组件直接添加到JFrame窗体上时，将会出现一些问题，JPanel面板容器就是为完
成这个任务而设置的类。应当说JPanel实际上是一个必须放在大容器中的小容器。它可以将
多个组件按照一定的布局放置，然后再将其添加到其他容器中。

JPanel组件的常用构造函数形式如下。

· JPanel()：创建采用流式布局的新JPanel实例。

· JPanel(LayoutManager layout)：创建具有指定布局管理器的新的JPanel实例。

JPanel容器常用的方法如表6-4所示。

表6-4　JPanel容器常用方法

方法	功能说明
add(JComponent component)	将参数中的组件添加到JPanel容器中
setLayout(LayoutManager layout)	为JPanel容器设置布局管理器

例6.4　使用JPanel添加多个组件

在名称为SwingDemo1的Java Project项目中，创建一个名称为JPanelDemo的Java类，并在
打开的Java代码编辑器中编写该类，具体定义代码如下：

```
    import javax.swing.JFrame;
    import javax.swing.JLabel;
```

```java
import javax.swing.JTextField;
import javax.swing.JPanel;

public class JPanelDemo {
    public static void main(String[] args)
    {
        //创建JFrame对象
            JFrame f=new JFrame("JFrame Test");
        //创建具有指定文本的JLabel对象
            JLabel lname=new JLabel("Name:");
        //创建列数为20的JTextField对象
            JTextField tname=new JTextField(20);
        //创建JPanel对象
            JPanel panel=new JPanel();
        //向JPanel容器中添加JLabel组件
            panel.add(lname);
        //向JPanel容器中添加JTextField组件
            panel.add(tname);
        //将JPanel容器添加到JFrame窗体上
            f.getContentPane().add(panel);
            f.setSize(400, 200);
            f.setVisible(true);
    }
}
```

该类与例6.3类似，也是要向JFrame窗体中添加一个JLabel组件和一个JTextField组件。但是不同的是，本类是先将组件添加到JPanel容器上，然后再将该容器添加到JFrame窗体上。该示例的运行结果如图6-5所示。

图6-5　显示多个组件

6.2.5　JPasswordField组件

JPasswordField组件与之前介绍过的JTextField组件非常类似，也是允许编辑一个单行文本，但是不显示原始字符，而是使用回显字符代替。

JPasswordField组件的常用构造函数形式如下。

- JPasswordField()：构造一个新的空的JPasswordField实例。
- JPasswordField(int columns)：构造一个具有指定列数的新的空的JPasswordField实例。

JPasswordField组件常用的方法如表6-5所示。

表6-5　JPasswordField组件常用方法

方法	功能说明
getEchoChar()	返回要用于回显的字符
getPassword()	返回该JPasswordField中的文本
setEchoChar(char c)	设置该JPasswordField的回显字符

例6.5　在窗体中显示JPasswordField组件

在名称为SwingDemo1的Java Project项目中，创建一个名称为JPasswordFieldDemo的Java类，并在打开的Java代码编辑器中编写该类，具体定义代码如下：

```java
import javax.swing.JFrame;
import javax.swing.JLabel;
import javax.swing.JTextField;
import javax.swing.JPanel;
import javax.swing.JPasswordField;

public class JPasswordFieldDemo {
    public static void main(String[] args)
    {
        JFrame f=new JFrame("JFrame Test");
        JLabel lname=new JLabel("Name:");
        JLabel lpass=new JLabel("Pass:");
        JTextField tname=new JTextField(20);
//创建列数为20的JPasswordField对象
        JPasswordField tpass=new JPasswordField(20);
        JPanel panel=new JPanel();
        panel.add(lname);
        panel.add(tname);
        panel.add(lpass);
//将JPasswordField对象添加到JPanel容器上
        panel.add(tpass);
        f.getContentPane().add(panel);
        f.setSize(300, 200);
        f.setVisible(true);

    }
}
```

该示例的运行结果如图6-6所示。

6.2.6　JButton组件

JButton组件表示按钮，按钮是使用最为普遍的用户界面组件之一，它可以被鼠标或快捷键激活并完成某个功能。

JButton组件的构造函数形式如下。

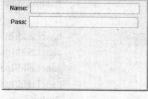

图6-6　显示JPasswordField
组件

- JButton()：创建一个不带有设置文本或图标的JButton实例。
- JButton(Icon icon)：建立一个有图像的JButton实例。
- JButton(String icon)：建立一个有文字的JButton实例。
- JButton(String text,Icon icon)：建立一个有图像和文字的JButton实例。

JButton组件常用的方法如表6-6所示。

表6-6　JButton组件常用方法

方法	功能说明
getIcon()	返回按钮的图标
getText()	返回按钮的文本

（续表）

方法	功能说明
setEnabled(boolean b)	设置按钮是否被禁用
setIcon(Icon defaultIcon)	设置按钮的图标
setText(String text)	设置按钮的文本

例6.6　在窗体中显示JButton组件

在名称为SwingDemo1的Java Project项目中，创建一个名称为JButtonDemo的Java类，并在打开的Java代码编辑器中编写该类，具体定义代码如下：

```java
import javax.swing.JFrame;
import javax.swing.JLabel;
import javax.swing.JTextField;
import javax.swing.JPanel;
import javax.swing.JPasswordField;
import javax.swing.JButton;

public class JButtonDemo {
    public static void main(String[] args)
    {
            JFrame f=new JFrame("JFrame Test");
            JLabel lname=new JLabel("Name:");
            JLabel lpass=new JLabel("Pass:");
            JTextField tname=new JTextField(20);
            JPasswordField tpass=new JPasswordField(20);
    //创建JButton实例
            JButton button1=new JButton("确定");
            JButton button2=new JButton("取消");
            JPanel panel=new JPanel();
            panel.add(lname);
            panel.add(tname);
            panel.add(lpass);
            panel.add(tpass);
    //将JButton对象添加到JPanel容器上
            panel.add(button1);
            panel.add(button2);
            f.getContentPane().add(panel);
            f.setSize(300, 200);
            f.setVisible(true);

    }
}
```

图6-7　显示JButton组件

该示例的运行结果如图6-7所示。

6.2.7　JTextArea组件

JTextArea组件也是用来接收用户输入的文本的，与之前介绍的JTextField组件的功能类似，但是JTextField组件只能接收单行文本，而JTextArea组件可以接收多行多列的文本。

JTextArea组件的常用构造函数形式如下。

- JTextArea()：构造一个新的空的JTextArea实例。
- JTextArea(int rows, int columns)：构造一个具有指定行数和列数的新的空的JTextArea实例。
- JTextArea(String text)：构造一个用指定文本初始化的新的JTextArea实例。
- JTextArea(String text, int rows, int columns)：构造一个用指定文本以及行和列初始化的新的JTextArea实例。

JTextArea组件常用的方法如表6-7所示。

表6-7　JTextArea组件常用方法

方法	功能说明
append(String str)	将给定文本追加到文档结尾
getColumns()	返回该JTextArea的列数
getLineCount()	返回该JTextArea的行数
setColumns(int columns)	设置该JTextArea的列数
setRows(int rows)	设置该JTextArea的行数
setWrapStyleWord(boolean word)	设置该JTextArea的换行策略
setLineWrap(boolean b)	设置该JTextArea自动换行

例6.7　在窗体中显示JTextArea组件

在名称为SwingDemo1的Java Project项目中，创建一个名称为JTextAreaDemo的Java类，并在打开的Java代码编辑器中编写该类，具体定义代码如下：

```java
import javax.swing.JFrame;
import javax.swing.JLabel;
import javax.swing.JTextArea;
public class JTextAreaDemo {
    public static void main(String[] args)
    {
        //创建JFrame对象
        JFrame f=new JFrame("JFrame Test");
        //创建具有指定文本的JLabel对象
        JLabel lcontent=new JLabel("content:");
        //将JLabel组件添加到JFrame窗体上
        f.getContentPane().add(lcontent);
        //创建行数为20列数为30的JTextArea对象
        JTextArea tcontent=new JTextArea(20,30);
        //设置JTextArea自动换行
        tcontent.setWrapStyleWord(true);
        tcontent.setLineWrap(true);
        //将JTextArea组件添加到JFrame窗体上
        f.getContentPane().add(tcontent);
        f.setSize(400, 200);
        f.setVisible(true);

    }

}
```

在该类中，JFrame窗体中添加了一个JLabel组件和一个JTextArea组件。在JTextArea组件中显示了多行文本，并且设置了自动换行功能。该示例的运行结果如图6-8所示。

从图6-8中读者只看到JTextArea组件填充了整个窗体，而没有看到添加到窗体上的JLabel组件。这与例6.3的原因一样，主要是因为JFrame窗体的默认布局是边界布局。

6.2.8 流式布局管理器

图6-7所示的JFrame窗体上的JPanel容器包含两个JLabel组件、两个JButton组件、一个JTextField组件以及一个JPasswordField组件。这些组件能够美观地排列并显示。但是当使用鼠标拖拉窗体的边界从而改变窗体的大小时，将会发现这些组件在窗体上的排列位置将会发生变化，如图6-9所示。

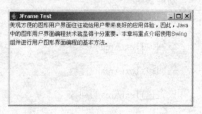

图6-8 显示JTextArea组件

图6-9 变化排列后的窗体控件

这主要是因为JPanel容器默认的布局是流式布局。所谓布局就是容器中组件的排列方式，而流式布局管理器对容器中组件进行布局的方式是将组件逐个地排列在容器中的一行上，一行放满后就另起一个新行。简单说就是从上到下，从左到右依次排列。

流式布局管理器类FlowLayout有三种构造函数：

- FlowLayout()；
- FlowLayout(int align)；
- FlowLayout(int align, int hgap, int vgap)。

第一种构造函数将组件居中放置在容器的某一行上，如果不想采用这种居中对齐的方式，第二种构造函数中提供了一个对齐方式的可选项align。使用该选项，可以将组件的对齐方式设定为左对齐或者右对齐。align的可取值有FlowLayout.LEFT、FlowLayout.RIGHT和Flow-Layout.CENTER三种形式，它们分别将组件对齐方式设定为左对齐、右对齐和居中。第三种构造函数中还有一对参数hgap和vgap，使用这对参数可以设定组件的水平间距和垂直间距。

将流式布局管理器类FlowLayout实例化后，可以调用容器的setLayout()方法，将该布局管理器应用到这个容器上。下面是使用setLayout()方法实现流式布局的示例代码：

```
setLayout(new FlowLayout(FlowLayout.RIGHT，20，40));
setLayout(new FlowLayout(FlowLayout.LEFT));
setLayout(new FlowLayout());
```

例6.8 在JFrame窗体中应用流式布局

将例6.3中的代码修改如下：

```
import java.awt.FlowLayout;

import javax.swing.JFrame;
import javax.swing.JLabel;
import javax.swing.JTextField;
```

```
public class JTextFieldDemo {
    public static void main(String[] args)
    {
        JFrame f=new JFrame("JFrame Test");
        //创建流式布局管理器的实例
        FlowLayout layout=new FlowLayout();
        //将流式布局管理器应用到JFrame窗体上
        f.setLayout(layout);
        JLabel lname=new JLabel("Name:");
        f.getContentPane().add(lname);
        JTextField tname=new JTextField(20);
        f.getContentPane().add(tname);
        f.setSize(400, 200);
        f.setVisible(true);

    }
}
```

在例6.3中已经介绍过，**JFrame**窗体的默认布局管理器是边界布局，因此例6.3显示的界面与开发之前预期的不一致。而在本例中，将流式布局应用到**JFrame**窗体上之后，两个直接添加到该窗体上的组件就将正确地显示，如图6-10所示。

6.2.9 任务：创建管理员登录界面

在办公固定资产管理系统中，需要实现一个管理员登录界面，用来接收管理员输入的登录账号和登录密码。设计完成后的管理员登录界面如图6-11所示。

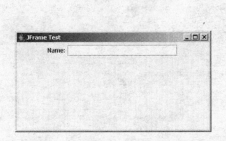

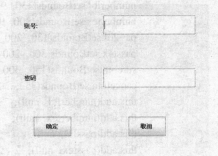

图6-10 窗体上应用流式布局   图6-11 管理员登录界面

管理员登录界面中的组件的类型及名称如表6-8所示。

表6-8 管理员登录界面中的组件说明

控件类型	控件名称	说明
JLabel	numberlbl	显示账号文本
JLabel	passlbl	显示密码文本
JTextField	numbertex	接收管理员输入的登录账号
JPasswordField	passtex	接收管理员输入的登录密码
JButton	surebtn	确定按钮
JButton	cancelbtn	取消按钮

管理员登录界面类**ManagerLoginPane**的代码如下：

```java
import javax.swing.JButton;
import javax.swing.JLabel;
import javax.swing.JPanel;
import javax.swing.JPasswordField;
import javax.swing.JTextField;
public class ManagerLoginPane extends JPanel {
    public ManagerLoginPane(){
        initialize();
    }
    private JLabel numberlbl = null;
    private JLabel passlbl=null;
    public JTextField numbertex=null;
    public JPasswordField passtex=null;
    public JButton surebtn=null;
    public JButton cancelbtn=null;

    private void initialize() {
        numberlbl = new JLabel();
        setLayout(null);
        numberlbl.setText("账号:");
        numbertex=new JTextField("");
        passlbl=new JLabel("密码");
        passtex=new JPasswordField("");
        surebtn=new JButton("确定");
        cancelbtn=new JButton("取消");
        this.setSize(600, 400);
        numberlbl.setBounds(130, 92, 100, 40);
        numbertex.setBounds(300, 90, 200, 40);
        passlbl.setBounds(130, 200, 100, 40);
        passtex.setBounds(300, 200, 200, 40);
        surebtn.setBounds(150, 300, 80, 40);
        cancelbtn.setBounds(353, 300, 80, 40);
        this.add(numberlbl, null);
        this.add(numbertex, null);
        this.add(passlbl, null);
        this.add(passtex, null);
        this.add(surebtn, null);
        this.add(cancelbtn, null);
    }
}
```

这里的代码前面基本上都已经详细介绍过了，唯一需要说明的是组件的**setBounds()**方法，该方法主要用来精确定位组件在容器中的位置。

该方法的具体语法格式定义如下：

```java
setBounds(int x, int y, int width, int height)
```

该方法包含4个**int**型的参数，前两个是组件左上角在容器中的坐标，后两个是组件的宽度和高度。

6.3 Swing中的选择框和边界布局

在6.2小节中已经介绍了Swing组件中的简单组件和流式布局，本小节将主要介绍Swing组件中的选择框、列表、弹出对话框以及边界布局。

6.3.1 JComboBox组件

JComboBox组件被称为选择框，又被叫做下拉列表，顾名思义，该组件中提供了一组可选项，单击其下拉箭头，将下拉显示全部的可选项。

JComboBox组件的常用构造函数形式如下。

·JComboBox()：创建空的JComboBox实例。

·JComboBox(Object[] items)：创建包含指定数组中的元素的JComboBox实例。

JComboBox组件常用的方法如表6-9所示。

表6-9 JComboBox组件常用方法

方法	功能说明
addItem(Object anObject)	返回按钮的图标
getItemAt(int index)	返回指定索引处的列表项
getItemCount()	返回选择框中的所有可选项的个数
getSelectedIndex()	返回选择框中与给定项匹配的第一个选项的索引
getSelectedItem()	返回当前所选项
insertItemAt(Object anObject, int index)	在选择框的给定索引处插入新项
isEditable()	返回选择框是否是可编辑的，若是则返回true
removeAllItems()	从选择框中移除所有项
removeItem(Object anObject)	从选择框中移除指定的项
removeItemAt(int anIndex)	从选择框中移除指定索引所对应的项
setEditable(boolean aFlag)	设置选择框是否是可编辑的
setSelectedIndex(int anIndex)	设置选择框中给定索引所对应的选项
setSelectedItem(Object anObject)	将选择框显示区域中所选项设置为参数中的对象

例6.9 在窗体中显示JComboBox组件

（1）在Eclipse中创建一个名称为SwingDemo2的Java Project项目。

（2）在该项目中，创建一个名称为JComboBoxDemo的Java类，并在打开的Java代码编辑器中编写该类，具体定义代码如下：

```java
import java.awt.FlowLayout;

import javax.swing.JFrame;
import javax.swing.JLabel;
import javax.swing.JComboBox;

public class JComboBoxDemo {
```

```
        public static void main(String[] args)
        {
                JFrame f=new JFrame("JFrame Test");
                FlowLayout layout=new FlowLayout();
                f.setLayout(layout);
                JLabel lname=new JLabel("状态:");
                f.getContentPane().add(lname);
        //创建JComboBox组件中的选项数组
                String[] combobox={"正常","待维修","报废"};
        //使用数组创建JComboBox的实例
                JComboBox combo=new JComboBox(combobox);
        //将JComboBox组件添加到JPanel容器上
                f.getContentPane().add(combo);
                f.setSize(400, 200);
                f.setVisible(true);

        }
    }
```

该示例的运行结果如图6-12所示。

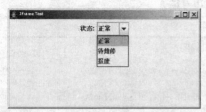

图6-12　显示JComboBox组件

6.3.2　JList组件

JList组件也是用于提供一组选项的，它与JComboBox组件的区别在于JList组件可以提供多项选择的支持。JList支持三种选取模式：单选取、单间隔选取和多间隔选取。

JList组件的常用构造函数形式如下。

· JList()：创建空的JList实例。

· JList(Object[] items)：创建包含指定数组中的元素的JList实例。

JList组件常用的方法如表6-10所示。

表6-10　JList组件常用方法

方法	功能说明
getSelectedIndex()	返回所选的第一个项的索引，如果没有选择项，则返回－1
getSelectedValue()	返回所选的第一个项的值，如果选择为空，则返回null
getSelectionModel()	返回列表当前所使用的选取模型
setListData(Object[] listData)	使用一个Object数组设置该列表
setSelectedIndex(int index)	设置选中某个具体选项的索引
setSelectionMode(int selectionMode)	设置该列表的选取模式，即单项选择还是多项选择

例6.10　在窗体中显示JList组件

在名称为SwingDemo2的Java Project项目中，创建一个名称为JListDemo的Java类，并在打开的Java代码编辑器中编写该类，具体定义代码如下：

```
        import java.awt.FlowLayout;

        import javax.swing.JComboBox;
```

```
import javax.swing.JFrame;
import javax.swing.JLabel;
import javax.swing.JList;
import javax.swing.ListSelectionModel;

public class JListDemo {
    public static void main(String[] args)
    {
            JFrame f=new JFrame("JFrame Test");
            FlowLayout layout=new FlowLayout();
            f.setLayout(layout);
            JLabel lname=new JLabel("状态:");
            f.getContentPane().add(lname);
    //创建JList组件中的选项数组
            String[] list={"正常","待维修","报废"};
    //使用数组创建JList的实例
            JList l=new JList(list);
    //设置JList的选取模式为多间隔选取
            l.setSelectionMode(ListSelectionModel.MULTIPLE_INTERVAL_SELECTION);
    //将JList组件添加到JPanel容器上
            f.getContentPane().add(l);
            f.setSize(400, 200);
            f.setVisible(true);

    }
}
```

本示例的代码与例6.9基本相同，只是多了一个设
置JList选取模式的setSelectionMode()方法，在该方法
中可以通过ListSelectionModel类中的静态常量来设置
不同的选取模式。其中：

图6-13 显示JList组件

- ListSelectionModel.SINGLE_SELECTION表示
  单选取；

- ListSelectionModel.SINGLE_INTERVAL_SELECTION表示单间隔选取；

- ListSelectionModel.MULTIPLE_INTERVAL_SELECTION表示多间隔选取。

该示例的运行结果如图6-13所示。

6.3.3 边界布局管理器

边界布局是JFrame窗体的默认布局，在采用该布局的容器中，组件可被置于容器的北、
南、东、西或中间位置，在使用时必须在add()方法中指定组件的具体摆放位置。

边界布局管理器类BorderLayout有两种构造函数：

- BorderLayout( )；

- BorderLayout(int horz, int vert)。

第一种构造函数将生成默认的边界布局，第二种构造函数可以设定组件间的水平和垂直
距离。

BorderLayout类中定义了几个静态常量来指定布局中北、南、东、西或中间位置。

- BorderLayout.NORTH：对应容器的顶部，即布局中的北。

- BorderLayout.EAST：对应容器的右部，即布局中的东。
- BorderLayout.SOUTH：对应容器的底部，即布局中的南。
- BorderLayout.WEST：对应容器的左部，即布局中的西。
- BorderLayout.CENTER：对应容器的中部，即布局中的中间。

使用边界布局的add()方法的具体语法定义如下：

```
void add(Component Obj, int region);
```

其中int型的参数region即为上述列举的静态常量值。

例6.11　在窗体中使用边界布局

在名称为SwingDemo2的Java Project项目中，创建一个名称为BorderLayoutDemo的Java类，并在打开的Java代码编辑器中编写该类，具体定义代码如下：

```
import java.awt.BorderLayout;

import javax.swing.JFrame;
import javax.swing.JButton;

public class BorderLayoutDemo {
  public static void main(String[] args)
  {
        JFrame f=new JFrame("JFrame Test");
     //创建边界布局管理器类的实例，在该布局中，每个组件之间的水平和垂直距离都为5个像素
        BorderLayout layout=new BorderLayout(5,5);
     //在JFrame窗体上采用该边界布局
        f.setLayout(layout);
        JButton btnEast=new JButton("东");
    JButton btnWest=new JButton("西");
    JButton btnNorth=new JButton("北");
    JButton btnSouth=new JButton("南");
    JButton btnCenter=new JButton("中");
     //将5个按钮使用边界布局添加到窗体的对应的位置上
        f.getContentPane().add(btnEast,BorderLayout.EAST);
        f.getContentPane().add(btnWest,BorderLayout.WEST);
        f.getContentPane().add(btnNorth,BorderLayout.NORTH);
        f.getContentPane().add(btnSouth,BorderLayout.SOUTH);
        f.getContentPane().add(btnCenter,BorderLayout.CENTER);;
        f.setSize(400, 200);
        f.setVisible(true);

  }

  }
```

在该类中，使用边界布局将5个JButton按钮分别添加到窗体的北、南、东、西以及中间位置，该示例的运行结果如图6-14所示。

6.3.4　任务：创建添加固定资产界面

在办公固定资产管理系统中，需要实现一个添加固定资产的界面，用来向系统中添加新的固定资产。设计完成后的添加固定资产界面如图6-15所示。

添加固定资产界面中的组件的类型及名称如表6-11所示。

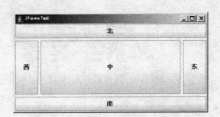

图6-14 窗体上采用边界布局

图6-15 添加固定资产界面

表6-11 添加固定资产界面中的组件说明

控件类型	控件名称	说明
JLabel	namelbl	显示固定资产名称的文本
JLabel	valuelbl	显示固定资产价值的文本
JLabel	stutelbl	显示固定资产状态的文本
JLabel	modellbl	显示固定资产型号的文本
JLabel	datelbl	显示固定资产购买日期的文本
JLabel	notelbl	显示固定资产备注的文本
JLabel	biglbl	显示固定资产大类别的文本
JLabel	smalllbl	显示固定资产小类别的文本
JTextField	nametex	接受输入的固定资产名称
JTextField	valuetex	接受输入的固定资产价值
JTextField	modeltex	接受输入的固定资产型号
JTextField	datetex	接受输入的固定资产购买日期
JTextField	notetex	接受输入的固定资产备注
JButton	addbtn	添加按钮
JButton	cancelbtn	清空按钮
JComboBox	bigcbx	选择固定资产所属大类别的选项
JComboBox	smallcbx	选择固定资产所属小类别的选项
JComboBox	stutecbx	选择固定资产状态的选项

添加固定资产界面类AddEquipment的代码如下：

```
import java.sql.Timestamp;
import java.util.Date;
import java.util.Vector;

import javax.swing.DefaultComboBoxModel;
import javax.swing.JButton;
import javax.swing.JComboBox;
import javax.swing.JLabel;
import javax.swing.JPanel;
import javax.swing.JTextField;
```

```java
public class AddEquipment extends JPanel {
    //声明添加到JPanel面板上的各组件
    public JComboBox bigcbx = null;
    public JComboBox smallcbx = null;
    private JLabel namelbl = null;
    private JLabel valuelbl = null;
    private JLabel stutelbl = null;
    private JLabel modellbl = null;
    private JLabel datelbl = null;
    private JLabel notelbl = null;
    public JTextField nametex = null;
    public JTextField valuetex = null;
    public JComboBox stutecbx = null;
    public JTextField modeltex = null;
    public JTextField datetex = null;
    public JTextField notetex = null;
    public JButton addbtn = null;
    public JButton cancelbtn = null;
    private JLabel biglbl = null;
    private JLabel smalllbl = null;

    public AddEquipment() {
        super();
        initialize();
    }

    private void initialize() {
        //实例化各JLabel组件
        notelbl = new JLabel();
        datelbl = new JLabel();
        modellbl = new JLabel();
        stutelbl = new JLabel();
        valuelbl = new JLabel();
        namelbl = new JLabel();
        biglbl = new JLabel();
        smalllbl = new JLabel();
        this.setLayout(null);
        //为各Label组件实例设置在面板中的位置以及显示的文本
        namelbl.setBounds(30, 90, 55, 30);
        namelbl.setText("名称:");
        valuelbl.setBounds(30, 140, 55, 30);
        valuelbl.setText("价值:");
        stutelbl.setBounds(30, 185, 55, 30);
        stutelbl.setText("状态:");
        modellbl.setBounds(210, 90, 55, 30);
        modellbl.setText("型号:");
        datelbl.setBounds(210, 140, 55, 30);
        datelbl.setText("购买日期");
        notelbl.setBounds(210, 185, 55, 30);
        notelbl.setText("备注");
        biglbl.setBounds(30, 40, 55, 30);
        biglbl.setText("大类别");
        smalllbl.setBounds(210, 40, 55, 30);
        smalllbl.setText("小类别");
        this.setBounds(0, 0, 400, 300);
        //添加其余组件到JPanel面板上
        this.add(getBigcbx(), null);
```

```
        this.add(getSmallcbx(), null);
        this.add(namelbl, null);
        this.add(valuelbl, null);
        this.add(stutelbl, null);
        this.add(modellbl, null);
        this.add(datelbl, null);
        this.add(notelbl, null);
        this.add(getNametex(), null);
        this.add(getValuetex(), null);
        this.add(getStutecbx(), null);
        this.add(getModeltex(), null);
        this.add(getDatetex(), null);
        this.add(getNotetex(), null);
        this.add(getAddbtn(), null);
        this.add(biglbl, null);
        this.add(smalllbl, null);
        this.add(getCancelbtn(), null);
        //在输入日期的JTextField组件上设置提示文本
        datetex.setToolTipText((new Timestamp((new Date()).getTime())).toString());

    }
    /**
         定义创建包含固定资产大类别的选择项的实例的方法
     */
    private JComboBox getBigcbx() {
        if (bigcbx == null) {
                Vector items=new Vector();
                items.add("办公室外设");
                items.add("数码产品");
                items.add("计算机");
                bigcbx = new JComboBox(items);
                bigcbx.setBounds(85, 40, 100, 30);

        }
        return bigcbx;
    }
    /**
    定义创建包含固定资产小类别的选择项的实例的方法
     */
    private JComboBox getSmallcbx() {
        if (smallcbx == null) {
                smallcbx = new JComboBox();
                smallcbx.setBounds(265, 40, 100, 30);
        }
        return smallcbx;
    }
    /**
    定义创建输入固定资产名称的文本框的实例的方法
     */
    private JTextField getNametex() {
        if (nametex == null) {
                nametex = new JTextField();
                nametex.setBounds(85, 90, 100, 30);
        }
        return nametex;
    }
```

```
/**
定义创建输入固定资产价值的文本框的实例的方法
 */
private JTextField getValuetex() {
        if (valuetex == null) {
                valuetex = new JTextField();
                valuetex.setBounds(85, 140, 100, 30);
        }
        return valuetex;
}
/**
定义创建包含固定资产状态的选择项的实例的方法
 */
private JComboBox getStutecbx() {
        if (stutecbx == null) {
                Vector v=new Vector();
                v.add("正常");
                v.add("待维修");
                v.add("报废");
                stutecbx = new JComboBox(v);
                stutecbx.setBounds(85, 185, 100, 30);
        }
        return stutecbx;
}
/**
定义创建输入固定资产类型的文本框的实例的方法
 */
private JTextField getModeltex() {
        if (modeltex == null) {
                modeltex = new JTextField();
                modeltex.setBounds(265, 90, 100, 30);
        }
        return modeltex;
}
/**
定义创建输入固定资产购买日期的文本框的实例的方法
 */
private JTextField getDatetex() {
        if (datetex == null) {
                datetex = new JTextField();
                datetex.setBounds(265, 140, 100, 30);
        }
        return datetex;
}
/**
定义创建输入固定资产备注的文本框的实例的方法
 */
private JTextField getNotetex() {
        if (notetex == null) {
                notetex = new JTextField();
                notetex.setBounds(265, 185, 100, 30);
        }
        return notetex;
}
/**
```

```
        定义创建添加按钮的实例的方法
         */
        private JButton getAddbtn() {
                if (addbtn == null) {
                        addbtn = new JButton();
                        addbtn.setBounds(70, 240, 75, 30);
                        addbtn.setText("添加");
                }
                return addbtn;
        }
        /**
        定义创建清空按钮的实例的方法
         */
        private JButton getCancelbtn() {
                if (cancelbtn == null) {
                        cancelbtn = new JButton();
                        cancelbtn.setBounds(245, 240, 75, 30);
                        cancelbtn.setText("清空");
                }
                return cancelbtn;
        }
        /**
        定义当固定资产大类别发生变化时，小类别随之变化的方法
         */
        public void smallchange(int i) {
                DefaultComboBoxModel model=new DefaultComboBoxModel();
                switch(i)
                {
                        case 1:
                                smallcbx.removeAllItems();
                                model.addElement("传真机");
                                model.addElement("复印机");
                                model.addElement("打印机");
                                model.addElement("其他");
                                smallcbx.setModel(model);
                                break;
                        case 2:
                                smallcbx.removeAllItems();
                                model.addElement("数码相机");
                                model.addElement("投影仪");
                                model.addElement("其他");
                                smallcbx.setModel(model);
                                break;
                        case 3:
                                smallcbx.removeAllItems();
                                model.addElement("笔记本电脑");
                                model.addElement("台式机");
                                model.addElement("服务器");
                                model.addElement("其他");
                                smallcbx.setModel(model);
                                break;
                }
        }
}
```

在该类的定义中，使用了一点小技巧，那就是将一些控件的创建定义在一个方法中，这些方法的返回值就是这些组件的实例，然后在向容器添加组件的add()方法中调用这些方法，这样将提高代码的模块化，并能够很容易地实现软件复用。

6.4　Java的事件处理

在前面设计的图形用户界面中，可以单击JButton按钮，也可以在JComboBox选择框中选择某个选项，但是程序并没有做出任何响应。这就需要在程序中添加Java的事件处理机制。图形用户界面正是通过事件处理机制来响应用户和程序之间的交互的。

6.4.1　Java事件处理模型

Java语言从JDK 1.1之后采用的就是事件源-事件监听器模型，引发事件的对象称为事件源，而接收并处理事件的对象是事件监听器。事件源生成事件并将其发送至一个或多个监听器，监听器简单地等待，直到它收到一个事件。一旦事件被接受，监听器就将处理这些事件。

在事件源——事件监听器模型中，首先需要读者搞清楚的概念就是事件，事件是一个描述事件源状态改变的对象，通过鼠标、键盘与图形用户界面直接或间接交互都会生成事件。例如，按下一个按钮、通过键盘输入一个字符、选择列表中的一项等操作都将生成事件。

在熟悉了事件、事件源以及事件监听器等概念后，下面来看看在事件源——事件监听器模型中是如何对用户触发的事件进行响应的。

首先，定义监听器类，这个类实现了一个特殊的接口，名为监听器接口，不同的事件对应不同的监听器接口。在监听器类中要实现监听器接口中声明的对应事件的事件处理方法。监听器对象就是这个类的实例。

其次，将监听器对象添加到事件源上。它可以注册一个或多个监听器对象，在发生事件时向所有注册的监听器发送事件对象。

最后，监听器对象使用事件对象中的信息来确定对事件的响应，如果是监听器对应的事件，则调用监听器中的事件处理方法。

在了解事件源——事件监听器模型的执行原理后，接下来讲解一下该模型在Java中编程实现的基本步骤。

（1）在程序开始处必须加入import java.awt.event.*语句，因为对Swing中的组件实现事件处理必须使用java.awt.event包。

（2）通过实现对应的事件监听器接口来定义监听器类，即在类定义中添加implements xxxListener，并在监听器类中实现对应事件监听器接口中的全部方法。

（3）实例化监听器类的对象，并将监听器对象添加到事件源上，即事件源.addxxxListener（监听器实例）。

经过上述三个步骤，事件监听器就可以监听事件源发生的xxxEvent事件了。

例6.12　响应按钮的单击事件

（1）在Eclipse中创建一个名称为SwingDemo3的Java Project项目。

（2）在该项目中，创建一个名称为ActionEventDemo的Java类，并在打开的Java代码编辑器中编写该类，具体定义代码如下：

```java
import java.awt.event.*;

import javax.swing.JFrame;
import javax.swing.JOptionPane;
import javax.swing.JPanel;
import javax.swing.JButton;

//定义监听器类
class ButtonListener implements ActionListener
{
    //实现ActionListener接口所定义的方法
    public void actionPerformed(ActionEvent e){
        //弹出对话框
            JOptionPane.showMessageDialog(null,"响应按钮单击事件");
    }

}
public class ActionEventDemo {
    public static void main(String[] args)
    {
            JFrame f=new JFrame("JFrame Test");
            JButton button1=new JButton("确定");
        //创建监听器类的对象
            ButtonListener listener=new ButtonListener();
        //将监听器对象添加到事件源上
            button1.addActionListener(listener);
            JPanel panel=new JPanel();
            panel.add(button1);
            f.getContentPane().add(panel);
            f.setSize(300, 200);
            f.setVisible(true);

    }
}
```

本示例实现了对JButton按钮的单击事件的响应处理，用户单击按钮button1，触发ActionEvent事件，该事件不是由事件源本身处理，而是传递给添加在事件源上的事件监听器对象listerner，从而自动调用事件监听器类中定义的actionPerformed()方法对事件进行处理。该示例运行后，单击按钮将显示如图6-16所示的运行结果。

图6-16　单击按钮弹出对话框

该示例中的代码定义完全是按照前面介绍的事件源——事件监听器模型的编程步骤来实现的，但是在实际开发中，往往采用将监听器类和应用程序类合二为一的定义方式，这样有利于在事件处理方法中方便地调用组成用户界面的这些Swing组件。

可以将例6.12中的代码重新定义如下：

```java
import java.awt.event.*;

import javax.swing.JFrame;
import javax.swing.JOptionPane;
import javax.swing.JPanel;
import javax.swing.JButton;
```

```java
//应用程序类同时作为监听器类
public class ActionEventDemo extends JFrame implements ActionListener{
    //实现ActionListener接口所定义的方法actionPerformed()
    public void actionPerformed(ActionEvent e){
            JOptionPane.showMessageDialog(null,"响应按钮单击事件");
    }
    //在类的构造函数中实现界面中组件的实例化和添加，并显示窗体
    public ActionEventDemo()
    {
            super("JFrame Test");
            JButton button1=new JButton("确定");
    //因为类本身就是监听器类，所以不需要实例化，直接使用关键字this来引用该类的实例即可
            button1.addActionListener(this);
            JPanel panel=new JPanel();
            panel.add(button1);
            this.getContentPane().add(panel);
            this.setSize(300, 200);
            this.setVisible(true);
    }
    public static void main(String[] args)
    {
            //调用构造函数
            new ActionEventDemo();
    }
}
```

6.4.2 常用事件监听器和适配器

在上一小节中已经详细讲解了Java事件处理模型及其具体实现，读者掌握之后可能还会有一点疑惑，那就是如何知道用户对组件的操作将触发哪种类型的事件，不同的事件对应的监听器又是什么呢？

Java中的事件种类繁多，所以将所有组件可能发生的事件进行分类，具有共同特征的事件被抽象为一个事件类AWTEvent，例如，ActionEvent类（动作事件）、MouseEvent类（鼠标事件）、KeyEvent类（键盘事件）等。而不同的事件又对应不同的事件监听器接口，每个事件监听器接口中又包含了不同的事件处理方法。此外如果对于同一个事件源进行的操作不同，又将产生不同的事件。因此，事件、事件源、事件监听器之间是多对多的关系。为了使读者能够搞清楚这些复杂的关系，如表6-12所示为Java中常见的事件、事件监听器接口、接口中的方法以及支持这一事件的组件一览表。

表6-12 Java事件概述表

事件	事件监听器接口	接口中的方法	产生该事件的组件
ActionEvent	ActionListener	actionPerformed( )	JButton、JTextField、JList等
AdjustmentEvent	AdjustmentListener	adjustmentValueChanged( )	JScrollbar
ComponentEvent	ComponentListener	componentResized( )	Component及其所有子类
		componentMoved( )	
		componentShown( )	
		componentHidden( )	

（续表）

事件	事件监听器接口	接口中的方法	产生该事件的组件
ContainerEvent	ContainerListener	componentAdded( ) componentRemoved( )	Container及其子类
FocusEvent	FocusListener	focusLost( ) focusGained( )	Component及其所有子类
ItemEvent	ItemListener	itemStateChanged( )	JComboBox、JList等
KeyEvent	KeyListener	keyPressed( ) keyReleased( ) keyTyped( )	Component及其所有子类
MouseEvent	MouseListener	mouseClicked( ) mouseEntered( ) mouseExited( ) mousePressed( ) mouseReleased( )	Component及其所有子类
MouseEvent	MouseMotionListener	mouseDragged( ) mouseMoved( )	Component及其所有子类
WindowEvent	WindowListener	windowActivated( ) windowDeactivated( ) windowClosed( ) windowClosing( ) windowIconified( ) windowDeiconified( ) windowOpened( )	JDialog、JFrame
TreeSelectionEvent	TreeSelectionListener	valueChanged( )	JTree
ListSelectionEvent	ListSelectionListener	valueChanged( )	JList
TableModelEvent	TableModelListener	tableChanged( )	JList、JTree

　　下面举一个事件处理的示例，通过这个示例使读者能够更深入地掌握这些常用的事件监听器的具体用法和功能。

例6.13　响应按键的输入事件

　　在名称为SwingDemo3的Java Project项目中，创建一个名称为KeyListenerDemo的Java类，并在打开的Java代码编辑器中编写该类，具体定义代码如下：

```
import javax.swing.*;
import java.awt.event.*;
//应用程序类同时作为监听器类
public class KeyListenerDemo extends JFrame implements KeyListener{

    JTextField from;
    JTextField to;
    JPanel panel;
    public KeyListenerDemo()
    {
        super();
        panel=new JPanel();
```

```
        from=new JTextField(10);
        to=new JTextField(10);
    //设置该JTextField组件为不可编辑的
        to.setEditable(false);
    //向JTextField组件上添加按键敲击所触发事件的监听器实例
        from.addKeyListener(this);
        panel.add(new JLabel("输入一些文本: "));
        panel.add(from);
        panel.add(new JLabel("您输入的文本是: "));
        panel.add(to);
        this.getContentPane().add(panel);
        this.setSize(300, 200);
        this.setVisible(true);
    }
//定义按键按下时的事件处理程序
public void keyPressed(KeyEvent e)
{

}
    //定义按键释放时的事件处理程序
public void keyReleased(KeyEvent e)
{

}
    //定义按键敲击时的事件处理程序
public void keyTyped(KeyEvent e)
{
        to.setText(from.getText());
}
public static void main(String[] args)
{
        //调用构造函数
        new KeyListenerDemo();
}
}
```

图 6-17　敲击按键的事件响应

运行该示例，在上面的JTextField组件中输入文字，将在下面的JTextField组件中显示出来。该示例的运行结果如图6-17所示。

在上面的示例中，读者可能会发现，在该类中实现了监听器接口KeyListener中的全部三个方法，但是其中两个方法的方法体定义是空的，这是因为没有使用到这两个事件处理程序。而按照Java的规定，在实现接口的类中，必须实现接口中声明的全部方法，否则该类将成为抽象类。所以无论接口中有几个方法，必须全部实现，用不到的方法只需要给其定义空方法体即可。

在具体程序设计过程中，经常只用到接口中的一个或几个方法。为了方便起见，Java为那些声明了多个方法的事件监听器接口提供了一个对应的适配器类，在该类中实现了对应接口的所有方法，只是方法体为空。例如，窗口事件适配器的定义如下：

```
public abstract class WindowAdapter extends Object implements WindowListener{
public void windowOpened(WindowEvent e){}
public void windowClosing(WindowEvent e){}
public void windowClosed(WindowEvent e){}
public void windowIconified(WindowEvent e){}
public void windowDecionified(WindowEvent e){}
public void windowActivated(WindowEvent e){}
public void windowDeactivated(WindowEvent e){}
}
```

由于在接口对应适配器类中实现了接口的所有方法，因此，在使用适配器创建监听器类时，可以不实现接口，而是只继承某个适当的适配器，并且仅覆盖所使用的事件处理方法即可。这里需要注意的是，在使用适配器时，一定确保所覆盖的方法书写正确。

如表6-13所示为监听器接口及对应的适配器类。只需把接口名称中的Listener用Adapter代替即为对应适配器的名称。由于监听器接口ActionListener、AdjustmentListener、ItemListener均只有一个方法，所以不需要定义适配器。

表6-13 监听器接口及对应适配器类

监听器接口	适配器类
ComponentAdapter	ComponentListener
ContainerAdapter	ContainerListener
FocusAdapter	FocusListener
KeyAdapter	KeyListener
MouseAdapter	MouseListener
MouseMotionAdapter	MouseMotionListener
WindowAdapter	WindowListener

例6.14 通过适配器来响应可关闭的窗体

在名称为SwingDemo3的Java Project项目中，创建一个名称为WindowAdapterDemo的Java类，并在打开的Java代码编辑器中编写该类，具体定义代码如下：

```
import javax.swing.*;
import java.awt.event.*;

public class WindowAdapterDemo extends JFrame{
    public WindowAdapterDemo(){
        super("可关闭的窗口");
        setSize(300,200);
        setVisible(true);
        //向窗体添加监听器对象
        addWindowListener(new WinAdapter());
    }
    public static void main(String[] args){
        new WindowAdapterDemo();
    }
    //通过继承适配器类来定义监听器类
    class WinAdapter extends WindowAdapter{
```

```
//定义关闭窗口的事件处理方法
public void windowClosing(WindowEvent e){
System.exit(0);
}
}
}
```

该示例中定义的监听器类是通过继承适配器类定义的，所以不需要将窗体事件监听器中声明的7个方法全部实现，只需要实现用到的那一个方法即可，简化了程序的结构。

6.4.3 使用匿名类作为监听器

在第5章介绍匿名类时已经提到过，匿名类尤其适合在Swing应用程序中快速创建事件处理程序。下面通过例6.15详细介绍如何使用匿名类作为监听器。

例6.15 使用匿名类作为监听器

在名称为SwingDemo3的Java Project项目中，创建一个名称为AnonymousInnerClassDemo的Java类，并在打开的Java代码编辑器中编写该类，具体定义代码如下：

```java
import java.awt.event.WindowAdapter;
import java.awt.event.WindowEvent;
import javax.swing.JFrame;
public class AnonymousInnerClassDemo extends JFrame {
    private int counter = 0;

    public AnonymousInnerClassDemo() {
        /*使用匿名类添加一个窗口监听器 */
        addWindowListener(new WindowAdapter() {
            public void windowClosing(WindowEvent e) {
                System.out.println("Exit when Closed event");
                 //退出应用程序
                System.exit(0);
            }
            public void windowActivated(WindowEvent e) {
                 //改变窗口标题
                setTitle("Test Frame " + counter++);
            }
        });
        // 设置窗口为固定大小
        setResizable(false);
        setSize(200,150);
    }
    public static void main(String[] args) {
    AnonymousInnerClassDemo frame = new AnonymousInnerClassDemo();
        frame.setVisible(true);
    }
}
```

在上述代码中为窗体添加了一个窗体监听器，该监听器由匿名类来完成，该监听器主要监听了两个事件：窗口关闭和窗口激活，因此需要匿名类继承WindowAdapter适配器，并实现窗口关闭事件的处理程序windowClosing()以及窗口激活事件的处理程序windowActivated()。

6.4.4 任务：为添加固定资产界面添加事件处理

在6.3.4小节的任务中，已经创建了添加固定资产界面，下面为该界面添加上事件处理程序代码。为了系统结构更加清晰，将添加固定资产界面的监听器类定义在单独的Java文件中。所以在系统中创建添加固定资产界面的监听器类文件EAControl.java，该类中将监听按钮的单击事件以及选择框中选项的选中事件，该类的定义如下：

```java
import java.awt.event.ActionEvent;
import java.awt.event.ActionListener;
import java.awt.event.ItemEvent;
import java.awt.event.ItemListener;
import java.sql.Timestamp;

import javax.swing.JOptionPane;
//引入添加固定资产界面类
import view.AddEquipment;
//定义添加固定资产界面的监听器类
public class EAControl implements ActionListener, ItemListener {
        //声明添加固定资产界面类的对象
    private AddEquipment eq;
    //在构造函数中实例化添加固定资产界面类的对象
    public EAControl(AddEquipment equipment) {
            eq=equipment;

        }
    //实现单击按钮所触发事件的事件处理程序
    public void actionPerformed(ActionEvent e) {
            //获取界面中各个组件的值
            int big=eq.bigcbx.getSelectedIndex();
            int small=eq.smallcbx.getSelectedIndex();
            int stute=eq.stutecbx.getSelectedIndex();
            String name=eq.nametex.getText().trim();
            String model=eq.modeltex.getText().trim();

            float value=Float.valueOf(eq.valuetex.getText().trim()).floatValue() ;
            String remark=eq.notetex.getText().trim();
            Object button=e.getSource();
            //如果单击的是添加按钮则执行如下操作
            if(button==eq.addbtn)
            {
                    //具体逻辑代码将在后续章节中添加

            }
            //如果单击的是清空按钮则执行如下操作
            if(button==eq.cancelbtn)
            {
                //将界面中的组件的值全部清空
                eq.nametex.setText("");
                eq.modeltex.setText("");
                eq.notetex.setText("");
                eq.valuetex.setText("");
                eq.datetex.setText("");
                return;
            }
```

```
        }
        //定义选择框选中选项所触发事件的事件处理程序
        public void itemStateChanged(ItemEvent e) {
            //根据固定资产大类别选项的索引设置小类别显示的内容
            Object big=e.getItem();
            if(big.equals("办公室外设"))
            {
                    eq.smallchange(1);
            }
            if(big.equals("数码产品"))
            {
                    eq.smallchange(2);
            }
            if(big.equals("计算机"))
            {
                    eq.smallchange(3);
            }
        }
    }
```

6.5 Swing中的高级组件和卡式布局

除了之前介绍的一些简单组件之外，在Swing组件包中还存在一些高级组件，这些组件的应用相对复杂，主要用来提供一些界面设计方面的高级特性。

6.5.1 JMenu组件

读者对图形用户界面中的菜单应该非常熟悉，JMenu就是用来创建菜单的Swing组件。JMenu组件的常用构造函数形式如下：

- JMenu()：创建新的没有文本的JMenu实例。
- JMenu(String s)：创建新的用提供的字符串作为其文本的JMenu实例。

JMenu组件常用的方法如表6-14所示。

表6-14　JMenu常用方法

方法	功能说明
setModel(ButtonModel newModel)	设置菜单的数据模型
isSelected()	如果菜单当前是被选中的，则返回true
setSelected(boolean b)	设置菜单的选择状态
isPopupMenuVisible()	如果菜单的弹出菜单可见，则返回true
setPopupMenuVisible(boolean b)	设置弹出菜单的可见性。如果未启用菜单，则此方法无效
getPopupMenuOrigin()	计算JMenu的弹出菜单的原点
setMenuLocation(int x,int y)	设置弹出菜单的位置
add(JMenuItem menuItem)	将某个菜单项追加到此菜单的末尾，并返回添加的菜单项
add(Component c)	将组件追加到此菜单的末尾，并返回添加的控件

（续表）

方法	功能说明
add(Component c,int index)	将指定控件添加到此容器的给定位置上，如果index等于-1，则将控件追加到末尾
add(String s)	创建具有指定文本的菜单项，并将其追加到此菜单的末尾
addSeparator()	将新分隔符追加到菜单的末尾
insert(String s,int pos)	在给定的位置插入一个具有指定文本的新菜单项
insert(JMenuItem mi,int pos)	在给定的位置插入指定的JMenuItem
insertSeparator(int index)	在指定的位置插入分隔符
getItem(int pos)	获得指定位置的JMenuItem，如果位于pos的组件不是菜单项，则返回null
getItemCount()	获得菜单上的项数，包括分隔符
remove(JMenuItem item)	从此菜单移除指定的菜单项，如果不存在弹出菜单，则此方法无效
remove(int pos)	从此菜单移除指定索引处的菜单项
isTopLevelMenu()	如果菜单是"顶层菜单"，则返回true
getPopupMenu()	获得与此菜单关联的弹出菜单，如果不存在，将创建一个弹出菜单
addMenuListener(MenuListener l)	添加菜单事件的侦听器
getMenuListeners()	获得利用addMenuListener()添加到此JMenu的所有MenuListener组成的数组

6.5.2 JMenuItem组件

JMenuItem是用来作为菜单中的菜单项的组件，可以包含文字、图像或者由两者共同构成。当JMenuItem的实例创建成功后，就可以调用JMenu对象的add(JMenuItem menuItem)方法，将该菜单项对象添加到菜单中。

JMenuItem组件的常用构造函数形式如下。

· JMenuItem(Icon icon)：创建带有指定图标的JMenuItem实例。

· JMenuItem(String text)：创建带有指定文本的JMenuItem实例。

· JMenuItem(String text, Icon icon)：创建带有指定文本和图标的JMenuItem实例。

· JMenuItem(String text, int mnemonic)：创建带有指定文本和快捷键的JMenuItem实例。

JMenuItem组件常用的方法如表6-15所示。

表6-15 JMenuItem常用方法

方法	功能说明
init(String text,Icon icon)	利用指定文本和图标初始化菜单项
addMenuDragMouseListener(MenuDragMouseListener l)	将MenuDragMouseListener添加到菜单项，该接口中的方法用来处理MenuDragMouseEvent事件
removeMenuDragMouseListener(MenuDrag MouseListener l)	从菜单项中移除MenuDragMouseListener

（续表）

方法	功能说明
getMenuDragMouseListeners()	获取利用addMenuDragMouseListener添加到此JMenuItem的所有MenuDragMouseListener组成的数组
addMenuKeyListener(MenuKeyListener l)	将MenuKeyListener添加到菜单项，该接口中的方法用来处理MenuKeyEvent事件
removeMenuKeyListener(MenuKeyListener l)	从菜单项中移除MenuKeyListener
getMenuKeyListeners()	返回利用addMenuKeyListener添加到此JMenuItem的所有MenuKeyListener的数组

6.5.3　JMenuBar组件

JMenuBar用来创建一个水平的菜单栏。可以使用JMenuBar类的add()方法向菜单栏中添加菜单，JMenuBar为添加到其中的菜单分配一个整数索引，并会根据该索引将菜单从左到右依次显示。

创建完菜单栏以后，在通常情况下，可以使用JFrame类的setJMenuBar()方法将菜单栏添加到窗体中。除了使用上述方法向窗体中添加菜单栏以外，还可以使用add()方法将菜单栏添加到窗体中，下面代码显示了将JMenuBar对象myJMenuBar添加到JFrame中。

```
JFrame myJFrame=new JFrame();
myJFrame.add(myJMenuBar,BorderLayout.NORTH);
```

JMenuBar组件的常用构造函数形式如下。

- JMenuBar()：创建空的JMenuBar实例。
- JMenuBar(JMenu menu)：创建带有菜单的JMenuBar实例。

JMenuBar组件常用的方法如表6-16所示。

表6-16　JMenuBar常用方法

方法	功能说明
add(JMenu c)	将指定的菜单添加到菜单栏的末尾
getMenu(int index)	获取菜单栏中指定位置的菜单
getMenuCount()	获取菜单栏上的菜单数
setHelpMenu(JMenu menu)	设置用户选择菜单栏中的"帮助"选项时显示的帮助菜单
getHelpMenu()	获取菜单栏的帮助菜单
setSelected(Component sel)	设置当前选择的组件，更改选择模型
isSelected()	如果当前已选择了菜单栏的组件，则返回true

前面的几个小节对JMenuBar、JMenuItem和JMenu进行了详细的介绍。下面通过一个例子详细介绍这些控件的使用。

例6.16　在窗体中显示菜单

（1）在Eclipse中创建一个名称为SwingDemo4的Java Project项目。

（2）在该项目中，创建一个名称为**MenuDemo**的Java类，并在打开的Java代码编辑器中编写该类，具体定义代码如下：

```java
import javax.swing.JFrame;
import javax.swing.JMenu;
import javax.swing.JMenuBar;
import javax.swing.JMenuItem;
public class MenuDemo extends JFrame{
    public MenuDemo(String title)
    {
        super(title);
//创建菜单栏实例
        JMenuBar bar=new JMenuBar();
//创建菜单实例
        JMenu menu=new JMenu("File");
//创建菜单项实例
        JMenuItem item1=new JMenuItem("Open");
        JMenuItem item2=new JMenuItem("Save");
        JMenuItem item3=new JMenuItem("Close");
//将菜单添加到菜单栏中
        bar.add(menu);
//将各个菜单项添加到菜单中
        menu.add(item1);
        menu.add(item2);
//向菜单中添加分隔符
        menu.addSeparator();
        menu.add(item3);
//将菜单栏添加到窗体上
        this.setJMenuBar(bar);
        this.setSize(300, 200);
        this.setVisible(true);
    }
    public static void main(String[] args) {
        new MenuDemo("Menu");
    }
}
```

该示例的运行结果如图6-18所示。

6.5.4 JScrollPane容器

JScrollPane容器被称作滚动框，与其他容器不同的是，它不能也不必设置布局，因为它只能够添加一个组件或者容器。其主要作用是当其中的组件超出显示区域时，自动出现滚动条，以便滚动显示。

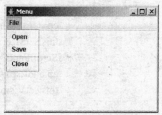

图6-18 窗体中添加菜单

JScrollPane容器的常用构造函数形式如下。

- **JScrollPane()**：创建一个空的**JScrollPane**实例，需要时水平和垂直滚动条都可显示。
- **JScrollPane(Component view)**：创建一个显示指定组件内容的**JScrollPane**实例，只要组件的范围超过视图大小就会显示水平和垂直滚动条。

· JScrollPane(Component view, int vsbPolicy, int hsbPolicy)：创建一个显示指定组件内
容的JScrollPane实例，并使用一对滚动条控制策略的参数决定滚动条是否显示。

JScrollPane容器常用的方法如表6-17所示。

表6-17　　JScrollPane常用方法

方法	功能说明
setViewport(JViewport viewport)	设置要显示的组件或容器
getViewport()	返回添加到JScrooPane中的当前的组件或容器

例6.17　用JScrollPane容器显示图片

在名称为SwingDemo4的Java Project项目中，创建一个名称为JScrollPaneDemo的Java类，
并在打开的Java代码编辑器中编写该类，具体定义代码如下：

```java
import java.awt.Dimension;
import javax.swing.ImageIcon;
import javax.swing.JFrame;
import javax.swing.JLabel;
import javax.swing.JPanel;
import javax.swing.JScrollPane;

public class JScrollPaneDemo extends JFrame{
    JPanel cp=new JPanel();
    JLabel ImagL=new JLabel();

    public JScrollPaneDemo(String title)
    {
         super(title);
        //将项目中的图片创建成ImageIcon对象
         ImageIcon icon=new ImageIcon("castle.jpg");
        //将图片显示在JLabel组件上
         ImagL.setIcon(icon);
        //创建JScrollPane实例
         JScrollPane jsp=new JScrollPane(ImagL,JScrollPane.VERTICAL_SCROLLBAR_
ALWAYS,

                      JScrollPane.HORIZONTAL_SCROLLBAR_AS_NEEDED);
         cp=(JPanel)this.getContentPane();
         this.setSize(new Dimension(300,300));
        //将JScrollPane容器添加到JPane容器中，再将JPane容器添加到窗体上
         cp.add(jsp);
         this.setVisible(true);
    }
    public static void main(String[] args)
    {
         new JScrollPaneDemo("JScrollPane");

    }
 }
```

在该示例中，使用了一对滚动条控制策略的参数来决定JScrollPane上的滚动条是否显示，
其中：

静态常量VERTICAL_SCROLLBAR_ALWAYS表示水平滚动条一直存在；

静态常量HORIZONTAL_SCROLLBAR_AS_NEEDED表示垂直滚动条只有当显示范围超出时才存在。

该示例的运行结果如图6-19所示。

6.5.5 JSplitPane容器

JSplitPane容器被称作分隔框，它可以将容器分为上下或左右两部分以便显示不同的内容。

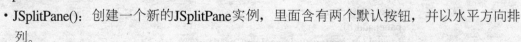

图6-19　JScrollPane容器
中显示图片

JSplitPane容器的常用构造函数形式如下。

- JSplitPane()：创建一个新的JSplitPane实例，里面含有两个默认按钮，并以水平方向排列。
- JSplitPane(int newOrientation)：创建一个指定水平或垂直方向切割的JSplitPane实例。

在第二种构造函数中，整型参数由JSplitPane类中定义的两个静态常量HORIZONTAL_SPLIT和VERTICAL_SPLIT来定义，其中HORIZONTAL_SPLIT表示水平分割，VERTICAL_SPLIT表示垂直分割。

JSplitPane容器常用的方法如表6-18所示。

表6-18　JSplitPane常用方法

方法	功能说明
setOneTouchExpandable(boolean newValue)	设置是否提供分隔框最大或最小化的按钮
setBottomComponent(Component comp)	设置底部显示组件
setTopComponent(Component comp)	设置顶部显示组件
setLeftComponent(Component comp)	设置左部显示组件
setRightComponent(Component comp)	设置右部显示组件
setDividerLocation(int location)	设置分隔条的位置
setDividerSize(int newSize)	设置分隔条的大小

例6.18　用JSplitlPane容器分割显示区域

在名称为SwingDemo4的Java Project项目中，创建一个名称为JSplitPaneDemo的Java类，并在打开的Java代码编辑器中编写该类，具体定义代码如下：

```java
import java.awt.Dimension;

import javax.swing.BorderFactory;
import javax.swing.ImageIcon;
import javax.swing.JButton;
import javax.swing.JFrame;
import javax.swing.JLabel;
import javax.swing.JPanel;
import javax.swing.JScrollPane;
import javax.swing.JSplitPane;
import javax.swing.JTextField;
```

```java
public class JSplitPaneDemo extends JFrame{
    JPanel cp=new JPanel();
    //创建存放图片的JScrollPane实例
    JScrollPane jsp=new JScrollPane(JScrollPane.VERTICAL_SCROLLBAR_ALWAYS,
                        JScrollPane.HORIZONTAL_SCROLLBAR_AS_NEEDED);
    JLabel ImagL=new JLabel();
    JPanel panel=new JPanel();
    JTextField t=new JTextField(10);
    JButton b=new JButton("OK");
    //创建分割显示区域的JSplitPane容器对象
    JSplitPane js=new JSplitPane(JSplitPane.HORIZONTAL_SPLIT);
    public JSplitPaneDemo(String title)
    {
        super(title);
        panel.add(t);
        panel.add(b);
        ImageIcon icon=new ImageIcon("castle.jpg");
        ImagL.setIcon(icon);
    //将显示图片的JLabel组件添加到滚动框中
        jsp.setViewportView(ImagL);
    //设置分隔框边框的显示形式
        js.setBorder(BorderFactory.createEtchedBorder());
    //设置分隔框提供最大最小化按钮
        js.setOneTouchExpandable(true);
    //设置分隔条的位置
        js.setDividerLocation(100);
    //设置分隔条的大小
        js.setDividerSize(20);
    //设置左边显示文本框和按钮的面板容器
        js.setLeftComponent(panel);
    //设置右边显示滚动框面板容器
        js.setRightComponent(jsp);
        cp=(JPanel)this.getContentPane();
        cp.add(js);
        this.setSize(new Dimension(300,300));
        this.setVisible(true);
    }
    public static void main(String[] args)
    {
        new JSplitPaneDemo("JScrollPane");
    }
}
```

图6-20　JSplitPane容器分
　　　　隔显示内容

该示例的运行结果如图6-20所示。

6.5.6　JTree组件

JTree组件用来构造程序中常见的树形结构，它可以将数据集分层显示。在Swing中与JTree组件相关的类和接口非常多，其中最长用的一个是DefaultMutableTreeNode类，该类代表树的节点，它可以直接用来创建树的节点。

JTree组件的常用构造函数形式如下。

- JTree()：创建一个空的JTree实例。
- JTree(Object[] value)：创建JTree实例，参数指定数组的每个元素作为不被显示的新根节点的子节点。
- JTree(TreeNode root)：创建使用指定的TreeNode作为其根的JTree实例。
- JTree(TreeModel newModel)：创建使用TreeModel数据模型的JTree实例。

JTree组件常用的方法如表6-19所示。

表6-19　JTree常用方法

方法	功能说明
getModel()	返回正在提供数据的TreeModel数据模型对象
setModel(TreeModel newModel)	设置将提供数据的TreeModel数据模型对象

例6.19　使用JTree创建简单的树形结构

在名称为SwingDemo4的Java Project项目中，创建一个名称为**JTreeDemo**的Java类，并在打开的Java代码编辑器中编写该类，具体定义代码如下：

```java
import java.awt.BorderLayout;
import javax.swing.JFrame;
import javax.swing.JPanel;
import javax.swing.JScrollPane;
import javax.swing.JSplitPane;
import javax.swing.JTextArea;
import javax.swing.JTree;
import javax.swing.tree.DefaultMutableTreeNode;
public class JTreeDemo extends JFrame {
    JPanel cp=new JPanel();
        //声明JTree对象
    JTree jtree;
        //声明表示树根的DefaultMutableTreeNode对象
    DefaultMutableTreeNode root;
    public JTreeDemo()
    {
     this.setSize(300,300);
     this.setTitle("JTree");
     cp=(JPanel)this.getContentPane();
     cp.setLayout(new BorderLayout());
        //实例化树根对象
     root=new DefaultMutableTreeNode("设备");
        //调用建树的方法
     createTree(root);
        //使用指定的树根来构造JTree实例
     jtree=new JTree(root);
     cp.add(jtree,BorderLayout.CENTER);
    }
    public static void main(String[] args)
    {
     JTreeDemo JTree2 = new JTreeDemo();
     JTree2.setVisible(true);
```

```
        }
         //定义建树的方法
        private void createTree(DefaultMutableTreeNode root)
        {
         DefaultMutableTreeNode bigNo=null;
         DefaultMutableTreeNode number=null;
           //创建第二层的节点
         bigNo=new DefaultMutableTreeNode("移动大类别编号");
           //将第二层的节点添加到树根上
         root.add(bigNo);
           //创建第三层节点
         for(int i=1;i<=3;i++)
         {
          number=new DefaultMutableTreeNode("No."+String.valueOf(i));
            //在第三层的最后一个节点上创建第四层节点
          if(i==3)
          {
           for(int j=1;j<=2;j++)
           {
            number.add(new DefaultMutableTreeNode("设备小类别"+String.valueOf(j)));
           }
          }
          bigNo.add(number);
         }
        }
    }
```

图6-21 使用JTree构造树形结构

该示例的运行结果如图6-21所示。

6.5.7 JTable组件

JTable是用来显示和编辑常规二维单元表的组件，该组件具有极强的可定制性和异构性，可满足不同用户和场合的要求。

JTable组件的常用构造函数形式如下。

- JTable()：创建一个新的JTable实例，并使用系统默认的数据模型。

- JTable(int numRows, int numColumns)：创建一个具有numRows行，numColumns列的空表格，使用的是系统默认的数据模型。

- JTable(Object[][] rowData, Object[] columnNames)：创建一个显示二维数组数据的表格，且可以显示列的名称，其中二维对象数组表示表格的数据，一维对象数组表示列名。

JTable组件常用的方法如表6-20所示。

表6-20　JTable常用方法

方法	功能说明
getEditingRow()	返回包含当前被编辑的单元格的行索引
getEditingColumn()	返回包含当前被编辑的单元格的列索引
getModel()	返回提供此JTable所显示数据的TableModel数据模型对象

（续表）

方法	功能说明
getRowCount()	返回JTable中可以显示的行数
getRowHeight()	返回表的行高
getRowMargin()	获取单元格之间的间距
getValueAt(int row, int column)	返回row和column位置的单元格值
setValueAt(Object aValue, int row, int column)	设置表模型中row和column位置的单元格值

例6.20 使用JTable创建简单的二维表格

在名称为SwingDemo4的Java Project项目中，创建一个名称为JTableDemo的Java类，并在打开的Java代码编辑器中编写该类，具体定义代码如下：

```java
import java.awt.FlowLayout;

import javax.swing.JFrame;
import javax.swing.JPanel;
import javax.swing.JScrollPane;
import javax.swing.JTable;

public class JTableDemo extends JFrame{
    JPanel cp=new JPanel();
        //声明JTable对象
    JTable jtable1;
    JScrollPane jscrp1=new JScrollPane();

    public JTableDemo()
    {
     cp=(JPanel)this.getContentPane();
     this.setTitle("try to use table");
     this.setSize(500,200);
     cp.setLayout(new FlowLayout());
        //声明表示表格数据的二维对象数组
     Object[][] data=
     {{"Jenny","female","football",new Integer(20),"ENGLISH"},
      {"May","female","music",new Integer(20),"ENGLISH"},
      {"Lili","female","art",new Integer(20),"CHINESE"}
     };
        //声明表示表格列名的一维对象数组
     Object[] columnNames={"name","sex","hobby","age","nationality"};
        //构造JTable实例
     jtable1=new JTable(data,columnNames);
        //设置JTable中每行的高度
     jtable1.setRowHeight(20);
        //将JTable实例添加到JScrollPane面板容器上
     jscrp1.getViewport().add(jtable1);
     cp.add(jscrp1);
    }
    public static void main(String[] args)
    {
     JTableDemo JTable1 = new JTableDemo();
```

```
        JTable1.setVisible(true);
    }
}
```

该示例的运行结果如图6-22所示。

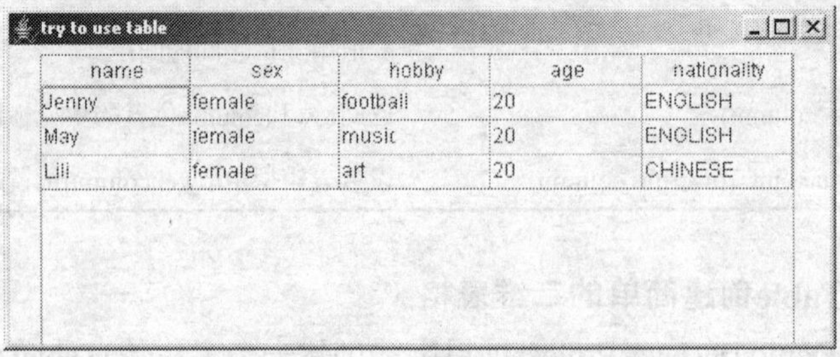

图6-22 使用JTable创建二维表格

6.5.8 卡式布局管理器

卡式布局管理器可以容纳多个组件，但是同一时刻容器只能从这些组件中选出一个来显示，被显示的组件占据容器的整个空间，因此它往往用来解决两个以至更多的成员共享同一显示空间的问题。它就像数据卡片一般，一次只能显示一个容器组件的内容。该布局管理器与Java中其他布局管理器最大的一个区别在于，卡式布局管理器必须结合Java的事件处理一起使用，如果没有事件处理，将无法完成容器中组件的切换。

卡式布局管理器类CardLayout有两种构造函数：

· CardLayout()；

· CardLayout(int hgap，int vgap)。

其中第二个构造函数将设置各个组件之间水平和垂直方向上的相互间隔。

卡式布局管理器类CardLayout是通过next()、previous()、last()以及first()等方法来达到前后数据卡片的切换控制的。这些方法的详细说明如表6-21所示。

表6-21 CardLayout中的常用方法

方法	功能说明
first(Container c)	显示第一个容器中的组件
last(Container c)	显示最后一个容器中的组件
next(Container c)	显示下一个容器中的组件
previous(Container c)	显示上一个容器中的组件

例6.21 在窗体中使用卡式布局

在名称为SwingDemo4的Java Project项目中，创建一个名称为CardLayoutDemo的Java类，并在打开的Java代码编辑器中编写该类，具体定义代码如下：

```java
import java.awt.*;
import java.awt.event.*;
import javax.swing.*;

public class CardLayoutDemo extends JFrame implements ActionListener{
```

```java
JPanel jPanel1 = new JPanel();
    //创建布局管理器
    BorderLayout borderLayout1 = new BorderLayout();
    CardLayout cardLayout1 = new CardLayout();
    //创建JPanel面板
    JPanel jPanel2 = new JPanel();
    JPanel jPanel3 = new JPanel();
    JPanel jPanel4 = new JPanel();
    JPanel jPanel5 = new JPanel();
    JPanel jPanel6 = new JPanel();
    JButton jButton1 = new JButton();
    //创建布局管理器
    BorderLayout borderLayout2 = new BorderLayout();
    BorderLayout borderLayout3 = new BorderLayout();
    BorderLayout borderLayout4 = new BorderLayout();
    BorderLayout borderLayout5 = new BorderLayout();
    BorderLayout borderLayout6 = new BorderLayout();
    JButton jButton2 = new JButton();
    JButton jButton3 = new JButton();
    JButton jButton4 = new JButton();
    JButton jButton5 = new JButton();
    public static void main(String args[]){
        CardLayoutDemo ex=new CardLayoutDemo();
      ex.go();
    }
    //创建方法
    private void go(){
        this.setSize(new Dimension(150, 100));
        jPanel1.setLayout(cardLayout1);
        jPanel2.setLayout(borderLayout2);
        jPanel3.setLayout(borderLayout3);
        jPanel4.setLayout(borderLayout4);
        jPanel5.setLayout(borderLayout5);
        jPanel6.setLayout(borderLayout6);
        jButton1.setText("jButton1");
    //注册事件监听器
        jButton1.addActionListener(this);
        jButton2.setText("jButton2");
    //注册事件监听器
        jButton2.addActionListener(this);
        jButton3.setText("jButton3");
    //注册事件监听器
        jButton3.addActionListener(this);
        jButton4.setText("jButton4");
    //注册事件监听器
        jButton4.addActionListener(this);
        jButton5.setText("jButton5");
    //注册事件监听器
        jButton5.addActionListener(this);
        this.getContentPane().add(jPanel1, BorderLayout.CENTER);
        //添加jPanel2、jPanel3、jPanel4、jPanel5到jPanel1中，这些JPanel实例就组成了卡片
        jPanel1.add(jPanel2, "jPanel2");
        jPanel2.add(jButton1, BorderLayout.NORTH);
```

```
            jPanel1.add(jPanel4, "jPanel4");
            jPanel4.add(jButton2, BorderLayout.EAST);
            jPanel1.add(jPanel5, "jPanel5");
            jPanel5.add(jButton3, BorderLayout.SOUTH);
            jPanel1.add(jPanel6, "jPanel6");
            jPanel6.add(jButton4, BorderLayout.WEST);
            jPanel1.add(jPanel3, "jPanel3");
            jPanel3.add(jButton5, BorderLayout.CENTER);
            this.setVisible(true);
        }
        //事件处理方法
        public void actionPerformed(ActionEvent e) {
            //取得按钮上的标签
            String ss=e.getActionCommand();
            if(ss.equals("jButton1")){
                //显示下一个卡式布局中的组件或容器
                cardLayout1.next (jPanel1);
            }
            else if(ss.equals("jButton2")){
                cardLayout1.next (jPanel1);
            }
            else if(ss.equals("jButton3")){
                cardLayout1.next (jPanel1);
            }
            else if(ss.equals("jButton4")){
                cardLayout1.next (jPanel1);
            }
            else
                cardLayout1.next (jPanel1);
        }
    }
```

在该示例中，设置面板jPanel1的布局为CardLayout，设置面板jPanel2、jPanel3、jPanel4、jPanel5、jPanel6的布局为BorderLayout，在每个面板中添加一个按钮，并给每个按钮注册事件监听器。当单击按钮时，将在事件处理程序中调用CardLayout类中的next()方法，在jPanel1中显示下一张卡片。

在该示例中每单击一次按钮，就将显示下一个容器，运行结果如图6-23所示。

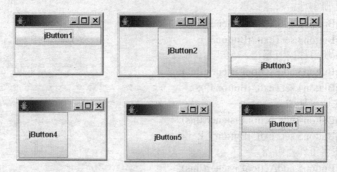

图6-23 单击卡式布局中的按钮显示下一个容器

6.5.9 任务: 创建系统主界面

在办公固定资产管理系统中,系统的主界面是用户登录进入系统后看到的第一个界面,在该界面中可以进行系统中所包含的全部功能操作。因此,界面也十分复杂,将会涉及到前面章节中所介绍过的几乎所有组件和容器。设计完成后的系统主界面如图6-24所示。

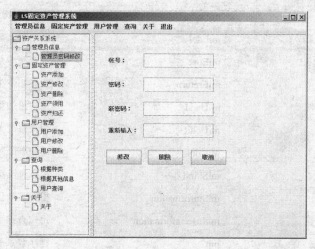

图6-24 系统主界面

在办公固定资产管理系统的主界面中,顶部是系统的菜单栏,然后使用**JSplitPane**容器将界面分隔成左右两部分,左边使用**JScrollPane**容器,并在该容器中添加由**JTree**构建的树形结构,右边是**JPanel**容器,该容器使用卡式布局,根据用户的不同操作,显示对应的功能窗体。如图6-24所示就是选中树形结构中的"管理员密码修改"选项,所以右边显示了对应的管理员密码修改界面。

系统主界面中的组件的类型及名称如表6-.22所示。

表6-22 系统主界面中的组件说明

控件类型	控件名称	说明
JSplitPane	jSplitPane	界面中的分隔框
JScrollPane	jScrollPane	界面中的滚动框
JTree	jTree	界面中的树形结构
JMenuBar	bar	界面中的菜单栏
JMenu	muExit	菜单栏中的退出菜单
JMenu	muLogin	菜单栏中的管理员信息菜单
JMenu	muEquipment	菜单栏中的固定资产管理菜单
JMenu	muUser	菜单栏中的用户管理菜单
JMenu	muAbout	菜单栏中的关于菜单
JMenu	muScand	菜单栏中的查询菜单
JMenuItem	miExit	退出系统菜单项
JMenuItem	miLogin	登录菜单项

（续表）

控件类型	控件名称	说明
JMenuItem	miLedit	管理员密码修改菜单项
JMenuItem	miAbout	关于菜单项
JMenuItem	miEadd	资产增加菜单项
JMenuItem	miEedit	资产信息修改菜单项
JMenuItem	miEdel	资产删除菜单项
JMenuItem	miEuse	资产领用菜单项
JMenuItem	miEreturn	资产归还菜单项
JMenuItem	miUadd	用户添加菜单项
JMenuItem	miUedit	用户修改菜单项
JMenuItem	miUdel	用户删除菜单项
JMenuItem	miSkind	根据种类菜单项
JMenuItem	miSinformation	根据其他信息菜单项
JMenuItem	miSuserinformation	用户查询菜单项
ProgressMonitor	pm	程序登录前的进度条

在主界面中除了使用这些Swing中的组件和容器之外，还需要使用一些用户自定义的面板容器，这些面板容器的类型及名称如表6-23所示。

表6-23 系统主界面中的用户自定义的面板容器说明

容器类型	容器名称	说明
ManagerLoginPane	managerlogin	管理员登录面板容器
ManagerEditPane	managereditpane	管理员密码修改面板容器
AddEquipment	addequipment	资产添加面板容器
AddUserPane	adduser	用户添加面板容器
DelEquipmentPane	delequipment	资产删除面板容器
AboutPanel	about	关于信息面板容器
DelUserPane	deluser	用户删除面板容器
EditEquipmentPane	editequipment	资产信息修改面板容器
EditUserPane	edituser	用户编辑面板容器
EquipmentInformationPane	equipmentinformation	根据其他信息面板容器
KindInformationPane	kindinformation	根据种类查询面板容器
ReturnEquipmentPane	returnequipment	资产归还面板容器
UseEquipmentPane	useequipment	资产领用面板容器
UserInfromationPane	userinfromationpane	用户查询面板容器

系统主界面类MainFrame的代码如下：

```java
import java.awt.CardLayout;
import java.awt.Dimension;
import java.awt.Toolkit;
import java.awt.event.ActionEvent;
import java.awt.event.ActionListener;
import contorl.MainControl;
import contorl.TreeControl;

import javax.swing.JButton;
import javax.swing.JFrame;
import javax.swing.JLabel;
import javax.swing.JMenu;
import javax.swing.JMenuBar;
import javax.swing.JMenuItem;
import javax.swing.JPanel;
import javax.swing.JPasswordField;
import javax.swing.JScrollPane;
import javax.swing.JSplitPane;
import javax.swing.JTextField;
import javax.swing.JTree;
import javax.swing.ProgressMonitor;
import javax.swing.tree.DefaultMutableTreeNode;

import model.DBManager;
public class MainFrame extends JFrame// implements ActionListener
{
    //声明主界面中的各个组件对象
    private javax.swing.JPanel jContentPane = null;
    private JSplitPane jSplitPane = null;
    private JScrollPane jScrollPane = null;
    public JTree jTree = null;
    private JMenuBar bar=null;
    private JMenu muExit=null;
    private JMenu muLogin=null;
    public JMenu muEquipment=null;
    public JMenu muUser=null;
    private JMenu muAbout=null;
    private JMenuItem miExit=null;
    public JMenuItem miLogin=null;
    public JMenuItem miLedit=null;
    public JMenuItem miAbout=null;
    public JMenuItem miEadd=null;
    public JMenuItem miEedit=null;
    public JMenuItem miEdel=null;
    public JMenuItem miEuse=null;
    public JMenuItem miEreturn=null;
    public JMenuItem miUadd=null;
    public JMenuItem miUedit=null;
    public JMenuItem miUdel=null;
    public JMenu muScand=null;
    public JMenuItem miSkind=null;
    public JMenuItem miSinformation=null;
    public JMenuItem miSuserinformation=null;
```

```java
    private CardLayout card;

    private JPanel cards = null;
    private JPanel ManagerLoginPane = null;
    private JLabel numberlbl = null;
    private JLabel passlbl=null;
    private JTextField numbertex=null;
    private JPasswordField passtex=null;
    public JButton surebtn=null;
    public JButton cancelbtn=null;

    //创建各个应用的面板容器
    private ManagerLoginPane managerlogin;
    private ManagerEditPane managereditpane;
    private AddEquipment addequipment;
    private AddUserPane adduser;
    private DelEquipmentPane delequipment;
    private AboutPanel about;
    private DelUserPane deluser;
    private EditEquipmentPane editequipment;
    private EditUserPane edituser;
    private EquipmentInformationPane equipmentinformation;
    private KindInformationPane kindinformation;
    private ManagerEditPane manageredit;
    private ReturnEquipmentPane returnequipment;
    private UseEquipmentPane useequipment;
    ProgressMonitor pm;
    private UserInfromationPane userinfromationpane;

    //声明JTree组件中的节点
    private   DefaultMutableTreeNode root;
    private DefaultMutableTreeNode tmanager;
    private DefaultMutableTreeNode tequipment;
    private DefaultMutableTreeNode tuser;
    private DefaultMutableTreeNode tfind;
    public DefaultMutableTreeNode ttabout;
    private DefaultMutableTreeNode tabout;
    public DefaultMutableTreeNode tmanagerlogin;
    public DefaultMutableTreeNode tmanageredit;
    public DefaultMutableTreeNode teadd;
    public DefaultMutableTreeNode teedit;
    public DefaultMutableTreeNode tedel;
    public DefaultMutableTreeNode teuse;
    public DefaultMutableTreeNode tereturn;
    public DefaultMutableTreeNode tuadd;
    public DefaultMutableTreeNode tuedit;
    public DefaultMutableTreeNode tudel;
    public DefaultMutableTreeNode tikind;
    public DefaultMutableTreeNode tie;
    public DefaultMutableTreeNode tiu;
    //创建获取分隔框容器的方法
    private JSplitPane getJSplitPane() {
            if (jSplitPane == null) {
                    jSplitPane = new JSplitPane();
                    jSplitPane.setLeftComponent(getJScrollPane());
```

```
                    pm.setProgress(50);
                    jSplitPane.setRightComponent(getJPanel());
                    pm.setProgress(80);
            }
            return jSplitPane;
    }
//创建获取滚动框容器的方法
    private JScrollPane getJScrollPane() {
            if (jScrollPane == null) {
                    jScrollPane = new JScrollPane();
                    jScrollPane.setViewportView(getJTree());
            }
            return jScrollPane;
    }
///创建JTree树形结构的方法
    private JTree getJTree() {
            if (jTree == null) {
                    root=new DefaultMutableTreeNode("资产关系系统");
                      tmanager=new DefaultMutableTreeNode("管理员信息");
                      tequipment=new DefaultMutableTreeNode("固定资产管理");
                      tuser=new DefaultMutableTreeNode("用户管理");
                      tfind=new DefaultMutableTreeNode("查询");
                      ttabout=new DefaultMutableTreeNode("关于");
                      tabout=new DefaultMutableTreeNode("关于");
                    //tmanagerlogin=new DefaultMutableTreeNode("管理员登陆");
                      tmanageredit=new DefaultMutableTreeNode("管理员密码修改");
                      teadd=new DefaultMutableTreeNode("资产添加");
                      teedit=new DefaultMutableTreeNode("资产修改");
                      tedel=new DefaultMutableTreeNode("资产删除");
                      teuse=new DefaultMutableTreeNode("资产领用");
                      tereturn=new DefaultMutableTreeNode("资产归还");
                      tuadd=new DefaultMutableTreeNode("用户添加");
                      tuedit=new DefaultMutableTreeNode("用户修改");
                      tudel=new DefaultMutableTreeNode("用户删除");
                      tikind=new DefaultMutableTreeNode("根据种类");
                      tie=new DefaultMutableTreeNode("根据其他信息");
                      tiu=new DefaultMutableTreeNode("用户查询");
                      root.add(tmanager);
                      root.add(tequipment);
                      root.add(tuser);
                      root.add(tfind);
                      root.add(ttabout);
                      ttabout.add(tabout);
                      tmanager.add(tmanageredit);
                      tequipment.add(teadd);
                      tequipment.add(teedit);
                      tequipment.add(tedel);
                      tequipment.add(teuse);
                      tequipment.add(tereturn);
                      tuser.add(tuadd);
                      tuser.add(tuedit);
                      tuser.add(tudel);
                      tfind.add(tikind);
```

```
                              tfind.add(tie);
                              tfind.add(tiu);
                      jTree = new JTree(root);
                      jTree.setEditable(false);
                      jTree.setEnabled(false);
                      jTree.addTreeSelectionListener(treecontrol);
                      }
               return jTree;
       }
//创建获取主界面右边部分卡式布局中每个容器的方法
       private JPanel getJPanel() {
               if (cards == null) {
                      cards = new JPanel();
                      card=new CardLayout();
                      cards.setLayout(card);
                      cards.setSize(800,600);
                      managerlogin=new ManagerLoginPane(this);
                      cards.add(managerlogin,"managerlogin");
                      managereditpane=new ManagerEditPane();
                      cards.add(managereditpane,"manageredit");
                      addequipment=new  AddEquipment();
                      cards.add(addequipment,"addequipment");
                      about=new AboutPanel();
                      cards.add(about,"about");
                      adduser=new AddUserPane();
                      cards.add(adduser,"adduser");
                      delequipment=new DelEquipmentPane();
                      cards.add(delequipment,"delequipment");
                      deluser=new DelUserPane();
                      cards.add(deluser,"deluser");
                      editequipment=new EditEquipmentPane();
                      cards.add(editequipment,"editequipment");
                      edituser=new EditUserPane();
                      cards.add(edituser,"edituser");
                      equipmentinformation=new EquipmentInformationPane();
                      cards.add(equipmentinformation,"equipmentinformation");
                      kindinformation=new KindInformationPane();
                      cards.add(kindinformation,"kindinformation");
                      manageredit=new ManagerEditPane();
                      cards.add(manageredit,"manageredit");
                      returnequipment=new ReturnEquipmentPane();
                      cards.add(returnequipment,"returnequipment");
                      useequipment=new UseEquipmentPane();
                      cards.add(useequipment,"userequipment");
                      userinfromationpane=new UserInfromationPane();
                      cards.add(userinfromationpane,"userinfromation");
               }
               return cards;
       }
//应用程序主方法
       public static void main(String[] args)
       {
               MainFrame m=new MainFrame();
```

```
                m.setDefaultCloseOperation(JFrame.EXIT_ON_CLOSE);
                m.setVisible(true);
        }
        //构造函数
        public MainFrame() {
                super();
                pm=new ProgressMonitor(this, "loading...", "longing...", 0, 100) ;
                pm.setProgress(10);
                initialize();
        }
        //组件实例化方法
        private void initialize() {
                this.setSize(800,600);
                this.setContentPane(getJContentPane());
                this.setTitle("LS固定资产管理系统");
                Dimension screenSize = Toolkit.getDefaultToolkit().getScreenSize();
            Dimension frameSize = getSize();
            if (frameSize.height > screenSize.height) {
                    frameSize.height = screenSize.height;
                }
                if (frameSize.width > screenSize.width) {
                    frameSize.width = screenSize.width;
                }
            setLocation((screenSize.width - frameSize.width) / 2,(screenSize.height - frameSize.height) / 2);
        }
        //将各个组件添加到主界面的面板上的方法
        private javax.swing.JPanel getJContentPane() {
                if(jContentPane == null) {
                        jContentPane = new javax.swing.JPanel();
                        jContentPane.setLayout(new java.awt.BorderLayout());
                        jContentPane.add(getJSplitPane(), java.awt.BorderLayout.CENTER);
                        pm.setProgress(50);
                        muScand=new JMenu("查询");
                        muScand.setEnabled(false);
                        muExit=new JMenu("退出");
                        muLogin=new JMenu("管理员信息");
                        muEquipment=new JMenu("固定资产管理");
                        muEquipment.setEnabled(false);
                        muUser=new JMenu("用户管理");
                        muUser.setEnabled(false);
                        muAbout=new JMenu("关于");
                        miExit=new JMenuItem("退出系统");
                        miExit.addActionListener(new ActionListener(){
                                public void actionPerformed(ActionEvent e)
                                {
                                        System.exit(0);
                                        db.closeResultSet();
                                }
                        });
                        miLogin=new JMenuItem("登陆");
                        miLogin.addActionListener(maincontrol);
                        miLedit=new JMenuItem("管理员密码修改");
                        miLedit.setEnabled(false);
```

```
                miLedit.addActionListener(maincontrol);
                miAbout=new JMenuItem("关于");
                miAbout.addActionListener(maincontrol);
                miEadd=new JMenuItem("资产增加");
                miEadd.addActionListener(maincontrol);
                miEedit=new JMenuItem("资产信息修改");
                miEedit.addActionListener(maincontrol);
                miEdel=new JMenuItem("资产删除");
                miEdel.addActionListener(maincontrol);
                miEuse=new JMenuItem("资产领用");
                miEuse.addActionListener(maincontrol);
                miEreturn=new JMenuItem("资产归还");
                miEreturn.addActionListener(maincontrol);
                miUadd=new JMenuItem("用户添加");
                miUadd.addActionListener(maincontrol);
                miUedit=new JMenuItem("用户修改");
                miUedit.addActionListener(maincontrol);
                miUdel=new JMenuItem("用户删除");
                miUdel.addActionListener(maincontrol);
                miSkind=new JMenuItem("根据种类");
                miSkind.addActionListener(maincontrol);
                miSinformation=new JMenuItem("根据其他信息");
                miSuserinformation=new JMenuItem("用户查询");
                miSuserinformation.addActionListener(maincontrol);
                miSinformation.addActionListener(maincontrol);
                bar=new JMenuBar();
                pm.setProgress(90);
                setJMenuBar(bar);
                bar.add(muLogin);
                bar.add(muEquipment);
                bar.add(muUser);
                bar.add(muScand);
                bar.add(muAbout);
                bar.add(muExit);
                muLogin.add(miLogin);
                muLogin.add(miLedit);
                muExit.add(miExit);
                muAbout.add(miAbout);
                muEquipment.add(miEadd);
                muEquipment.add(miEedit);
                muEquipment.add(miEdel);
                muEquipment.add(miEuse);
                muEquipment.add(miEreturn);
                muUser.add(miUadd);
                muUser.add(miUedit);
                muUser.add(miUdel);
                muScand.add(miSkind);
                muScand.add(miSinformation);
                muScand.add(miSuserinformation);
                pm.setProgress(100);
                pm.close();
            }
        return jContentPane;
```

```
        }
        public void framedo()
        {
                String Result=maincontrol.getResult();
                if(Result!=null)
                {
                        card.show(cards,Result);
                        maincontrol.setResult(null);
                        Result=null;
                }
                else
                {
                        Result=treecontrol.getResult();
                        card.show(cards,Result);
                        Result=null;

                }

        }
}
```

6.6 Swing中的对话框

在Java图形用户界面编程中还存在另一类组件，那就是各类对话框。例如，Windows中的文件打开和保存对话框，本章将详细介绍这些对话框在Java中的具体实现。

6.6.1 JDialog容器

在Swing组件中还存在着另一个容器，那就是对话框JDialog类，该容器是从一个窗口中弹出的窗口，因此JDialog对话框不能单独使用，必须依附于另一个顶级容器。

JDialog容器的常用构造函数形式如下。

- JDialog()：创建一个没有标题并且没有指定窗体所有者的无模式对话框。
- JDialog(Frame owner)：创建一个没有标题但将指定的窗体作为其所有者的无模式对话框。
- JDialog(Frame owner, String title)：创建一个具有指定标题和指定所有者窗体的无模式对话框。

JDialog容器常用的方法如表6-24所示。

表6-24 JDialog容器常用的方法

方法	功能说明
show( )	显示对话框
setVisible(boolean b)	设置是否显示对话框
getContentPane()	返回此对话框的contentPane对象
remove(Component comp)	从该容器中移除指定组件

例6.22　显示JDialog对话框

（1）在Eclipse中创建一个名称为SwingDemo5的Java Project项目。

（2）在该项目中，创建一个名称为JDialogDemo的Java类，并在打开的Java代码编辑器中编写该类，具体定义代码如下：

```java
import javax.swing.*;
import javax.swing.event.*;
import java.awt.event.*;
import java.awt.BorderLayout;
import java.awt.GridLayout;

public class JDialogDemo extends JDialog implements ActionListener {
    //声明JDialog的所有者窗体
    JFrame mainFrame;
    JButton okButton;
    //声明计数器对象
    javax.swing.Timer myTimer;
    int Counter = 0;
    //构造函数
    public JDialogDemo(JFrame mainFrame) {
        super(mainFrame, "关于本程序的说明", true);        //true代表为有模式对话框
        //设置该对话框的所有者窗体
        this.mainFrame = mainFrame;
        JPanel contentPanel = new JPanel();
        contentPanel.setLayout(new BorderLayout());
        JPanel authorInfoPane = new JPanel();
        authorInfoPane.setLayout(new GridLayout(1, 1));
        JTextArea aboutContent = new JTextArea("本程序是JDialog的应用实例");
        aboutContent.setEnabled(false);
        authorInfoPane.add(aboutContent);
        contentPanel.add(authorInfoPane, BorderLayout.NORTH);
        JPanel sysInfoPane = new JPanel();
        sysInfoPane.setLayout(new GridLayout(5, 1));
        sysInfoPane.setBorder(BorderFactory.createLoweredBevelBorder());
        contentPanel.add(sysInfoPane, BorderLayout.CENTER);
        JLabel userName = new JLabel("本机的用户名为: "
                    + System.getProperty("user.name"));
        JLabel osName = new JLabel("本机的操作系统是: " + System.getProperty("os.name"));
        JLabel javaVersion = new JLabel("本机中所安装的Java SDK的版本号是: "
                    + System.getProperty("java.version"));
        JLabel totalMemory = new JLabel("本机中Java虚拟机所可能使用的总内存数: "
                    + Runtime.getRuntime().totalMemory() + "字节数");
        JLabel freeMemory = new JLabel("本机中Java虚拟机所剩余的内存数?"
                    + Runtime.getRuntime().freeMemory() + "字节数");
        sysInfoPane.add(userName);
        sysInfoPane.add(osName);
        sysInfoPane.add(javaVersion);
        sysInfoPane.add(totalMemory);
        sysInfoPane.add(freeMemory);
        JPanel OKPane = new JPanel();
        okButton = new JButton("确定");
        //设置该按钮为该对话框的默认的按钮.
        this.getRootPane().setDefaultButton(okButton);
        okButton.addActionListener(this);
        OKPane.add(okButton);
```

```
            contentPanel.add("South", OKPane);
            setContentPane(contentPanel);
        //设置计数器
            myTimer = new javax.swing.Timer(1000, this);
        //开始计数
            myTimer.start();
    }
    public void actionPerformed(ActionEvent parm1) {
            if (parm1.getSource() == okButton) {
                    dispose();
            } else if (parm1.getSource() == myTimer) {
                    Counter++;
                    this.setTitle("当前的定时器的值为:" + Counter + "秒");
            }
    }
    public static void main(String[] args) {
        //创建JDialog实例，其中参数为null，表示没有该对话框的拥有者
            JDialogDemo aboutDialog = new JDialogDemo(null);
        //设置对话框大小
            aboutDialog.setSize(300, 200);
        //显示对话框
            aboutDialog.setVisible(true);
    }
}
```

该类是JDialog的子类，因此该类本身就是一个对话框
类，在创建该类的实例时，参数为null，表明该对话框没有
拥有者，即该对话框将直接显示。该示例的运行结果如图
6-25示。

图 6-25　显示的对话框

6.6.2　FileDialog对话框

FileDialog类是AWT组件包中的对话框，它用来显示出一个文件选择对话框，用户可以
从中选择文件。因为它是一个模式对话框，所以当该对话框显示时，会阻塞应用的其余部分
直到用户选择了一个文件。

FileDialog对话框的常用构造函数形式如下。

- FileDialog(Frame parent)：创建一个文件对话框，用于加载文件。
- FileDialog(Frame parent, String title, int mode)：创建一个具有指定标题的文件对话
  框，用于加载或保存文件。

FileDialog对话框常用的方法如表6-25所示。

表6-25　FileDialog对话框常用的方法

方法	功能说明
getDirectory()	获得此文件对话框的目录
getFile()	获得此文件对话框的选定文件
getFilenameFilter()	确定此文件对话框的文件名过滤器
setDirectory(String dir)	将此文件对话框的目录设置为指定目录

（续表）

方法	功能说明
setFile(String file)	将此文件对话框的选定文件设置为指定文件
setFilenameFilter(FilenameFilter filter)	将此文件对话框的文件名过滤器设置为指定的过滤器

例6.23　显示打开文件对话框

在名称为SwingDemo5的Java Project项目中，创建一个名称为JFileDialogDemo的Java类，并在打开的Java代码编辑器中编写该类，具体定义代码如下：

```java
import java.awt.FileDialog;
import java.awt.event.ActionEvent;
import java.awt.event.ActionListener;

import javax.swing.JFrame;
import javax.swing.JMenu;
import javax.swing.JMenuBar;
import javax.swing.JMenuItem;

public class JFileDialogDemo extends JFrame implements ActionListener{
    //声明文件对话框对象
    FileDialog file;
    public JFileDialogDemo(String title)
    {
        super(title);
        JMenuBar bar=new JMenuBar();
        JMenu menu=new JMenu("File");
        JMenuItem item=new JMenuItem("Open");
    //实例化打开文件对话框的对象
        file=new FileDialog(this,"打开文件", FileDialog.LOAD);
        bar.add(menu);
        menu.add(item);
        item.addActionListener(this);
        this.setJMenuBar(bar);
        this.setSize(300, 200);
        this.setVisible(true);
    }
    public void actionPerformed(ActionEvent e)
    {
        //显示打开文件对话框
        file.setVisible(true);
    }
    public static void main(String[] args) {

        new JFileDialogDemo("Menu");

    }
}
```

该示例的运行结果如图6-26示。

单击菜单栏中的Open菜单将打开如图6-27所示的打开文件对话框。

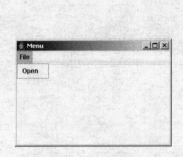

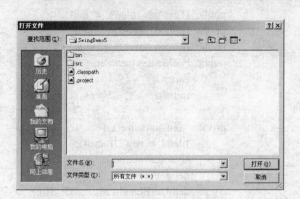

图6-26　程序运行界面　　　　　　　　　　图6-27　显示的打开文件对话框

6.6.3　任务：创建办公文件管理界面

在办公固定资产管理系统中，需要对固定资产的一些文字信息形成办公文件，并进行打开和保存，因此需要创建一个办公文件管理界面。完成后的办公文件管理界面如图6-28所示。

图6-28　办公文件管理界面

办公文件管理界面中的组件的类型及名称如表6-26所示。

表6-26　办公文件管理界面中的组件说明

控件类型	控件名称	说明
JLabel	filelbl	显示文件内容的文本
JTextArea	filetex	接受输入的文本或者打开的文件的文本域
JButton	openbtn	打开按钮
JButton	savebtn	保存按钮
JScrollPane	jpane	为文本域添加滚动条的滚动框

办公文件管理界面类**FileManagementPane**的代码如下：

```
import javax.swing.JFrame;
import javax.swing.JPanel;
import javax.swing.JLabel;
import javax.swing.JScrollPane;
import javax.swing.JTextArea;
import javax.swing.JButton;

public class FileManagementPane extends JPanel{
    private JLabel filelbl = null;
```

```
    public JTextArea filetex = null;
    public JButton openbtn = null;
    public JButton savebtn = null;
    public FileManagementPane() {
        super();
        initialize();
    }
    private void initialize() {
        filelbl = new JLabel();
        this.setLayout(null);
        filelbl.setText("文件内容:");
        filelbl.setBounds(20, 6, 55, 30);
        //创建文本域
        filetex=new JTextArea(30,20);
        //设置文本域自动换行
        filetex.setLineWrap(true);
        //为文本域添加滚动条
        JScrollPane jpane=new JScrollPane(filetex);
        jpane.setBounds(20, 30, 350, 200);
        openbtn=new JButton("打开");
        openbtn.setBounds(80, 235, 80, 30);
        savebtn=new JButton("保存");
        savebtn.setBounds(220, 235, 80, 30);
        this.setBounds(0, 0, 400, 300);
        this.add(filelbl, null);
        this.add(jpane, null);
        this.add(openbtn, null);
        this.add(savebtn, null);

    }

}
```

在该类中使用了一个新的组件**JTextArea**，该组件也是用来接收用户输入的文本的，与之前介绍的**JTextField**组件的功能类似，但是**JTextField**组件只能接收单行文本，而**JTextArea**组件可以接收多行多列的文本，并且可以设置自动换行功能，而且结合**JScrollPane**滚动框可以在显示的文本超出范围时自动加载滚动条。

第7章 Java SE 6的异常处理

在程序设计和运行的过程中，发生错误是不可避免的，这将使程序被迫停止。为此，Java提供了异常处理机制来帮助程序员检查可能出现的错误，保证了程序的可读性和可维护性。本章将向读者介绍异常处理的概念以及如何创建自定义异常等知识。

7.1 Java异常概述

在程序运行的过程中，错误可能产生于程序员没有预料到的各种情况或是由超出程序员控制之外的环境因素引起的。例如，试图打开一个根本不存在的文件。在Java中将这种在程序运行时可能出现的一些错误称为异常。异常是一个在程序执行期间发生的事件，它中断了正在执行的程序的正常执行流程。

针对异常，Java语言提供了一套错误处理机制，监视某段代码是否有异常产生，并且将各种异常集中进行处理，这就被称作异常处理。通过异常处理机制，可以将非正常情况下的处理代码与程序的逻辑代码分离，即在编写逻辑代码流程的同时在其他地方处理异常。

Java把异常当作对象来处理，并定义一个基类java.lang.Throwable作为所有异常类的超类。在Java中已经定义了许多异常类，这些异常类分为两大类，错误（Error）和异常（Exception）。Java异常体系结构呈树状，其层次结构图如图7-1所示。

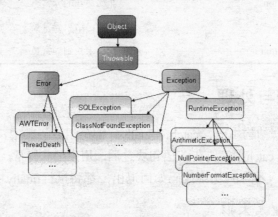

图7-1 异常类的继承关系

一般来说，Java程序不捕获也不抛出Error类的对象，而只处理Exception类的各子类对象。异常类Exception又分为运行时异常（RuntimeException）和非运行时异常，这两种异常也称之为不检查异常（Unchecked Exception）和检查异常（Checked Exception）。

运行时异常都是RuntimeException类及其子类异常，这些异常是不检查异常，程序中可以选择捕获处理，也可以不处理。这些异常一般是由程序逻辑错误引起的，程序应该从逻辑角度尽可能避免这类异常的发生。

非运行时异常是RuntimeException以外的异常，类型上都属于Exception类及其子类。从Java程序语法角度讲是必须进行处理的异常，如果不处理，程序就不能编译通过。例如，Java

中的I/O流操作，Java中的数据库操作等，都属于非运行异常，也就是说必须进行异常捕获，否则程序将无法正常通过编译，详细的内容将在本书后续章节中进行介绍。

Java中常见的异常类如表7-1所示。

表7-1　Java中常用的异常类

异常类	说明
ClassCastException	类型转换异常类
ClassNotFoundException	未找到相应类的异常类
ArithmeticException	算术异常类
ArrayIndexOutOfBoundsException	数组下标越界异常类
ArrayStoreException	数组中包含不兼容的值抛出的异常类
SQLException	操作数据库异常类
NullPointerException	对象未实例化的异常类
NoSuchFieldException	字段未找到异常类
NoSuchMethodException	方法未找到抛出的异常类
NumberFormatException	字符串转换为数字格式错误抛出的异常类
NegativeArraySizeException	数组元素个数为负数抛出的异常类
StringIndexOutOfBoundsException	字符串索引超出范围抛出的异常类
IOException	输入输出异常类
IllegalAccessException	非法访问的异常类
EOFException	文件已结束异常类
FileNotFoundException	文件未找到异常类

7.2　异常的捕获与处理

Java语言的异常捕获结构由try、catch、finally三部分组成。其中，try语句块存放的是可能发生异常的Java语句；catch程序块在try语句块之后，用来捕获异常；finally语句块是异常处理结构的最后执行部分，不管try块中代码如何退出，都将执行finally块。

7.2.1　Java异常处理基本形式

Java异常处理的一般形式如下：

```
try{
    正常程序语句块，其中某些方法调用可能会抛出异常
}
catch(<异常类1> <对象名1>){
    处理该种异常情况的语句块
}
catch(<异常类2> <对象名2>){
    处理该种异常情况的语句块
}
```

```
finally{
        不管是否出现异常都必须执行的语句块，如关闭文件连接
}
```

当程序运行中发生异常时，Java的异常处理机制将按以下步骤处理。

（1）产生异常对象，这个对象可以由系统产生，也可以在程序中用new创建，然后中断当前正在执行的代码，抛出异常对象。

（2）如果程序执行中产生多种不同的异常，则可以使用多个catch块来分别捕获这些异常。按照程序中catch的编写顺序查找合适的异常匹配，一旦找到就认为异常已经得到处理，不再进行进一步匹配。在匹配中，子类对象可以与父类的catch相匹配。

（3）如果有匹配则执行相应的处理代码，然后继续执行本try块之外的其他程序。否则这个没有被程序捕获的异常将由默认处理程序处理，默认处理程序将显示异常的字符串、异常发生位置等信息，并终止整个程序的执行并退出。

下面先来看一个没有使用异常处理的例子。

例7.1 应用程序中未使用异常处理

（1）在Eclipse中创建一个名称为ExceptionDemo的Java Project项目。

（2）在该项目中，创建一个名称为NullExceptionApp的Java类，并在打开的Java代码编辑器中编写该类，具体定义代码如下：

```
public class NullExceptionApp {
    public NullExceptionApp()
    {
        int d=0;
        //除数为零，将产生异常
        int a=10/d;
    }
    public static void main(String[] args)
    {
        new NullExceptionApp();
    }
}
```

该示例的运行结果如图7-2所示。

```
Exception in thread "main" java.lang.ArithmeticException: / by zero
        at NullExceptionApp.<init>(NullExceptionApp.java:7)
        at NullExceptionApp.main(NullExceptionApp.java:11)
```

图7-2 程序运行结果

通过图7-2所示的程序运行结果，可以看出，由于没有在程序中进行异常捕获，程序将在发生异常的位置终止，并由默认处理程序输出错误信息。

为了能够使程序在发生异常时也能够正常结束，在下面实例中添加上异常处理。

例7.2 应用程序中使用异常处理

在名称为ExceptionDemo的Java Project项目中，创建一个名称为ExceptionApp的Java类，并在打开的Java代码编辑器中编写该类，具体定义代码如下：

```
public class ExceptionApp {
```

```
    public ExceptionApp()
    {
    //监视代码段是否产生异常
        try{
         int d=0;
         int a=10/d;
         }
    //捕获异常并处理
        catch(Exception e)
        {
                System.out.println("除数为零");
        }
    //无论是否发生异常都执行
        finally{
                System.out.println("程序执行结束");
        }
    }
    public static void main(String[] args)
    {
            new ExceptionApp();
    }
}
```

图7-3　程序按照异常处理设
　　　置的流程正常结束

该示例的运行结果如图7-3所示。

通过图7-3所示的程序运行结果，可以看出，在程序中使用异常捕获后，当程序发生异常时，将按照预先设定的流程正常结束程序的执行。

7.2.2　try语句的嵌套

在Java异常处理中，try语句可以相互嵌套。try语句的嵌套又分为显式嵌套和隐式嵌套两种形式，下面分别进行讲解。

1. 显式嵌套

在程序中，某一个try块又包含另一个try块，当内层try块抛出异常对象时，首先对内层try块的catch语句进行检查，若与抛出的异常类型匹配则由该catch处理，否则由外层try块的catch处理。

例7.3　try语句的显式嵌套

在名称为ExceptionDemo的Java Project项目中，创建一个名称为EmbeddedExceptionApp的Java类，并在打开的Java代码编辑器中编写该类，具体定义代码如下：

```
public class EmbeddedExceptionApp {
    public EmbeddedExceptionApp()
    {
    //外层try块
        try{
                int i=1,j=0,f;
    //内层try块
                try{
                        int[] a={1};
```

```
                        a[1]=3;
                    }
                //捕获内层try块抛出的异常
                    catch(ArrayIndexOutOfBoundsException e){
                        System.out.println("数组下标越界: "+e);
                    }
                    f=i/j;
                }
            //捕获外层try块抛出的异常
                catch(ArithmeticException e){
                    System.out.println("除数为零: "+e);
                }
        }
        public static void main(String[] args)
        {
                new EmbeddedExceptionApp();
        }
    }
```

该示例的运行结果如图7-4所示。

数组下标越界: java.lang.ArrayIndexOutOfBoundsException: 1
除数为零: java.lang.ArithmeticException: / by zero

图7-4 显式嵌套的异常捕获

通过图7-4所示的程序运行结果，可以看出，内层try块中将产生数组下标越界异常，抛出异常后将终止内层try块的继续执行，内层try的catch捕获异常后，将输出下标越界信息并执行外层try块中的f=i/j语句，由于除数j为0所以将产生算数运算异常，并将被外层try的catch捕获。

2. 隐式嵌套

在两个方法中，若在方法1的try块中调用方法2，而方法2中又包含了一个try块，则方法1中的try块为外层，方法2中的try块为内层。

例7.4 try语句的隐式嵌套

在名称为ExceptionDemo的Java Project项目中，创建一个名称为ImplictExceptionApp的Java类，并在打开的Java代码编辑器中编写该类，具体定义代码如下：

```
    public class ImplictExceptionApp {
    public ImplictExceptionApp()
    {
            try{
                    int i=1,j=0,f;
                    Array();
                    f=i/j;
            }
            catch(ArithmeticException e){
                    System.out.println("除数为零: "+e);
            }
    }
        public void Array()
        {
```

```
        try{
                            int[] a={1};
                            a[1]=3;
                }
                catch(ArrayIndexOutOfBoundsException e){
                        System.out.println("数组下标越界: "+e);
                }
        }
    public static void main(String[] args)
    {
            new EmbeddedExceptionApp();
    }
}
```

该示例的运行结果与例7.5的运行结果完全相同。

7.3　回避异常

在上面介绍的Java异常的捕获和处理中，异常的抛出和处理往往都是在一个方法中完成的，若某个方法可能会发生异常，但又不想在当前方法中处理这个异常，这种异常处理方式就被称为回避异常。

7.3.1　throws语句

throws语句用于声明一个方法可能抛出的所有异常，这些异常要求在调用该方法的程序中进行处理。该语句的具体语法格式如下：

```
type <方法名>（参数列表）throws 异常类型列表{
        ......//方法体
    }
```

在该方法的定义中，方法体中抛出的异常并没有在方法体内部被捕获并处理，而是通过throws来声明可能产生的异常的类型，多个异常可使用逗号分隔，然后将异常处理交由调用该方法的程序去处理。

例7.5　回避异常

在名称为ExceptionDemo的Java Project项目中，创建一个名称为ThrowsApp的Java类，并在打开的Java代码编辑器中编写该类，具体定义代码如下：

```
public class ThrowsApp {
    //使用回避异常方式，在方法声明中指定可能产生的异常类型
    public static void divide() throws ArithmeticException
    {
    //产生异常
        try{
        int d=0;
         int a=10/d;
        }
        finally{
                System.out.println("程序执行结束");
        }
```

```
        }
        public static void main(String[] args)
        {
          //在调用divide()方法的代码中捕捉异常，并进行异常处理
              try{
                      divide();
              }
              catch(ArithmeticException e)
              {
                      System.out.println(e);
              }

        }
    }
```

在上述代码中，divide()方法可能产生异常，但是在该方法中却并没有对异常进行处理，而是采用了回避异常的方式，由调用该方法的代码进行捕获和处理。

7.3.2 throw语句

Java程序中的异常一般都是由系统抛出的，但是开发者也可以使用throw语句自行抛出异常。throw关键字通常用于方法体中，并且抛出一个异常对象。程序在执行到throw语句时立即终止，它后面的语句都不执行。通过throw抛出异常后，如果想在上一级代码中捕获并处理异常，则需要在抛出异常的方法中使用throws关键字在方法的声明中指明要抛出的异常类型。如果要捕捉throw抛出的异常，则必须使用try-catch语句。

例7.6 使用throw抛出异常

在名称为ExceptionDemo的Java Project项目中，创建一个名称为ThrowApp的Java类，并在打开的Java代码编辑器中编写该类，具体定义代码如下：

```
    public class ThrowApp {
       public static void divide() throws ArithmeticException
       {
         //使用throw抛出异常
            throw new ArithmeticException();
       }
       public static void main(String[] args)
       {
       //在调用divide()方法的代码中捕捉异常，并进行异常处理
            try{
                    divide();
            }
            catch(ArithmeticException e)
            {
                    System.out.println(e);
            }
       }
    }
```

在上述代码中，在divide()方法中使用throw抛出一个异常实例，而该方法并没有捕获这个异常，而是交由调用该方法的代码去处理。

7.4 用户自定义异常类

本章之前所介绍的都是Java提供的系统内置异常，使用Java内置的异常类可以描述在编程时出现的大部分异常情况。除此之外，用户还可以定义自己的异常类。用户自定义异常类时，必须继承Exception类。

在程序中定义和使用自定义异常类，大体可分为以下几个步骤。

（1）创建用户自定义异常类。

（2）在方法中通过throw关键字抛出异常对象。

（3）如果在当前抛出异常的方法中处理异常，可以使用try-catch语句捕获并处理；否则在方法的声明处通过throws关键字指明要抛出给方法调用者的异常，继续进行下一步操作。

（4）在出现异常方法的调用者中捕获并处理异常。

例7.7 使用用户自定义异常类

在名称为ExceptionDemo的Java Project项目中，创建一个名称为CustomExceptionApp的Java类，并在打开的Java代码编辑器中编写该类，具体定义代码如下：

```java
//自定义异常类，继承自Exception
class UserException extends Exception{
 int errorid;
 public int getErrID(){
        return errorid;
 }
//构造方法
 public UserException(String mess,int id){
        super(mess);
        errorid=id;
 }
//构造方法
 public UserException(String mess){
        this(mess,1);
 }
}
public class CustomExceptionApp {
 public static void divide() throws UserException
   {
   //使用throw抛出用户自定义异常
        throw new UserException("用户自定义异常");
   }
 public static void main(String[] args)
   {
//在调用divide()方法的代码中捕捉用户自定义异常，并进行异常处理
        try{
                divide();
        }
        catch(UserException e)
        {
                System.out.println(e);
        }

   }
}
```

在上述代码中，首先定义了用户自定义异常类UserException，然后在应用程序类中使用throw关键字来抛出用户自定义异常类的实例，后面对于用户自定义异常类的捕获和处理与系统内置的异常类完全相同。

该示例的运行结果如图7-5所示。

图7-5　显示用户自定义异常的信息

7.5　异常的使用原则

Java异常处理，特别是非运行时异常强制程序开发人员必须去考虑程序的强健性和安全性。异常处理不应该用来控制程序的正常流程，其主要作用是捕获程序在运行时发生的异常并进行相应的处理，以便程序可以在修整错误的基础上继续执行。因此，编写代码处理某个方法可能出现的异常时，应遵循以下几条原则。

- 简化代码，不要因加入异常处理而使程序变得复杂难懂。
- 尽可能在当前方法声明中使用**try-catch**语句捕获异常。
- 一个方法被覆盖时，覆盖它的方法必须抛出相同的异常或异常的子类。
- 如果父类抛出多个异常，那么覆盖方法必须抛出那些异常的一个子集，不能抛出新异常。

第8章 Java SE 6输入输出流编程

Java把对各种输入输出外设的操作都变成了对数据流的存取操作，这样的好处是，不管是对磁盘文件数据访问还是对网络文件的读写，程序代码对数据的处理都是一样的，只有建立连接的部分不一样而已。本章将重点讲解了Java语言的输入输出流，使读者深入掌握Java中输入输出的处理方法。

8.1 Java的I/O流概述

在计算机软件系统中，简单来讲，程序大体由3部分构成：数据输入，数据处理和数据输出。因此，输入输出是程序设计中的一个重要内容。任何程序都需要有数据输入，对输入的数据进行运行处理后，再将数据输出。

现代的计算机总是带有各种各样的外部设备，例如键盘、鼠标、硬盘和打印机等，这些设备通过I/O接口（也叫端口）与计算机相连接。在实际应用中，程序更多的是使用这些端口上连接的设备进行数据的输入输出操作。而其操作的对象，形象地称之为"数据流"。从程序的角度观察数据流动的方向，可以分为输入数据流和输出数据流。

Java语言把对各种输入输出外设的操作，都变成了对数据流的存取操作，这样的好处是不管对磁盘文件数据访问还是对网络文件读写，在程序代码中对数据的处理都是一样的，只有建立连接的部分不同而已。

Java将数据流的输入输出处理都放到了java.io包中，Java支持两种类型的数据流：字节流（binary stream）和字符流（character stream）。字节流为处理字节的输入输出提供了便利的方法，它在处理文件时也非常有用。字符流用于处理字符的输入输出，因为它使用Unicode编码，利于程序的国际化，而且在某些情况下，字符流比字节流效率更高。

在java.io包中，字节流和字符流分别由多层类的结构定义，其中InputStream和Output-Stream作为字节输入输出流的父类，Reader和Writer作为字符输入输出流的父类，它们都是抽象类。

字节输入输出流的层次结构如图8-1所示。

字符输入输出流的层次结构如图8-2所示。

Java中的流除了按照流所处理的数据类型划分字节流和字符流之外，还可以按照流的封装性划分为节点流和处理流。

可以从/向一个特定的I/O设备（如磁盘、网络）读/写数据的流，称为节点流。节点流也被称为低级流。

实现对一个已存在的流的连接和封装，通过所封装的流的功能调用实现数据读/写功能的流，称为处理流或封装流。处理流也被称为高级流。

在Java程序中，一般很少使用单个节点流访问数据，而是由多个不同功能的流对象的连接和封装形成处理流来处理数据。如图8-3所示就是一个输入封装流。

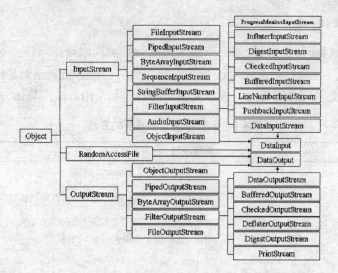

图8-1　字节输入输出流的层次结构

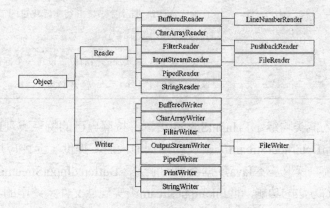

图8-2　字符输入输出流的层次结构

图8-3　输入封装流

如图8-4所示的是一个输出封装流。

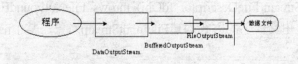

图8-4　输出封装流

8.2　Java的输入流

Java中的输入流是用来将I/O设备中的数据输入到程序中的。本章将按照输入数据的格式将输入流分为字节输入流和字符输入流进行讲解。

8.2.1 字节输入流

Java程序读取数据时，可以使用字节输入流从数据源读取数据字节。这种读取可以是一个一个字节地读取，也可以一次读取任意长度的字节块。InputStream类是Java所有字节输入流的父类。该类定义了所有字节输入数据流共有的特性和常用方法，具体方法如表8-1所示。

表8-1　字节输入流中共有的方法

方法	功能说明
read()	读取一个字节，并将它返回
read(byte[] buffer)	将数据读入一个字节数组，同时返回读取的字节数
read(byte[] buffer, int offset, int length)	将数据读入一个字节数组，放到数组的offset指定的位置开始，并用length来指定读取的最大字节数
close()	关闭输入流
available()	返回可以从输入流中读取的字节数
skip(long n)	在输入流中跳过n个字节，并将实际跳过的字节数返回
markSupported()	判断流是否支持标记功能
mark(int readlimit)	在支持标记的输入流的当前位置设置一个标记
reset()	返回到流的上一个标记，注意必须支持标记功能该方法才可用

其他具体的输入流类均继承自InputStream类，并按照自己的特性实现InputStream类中的上述抽象方法。例如DataInputStream类实现的数据输入流，提供了允许应用程序以与机器无关方式从底层输入流中读取基本Java数据类型的能力，BufferedInputStream类添加了缓冲输入和支持mark()和reset()方法的功能，而FileInputStream类实现从文件系统中的某个文件中获取输入字节的方法。

1. FileInputStream类

FileInputStream类继承自抽象类InputStream，实现了InputStream类中的抽象方法read()，将按字节的方式读取二进制文件中的数据。

FileInputStream类具有如下三个构造方法：

- public FileInputStream(String name) throws FileNotFoundException
- public FileInputStream(File file) throws FileNotFoundException
- public FileInputStream(FileDescriptor fdObj) throws FileNotFoundException

第一个构造方法使用文件名的方式构造FileInputStream对象，其中name是包含文件名的字符串，示例代码如下：

> FileInputStream fIns=new FileInputStream("mydata.bat");

在这里，文件名既可以使用相对路径，也可以使用绝对路径。但是文件必须存在，如果文件不存在，当程序试图构造FileInputStream对象时，就会抛出FileNotFoundException异常，提示程序试图打开一个不存在的文件。

第二个构造方法使用独立于平台的File类的对象来描述要访问的文件，如果文件存在并且可以读取则生成一个FileInputStream对象，否则抛出FileNotFoundException异常。其中File类的使用在后面详细介绍。示例代码如下：

```
File mf=new File("mydata.bat");
FileInputStream fIns=new FileInputStream(mf);
```

第三种构造方法使用文件描述符FileDescriptor类的对象创建一个FileInputStream对象，该文件描述符表示到文件系统中某个实际文件的现有连接。第三种构造方法一般很少用到，Java程序访问文件主要使用前两种构造方法。

例8.1 使用FileInputStream读取文件

（1）在Eclipse中创建一个名称为InputStreamDemo的Java Project项目。

（2）在项目中创建一个名称为vpn的文本文件，并在其中输入https://60.209.94.5字符串。

（3）在该项目中，创建一个名称为FileInputStreamDemo的Java类，并在打开的Java代码编辑器中编写该类，具体定义代码如下：

```java
import java.io.*;
public class FileInputStreamDemo {
    public static void main(String[] args)
    {
            //定义一个byte数组用于接收从文件中读出的字节
            //注意它的长度为1024
    byte[] buff = new byte[1024];
    int n;
    FileInputStream fis = null;
        //进行异常处理
    try
        {
            //创建FileInputStream对象fis准备读取文件
    fis = new FileInputStream("vpn.txt");
    //从文件读取数据
    while((n = fis.read(buff))!=-1)
    {
    // 写入System.out中
            System.out.write(buff, 0, n);
    }
        }
    catch (FileNotFoundException e)
        {
    System.out.println("没有找到文件");
    System.exit(1);
        }
    catch (IOException e)
        {
    System.out.println("");
        }
        //关闭输入流
    finally
        {
    try
            {
    fis.close();
            }
```

```
            catch (IOException  e)
                    {
        System.out.println("文件错误");
        System.exit(1);
                    }
                }
            }
        }
```

在该类中，使用FileInputStream类的read((byte [] b)方法，输入流中将最多b.length个字节的数据读入一个byte数组中，返回值为读入的字节个数，当读到文件结尾时，该方法将返回-1，所以如果没有读到文件结尾，while()循环就将一直执行下去。该示例的运行结果如图8-5所示。

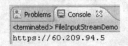

图8-5　显示通过FileInputStream读取的文件内容

2. BufferedInputStream类

BufferedInputStream类是一个处理流，它并不直接与系统中具体的文件连接，而是通过对一个节点流的封装，为该输入流提供缓冲功能，从而加速文件的读取速度。

BufferedInputStream类的构造函数具体语法格式如下：

> public BufferedInputStream(InputStream in)

其参数不是具体文件，而是另一个输入流对象。

构造BufferedInputStream对象的示例代码如下：

```
FileInputStream fIns=new FileInputStream("mydata.dat");
BufferedInputStream bIns=new BufferedInputStream(fIns);
```

其中fIns对象直接连接到"mydata.dat"文件，而bIns对象为输入流fIns对象提供数据缓冲功能。

例8.2　使用BufferedInputStream读取文件

在名称为InputStreamDemo的Java Project项目中，创建一个名称为BufferedInputStreamDemo的Java类，并在打开的Java代码编辑器中编写该类，具体定义代码如下：

```
import java.io.*;
import java.util.*;

public class BufferedInputStreamDemo {
    public static void main( String[] args) throws IOException{
            System.out.println("BufferInputStream Test");
        //声明FileInputStream对象
            FileInputStream fIns;
            int count=0;
            System.out.println("start buffer - "+ new Date());
    //创建FileInputStream对象
            fIns=new FileInputStream("vpn.txt");
    //使用FileInputStream对象来创建BufferedInputStream对象
            BufferedInputStream bIns=new BufferedInputStream(fIns);
```

```
                //使用缓冲功能读取数据
                while(bIns.read()!=-1){count++;}
                bIns.close();
                System.out.println("读取了"+count+"字节数据");
                System.out.println("end  buffer - "+ new Date());
                System.out.println();
                count=0;
                System.out.println("start no buffer - "+ new Date());
        //创建FileInputStream对象
                fIns=new  FileInputStream("vpn.txt");
        //不使用功能缓冲功能读取数据
                while(fIns.read()!=-1){count++;}
                fIns.close();
                System.out.println("读取了"+count+"字节数据");
                System.out.println("end no buffer - "+ new Date());
        }
    }
```

该示例的运行结果如图8-6所示。

```
BufferInputStream Test
start buffer - Mon Mar 23 15:47:15 CST 2009
读取了3815456字节数据
end  buffer - Mon Mar 23 15:47:15 CST 2009

start no buffer - Mon Mar 23 15:47:15 CST 2009
读取了3815456字节数据
end no buffer - Mon Mar 23 15:47:22 CST 2009
```

图8-6　是否使用缓冲功能的比较

在该示例中对同一个数据文件进行读取，第一次使用BufferedInputStream类作为输入流，第二次没有使用BufferedInputStream类，而直接使用的FileInputStream类作为输入流，从运行结果中可以看出两次读取数据的速度有明显的不同。使用带缓冲功能的BufferedInputStream类的速度明显快。这里需要提醒读者的是，读取的数据文件必须足够大，至少要有百万字节以上才能够看出两者的差别。

3. DataInputStream类

DataInputStream类用来完成对各种Java基本数据类型数据的读取工作，它也是一种处理流。

DataInputStream类的构造函数的具体语法格式如下：

```
public  DataInputStream(InputStream  in)
```

其参数也不是具体文件，而是另一个输入流对象，在实际应用中往往由**BufferedInputStream**类的实例来充当。

构造**DataInputStream**对象的示例代码如下：

```
FileInputStream fIns=new FileInputStream("mydata.dat");
BufferedInputStream bIns=new BufferedInputStream(fIns);
DataInputStream dIns=new DataInputStream(bIns);
```

DataInputStream类中为程序提供了直接从输入流中读取指定数据类型数据的方法，例如：

- public final int readInt() throws IOException：读取int类型数据。
- public final double readDouble() throws IOException：读取double类型数据。

· public final char readChar()throws IOException： 读取char类型数据。

· public final boolean readBoolean()throws IOException： 读取boolean类型数据。

在使用DataInputStream输入流时需要注意：DataInputStream类必须和DataOutputStream类匹配使用，只有使用DataOutputStream输出流写入到文件中的数据，才能使用DataInputStream输入流读取，而且从文件中读取数据类型时的顺序要和写入文件时数据类型的顺序一致，否则读取的结果将出错。

例8.3 使用DataInputStream读取文件

在名称为InputStreamDemo的Java Project项目中，创建一个名称为DataInputStreamDemo的Java类，并在打开的Java代码编辑器中编写该类，具体定义代码如下：

```java
import java.io.*;

public class DataInputStreamDemo {
    public static void main( String[] args) throws IOException{
        System.out.println("DataInputStream Test");
//创建FileOutputStream对象
        FileOutputStream fOuts=new FileOutputStream("mydata.dat");
 //创建BufferedOutputStream对象
        BufferedOutputStream bOuts=new BufferedOutputStream(fOuts);
 //创建DataOutputStream对象
        DataOutputStream dOuts=new DataOutputStream(bOuts);
//向文件中写入数据
        dOuts.writeChar('中');
        dOuts.writeBoolean(true);
        dOuts.writeDouble(3.1415926);
        dOuts.writeInt(75);
        //关闭文件
        dOuts.close();
        //创建FileInputStream对象
        FileInputStream fIns=new FileInputStream("mydata.dat");
//创建BufferedInputStream对象
        BufferedInputStream bIns=new BufferedInputStream(fIns);
//创建DataInputStream对象
        DataInputStream dIns=new DataInputStream(bIns);
//读取数据
        char c=dIns.readChar();
        boolean b=dIns.readBoolean();
        int i=dIns.readInt();
        double d=dIns.readDouble();
        //关闭文件
        dIns.close();
        System.out.println("字符="+c+"\n布尔="+b+"\n浮点数="+d+"\n整形数="+i);
    }
}
```

该类中向文件中写入数据的DataOutputStream输出流的相关内容将在稍后的6.3.1小节中详细介绍。该示例的运行结果如图8-7所示。

在上述示例中，写入数据时，写入是按字符数据，布尔数据true，浮点类型3.1415926和整型75顺序写入的，而读取的顺序前两个不变，只是浮点类型和整型类型交换了一下，通过如图8-7所示的运行结果可以看到，读取的结果与写入的结果完全不同，其中"浮点数"和"整型数"的值出错了，由此可见，使用DataInputStream类读取数据时必须注意读取的数据类型的顺序。

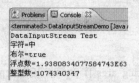

图8-7 使用DataInputStream读取的文件内容

8.2.2 字符输入流

文本文件是由字符构成，在Java中，字符采用Unicode编码，一个字符占双字节。上一小节中介绍了字节输入流，现在将介绍直接读取字符的字符输入流。字符输入流的父类是Reader，Reader和InputStream一样，用于从流中读取数据。它和InputStream的区别在于，InputStream以字节为单位，而Reader以字符为单位。Reader类也是一个抽象类，该类定义了所有字符输入数据流共有的特性和常用方法，具体方法如表8-2所示。

表8-2 字符输入流中共有的方法

方法	功能说明
read()	用于从流中读出一个字符，并将它返回
read(char[] buffer)	将从流中读出的字符放到字符数组buffer中，返回读出的字符数
read(char[] buffer,int offset,int length)	将读出的字符放到字符数组指定的offset开始的空间，每次最多读出length个字符
close()	关闭输入流
ready()	判断流是否已经准备好被读取
skip(long n)	在输入流中跳过n个字节，并将实际跳过的字节数返回
markSupported()	判断流是否支持标记功能
mark(int readAheadLimit)	在支持标记的输入流的当前位置设置一个标记
reset()	返回到流的上一个标记，注意必须支持标记功能该方法才可用

在实际开发中读取文本文件时常用FileReader类和BufferedReader类按字符读取输入流中的数据。

1. FileReader类

FileReader类是节点流，提供了打开文本文件和按字符或字符块读取文件的功能。其常用构造方法如下：

    public FileReader(String fileName) throws FileNotFoundException

其中fileName为要打开的文本文件的名称，可以是相对地址也可以是绝对地址。如果文件不存在将会抛出FileNotFoundException异常，表示打开文件失败。

例8.4 使用FileReader读取文件

（1）在Eclipse中创建一个名称为ReaderDemo的Java Project项目。

（2）在项目中创建一个名称为**vpn**的文本文件，并在其中输入**https://60.209.94.5**字符串。

（3）在该项目中，创建一个名称为**FileReaderDemo**的Java类，并在打开的Java代码编辑器中编写该类，具体定义代码如下：

```java
import java.io.*;

public class FileReaderDemo {
    public static void main(String args[]) throws IOException
    {
        //建立可容纳1024个字符的数组
        char data[]=new char[1024];
        //建立FileReader的对象fr
        FileReader fr=new FileReader("vpn.txt");
        //将数据读入字符列表data内
        int num=fr.read(data);
        //将字符列表转换成字符串
        String str=new String(data,0,num);
        //输出在控制台
        System.out.println("Characters read= "+num);
        System.out.println(str);
        fr.close();
    }
}
```

在该示例中使用**FileReader**输入流来读取文件，输入流是以字节的形式进行读取的，因此读入到程序中的文本是字节，为了将读取内容打印出来，还需要将字节转换成字符串。该示例的运行结果如图8-8所示。

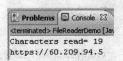

图8-8　显示通过**FileReader**读取的文件内容

2. BufferedReader类

BufferedReader类与**BufferedInputStream**类的作用是一样的，为基本字符输入流提供了数据缓冲功能。其常用构造方法如下：

> public BufferedReadert(Reader in)

其参数不是具体文件，而是另一个字符输入流对象。

BufferedReader类还实现了按行读取文件内容的功能，因此使用起来更加便利。**BufferedReader**类的**readLine()**方法按字符串类型一次返回文本文件中一行的内容，如果读到文件的结尾，则返回**null**值表示读取结束。

例8.5　使用BufferedReader读取文件

在名称为**ReaderDemo**的**Java Project**项目中，创建一个名称为**BufferedReaderDemo**的Java类，并在打开的Java代码编辑器中编写该类，具体定义代码如下：

```java
import java.io.*;

public class BufferedReaderDemo {
```

```java
public static void main (String[] args) {
    String record = null;
    int recCount = 0;
    try {
//创建FileReader对象
        FileReader fr = new FileReader("vpn.txt");
//使用FileReader对象来创建BufferdeReader对象
        BufferedReader br = new BufferedReader(fr);
        record = new String();
//调用readLine()方法循环读取文本文件，直到返回null，表示读取结束
        while ((record = br.readLine()) != null) {
//计算行号
                recCount++;
//输出行号和文本内容
                System.out.println("Line" + recCount + ": " + record);
        }
        br.close();
        fr.close();
    } catch (IOException e) {
        e.printStackTrace();
    }
}
}
```

该示例的运行结果如图8-9所示。

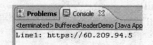

图8-9　显示通过BufferedReader读取的文件内容

8.2.3　任务：打开办公文件

在本书第6章的6.6.3小节中，已经创建了办公固定资产管理系统中的办公文件管理界面，在本小节中，为该界面添加上功能，使用户单击"打开"按钮后，能够在弹出的文件选择对话框中选中要打开的文件，并将文件显示在界面的**JTextArea**组件中。

（1）修改办公文件管理界面的代码，在其中添加事件监听器类，并在对应的打开按钮上添加监听，具体代码定义如下：

```java
import javax.swing.JFrame;
import javax.swing.JPanel;
import javax.swing.JLabel;
import javax.swing.JScrollPane;
import javax.swing.JTextArea;
import javax.swing.JButton;
//引入监听器类
import contorl.FMControl;

public class FileManagementPane extends JPanel{
    private JLabel filelbl = null;
    public JTextArea filetex = null;
    public JButton openbtn = null;
```

```java
        public JButton savebtn = null;
        public FileManagerFrame frame;
         //声名监听器对象
        private FMControl fmc;
        public FileManagementPane(FileManagerFrame frame) {
              super();
              initialize();
              this.frame=frame;
        }
        private void initialize() {

                  filelbl = new JLabel();
            this.setLayout(null);
            filelbl.setText("文件内容:");
            filelbl.setBounds(20, 6, 55, 30);
            filetex=new JTextArea(30,20);
            filetex.setLineWrap(true);
            JScrollPane jpane=new JScrollPane(filetex);
            jpane.setBounds(20, 30, 350, 200);
            openbtn=new JButton("打开");
            openbtn.setBounds(80, 235, 80, 30);
            savebtn=new JButton("保存");
            savebtn.setBounds(220, 235, 80, 30);
            this.setBounds(0, 0, 400, 300);
            this.add(filelbl, null);
            this.add(jpane, null);

            this.add(openbtn, null);
            this.add(savebtn, null);
            //实例化监听器类的对象
            fmc=new FMControl(this);
            //为按钮添加监听器类
            openbtn.addActionListener(fmc);
        }

    }
```

（2）创建监听器类**FMControl**，具体代码定义如下：

```java
    import java.awt.event.ActionEvent;
    import java.awt.event.ActionListener;
    import java.io.BufferedReader;
    import java.io.FileReader;
    import java.io.IOException;

    import view.FileManagementPane;

    public class FMControl implements ActionListener {
       private FileManagementPane pane;

       public FMControl(FileManagementPane pane) {
            this.pane=pane;

       }
       public void actionPerformed(ActionEvent e)
       {
            //判断获取的事件源
            Object button=e.getSource();
```

```
                StringBuffer text= new StringBuffer();
                if(button==pane.openbtn)
                {
                //显示文件选择对话框
                        pane.frame.file.setVisible(true);
                        try {
                                //根据文件选择对话框中选中的文件的目录和名称构造FileReader对象
                                FileReader fr = new FileReader(pane.frame.file.getDirectory()+pane.frame
.file.getFile());

                                BufferedReader br = new BufferedReader(fr);
                                String record = new String();
                        //读取文件内容，并显示在JTextArea组件中
                                while ((record = br.readLine()) != null) {
                                        text.append(record);

                                }
                                pane.filetex.setText(text.toString());
                                br.close();
                                fr.close();
                        } catch (IOException ex) {
                                ex.printStackTrace();
                        }
                }
            }
        }
```

（3）创建办公文件管理窗体类FileManagerFrame，具体代码定义如下：

```
        import java.awt.FileDialog;
        import javax.swing.JFrame;

        public class FileManagerFrame extends JFrame{
            public FileDialog file;
            public FileManagementPane pane;
            public FileManagerFrame()
            {
                //实例化文件选择对话框
                        file=new FileDialog(this, "打开文件", FileDialog.LOAD);
                        pane=new FileManagementPane(this);
                        getContentPane().add(pane);
                        setSize(400, 300);
                        setVisible(true);

            }
            public static void main(String[] args)
            {
                        new FileManagerFrame();

            }
        }
```

打开办公文件的运行界面步骤如下：

在办公文件管理界面中单击"打开"按钮，将弹出如图8-10所示的文件选择对话框，在其中选中要打开的办公文件。

单击文件选择对话框的"打开"按钮后，文件将显示在办公文件管理界面中的JTextArea组件中，如图8-11所示。

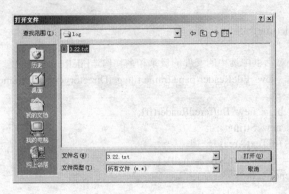

图8-10 选择要打开的办公文件   图8-11 打开办公文件

8.3 Java的输出流

Java中的输出流与输入流正好相反，是用来将程序中计算后的数据输入到I/O设备中的。本节将按照输出数据的格式将输出流分为字节输出流和字符输出流进行讲解。

8.3.1 字节输出流

OutputStream类是所有字节输出流的抽象父类，它提供了所有字节输出数据流共有的特性和常用方法，允许子类在继承父类的基础上实现各自向输出流中写入字节数据的方法，具体方法如表8-3所示。

表8-3 字节输出流中共有的方法

方法	功能说明
write(int c)	将一个字节写入当前输出流
write(byte[ ] buffer)	将一个字节数组中的数据写入当前输出流
write(byte[ ] buffer, int offset, int length)	将指定字节数组中从offset开始的length个字节写到当前输出流
close()	关闭输出流
flush()	刷新当前输出流，将任何缓冲输出的字节输出到此流中

与之前介绍字节输入流相对应，字节输出流中常用的是FileOutputStream、BufferedOutputStream以及DataOutputStream类。下面将具体介绍这些字节输出流的使用。

1. FileOutputStream类

FileOutputStream类是文件字节输出流的节点类，该类实现了OutputStream类中的抽象方法write()，将按字节的方式向二进制文件中写入数据。

FileOutputStream类具有如下四个构造方法：

- public FileOutputStream(File file) throws FileNotFoundException
- public FileOutputStream(File file,boolean append) throws FileNotFoundException
- public FileOutputStream(String name) throws FileNotFoundException

· public FileOutputStream(String name,boolean append) throws FileNotFoundException

其中前两种使用File类的对象连接文件，而后两种直接使用文件名打开文件。只有一个参数的构造方法在打开文件时，不管文件是否存在，都直接创建一个新文件，如果源文件存在，则内容会被完全清除覆盖；而在有两个参数的构造方法中，如果append参数为true值，表示以追加的方式打开文件，程序输出的数据被添加到文件的尾部，否则将以覆盖的方式打开文件，效果与只有一个参数的构造方法一致。

在FileOutputStream类中还提供了flush()方法，其作用是将系统缓冲区的输出内容写入到磁盘文件中，因为FileOutputStream类的write()方法只是将数据写到输出流中，如果操作系统提供了缓冲功能，数据会被先输出到缓冲区，并没有将数据写到磁盘文件中，只有在调用了flush()方法或close()方法后，缓冲区中的数据才会被写入磁盘文件中，所以如果程序在非正常结束前没有关闭文件，就会丢失部分数据。在向输入流中写入大量数据后，如果不关闭文件，一般使用flush()方法将数据从缓冲区写入磁盘文件，确保数据不丢失。

例8.6 使用FileOutputStream向文件写入数据

（1）在Eclipse中创建一个名称为OutputStreamDemo的Java Project项目。

（2）在项目中创建一个名称为myfile的文本文件。

（3）在该项目中，创建一个名称为FileOutputStreamDemo的Java类，并在打开的Java代码编辑器中编写该类，具体定义代码如下：

```java
import java.io.*;
public class FileOutputStreamDemo {
    public static void main(String args[]) {
        //声明一个FileOutputStream变量
        FileOutputStream out;
        //声明一个PrintStream流
        PrintStream p;

        try {
            //建立一个FileOutputStream对象
            out = new FileOutputStream("myfile.txt");
            //将PrintStream连接到OutputStream
            p = new PrintStream( out );
            //通过PrintStream向OutputStream输出一条句子，OutputStream会将它写入到文件中
            p.println ("面朝大海，春暖花开");
            p.close();
        } catch (Exception e) {
            System.err.println ("Error writing to file");
        }
    }
}
```

该示例运行后，将把数据写入到文本文件中，打开文本文件将看到如图8-12所示的内容。

图8-12　通过FileOutputStream写入到文件中的内容

2. BufferedOutputStream类

BufferedOutputStream类实现带缓冲功能的输出流。通过设置这种输出流，应用程序就可以将各个字节写入底层输出流中，而不必针对每次字节写入调用底层系统。

BufferedOutputStream类的构造函数为：

```
public BufferedOutputStream(OutputStream out)
```

其参数是另一个输出流对象。

构造BufferedOutputStream对象的示例代码如下：

```
FileOutputStream fOuts=new FileOutputStream("mydata.dat");
BufferedOutputStream bOuts=new BufferedOutputStream(fOuts);
```

其中fOuts是FileOutputStream对象，提供了和底层文件的连接，以及基本的字节输出功能，而bOuts对象使用fOuts对象来创建，为输出提供缓冲功能，提高数据的写入速度。

例8.7 使用BufferedOutputStream向文件写入数据

在名称为OutputStreamDemo的Java Project项目中，创建一个名称为BufferedOutputStream-Demo的Java类，并在打开的Java代码编辑器中编写该类，具体定义代码如下：

```java
import java.io.BufferedInputStream;
import java.io.BufferedOutputStream;
import java.io.FileInputStream;
import java.io.FileOutputStream;

public class BufferedOutputStreamDemo {
    public static void main(String[] args) throws Exception {
        BufferedInputStream bis = null;
        BufferedOutputStream bos = null;
        //创建带缓冲的输入流
        FileInputStream fis = new FileInputStream("myfile.txt");
        bis = new BufferedInputStream(fis);
        //创建带缓冲的输出流
        FileOutputStream fos = new FileOutputStream("mycopy.txt");
        bos = new BufferedOutputStream(fos);
        int byte_;
          //将从myfile.txt文件中读取出的字节写入到mycopy.txt中
        while ((byte_ = bis.read()) != -1)
          bos.write(byte_);
          //关闭输出流
        bos.close();
          //关闭输入流
        bis.close();
    }

}
```

在上述示例中，通过带缓冲的输入流读取myfile.txt文件中的数据，然后通过带缓冲的输出流写入到mycopy.txt文件中，实际上实现了一个文件复制的功能。该示例运行后，刷新Eclipse中的项目，将会看到在项目下出现一个名称为mycopy的文本文件，打开该文件后将会看到，该文件中的内容与之前的myfile.txt文件中的内容完全一致，如图8-13所示。

图8-13 使用BufferedOutputStream向文件写入的内容

3. DataOutputStream类

DataOutputStream类用来将各种Java基本数据类型的数据直接写入输出流中。其中定义了一些直接写入数据类型数据到输出流的方法，例如：

- public final void writeInt(int v) throws IOException：int类型数据写入。
- public final void writeChar(int v) throws IOException：char类型数据写入。
- public final void writeBoolean(boolean v) throws IOException：boolean类型数据写入。
- public final void writeDouble(double v) throws IOException：double类型数据写入。

例8.8 使用DataOutputStream写入数据

在名称为OutputStreamDemo的Java Project项目中，创建一个名称为DataOutputStream-Demo的Java类，并在打开的Java代码编辑器中编写该类，具体定义代码如下：

```java
import java.io.*;

public class DataOutputStreamDemo {
    public static void main( String[] args) throws IOException{
        System.out.println("OutputStream Test");
        //创建FileOutputStream对象
        FileOutputStream fOuts=new FileOutputStream("mydata.dat");
        //创建BufferedOutputStream对象
        BufferedOutputStream bOuts=new BufferedOutputStream(fOuts);
        // 创建DataOutputStream对象
        DataOutputStream dOuts=new DataOutputStream(bOuts);
        //向文件写入数据
        dOuts.writeChar('中');
        dOuts.writeBoolean(true);
        dOuts.writeDouble(3.1415926);
        dOuts.writeInt(75);
        dOuts.flush();
        dOuts.close();
    }
}
```

在该实例中首先声明一个FileOutputStream对象连接数据文件，然后声明一个Buffered-OutputStream类对象提供数据缓冲区，包装FileOutputStream对象，最后通过DataOutputStream类对象将数据直接写入数据流。

这里需要注意的是，用DataOutputStream对象输出的文件是二进制文件，不能直接使用记事本打开，必须使用DataInputStream对象读出。读者可以参看本章例8.3中的操作。

8.3.2 字符输出流

字符输出流与上一小节中介绍的字节输出流的区别就在于输出流中的数据是以字符为单位的。字符输出流的父类是Writer。Writer类也是一个抽象类，该类定义了所有字符输出数据流共有的特性和常用方法，具体方法如表8-4所示。

表8-4 字符输出流中共有的方法

方法	功能说明
write(int c)	将参数c的低16位组成字符写入到输出流中
write(char[] buffer)	将字符数组buffer中的字符写入到输出流中
write(char[] buffer, int offset, int length)	将字符数组buffer中从offset开始的length个字符写入到输出流中
write(String string)	将string字符串写入到输出流中
write(String string, int offset, int length)	将字符string中从offset开始的length个字符写入到输出流中
close()	关闭输出流
flush()	刷新当前输出流，将任何缓冲输出的字符输出到此流中

在实际开发中常用FileWriter、BufferedWriter以及PrintWriter类按字符向输出流中写入数据。

1. FileWriter类

FileWriter是用来写入字符文件的节点类。此类的构造函数已经设置默认字符编码和默认字节缓冲区大小。其构造函数主要有以下几种：

- public FileWriter(File file) throws IOException
- public FileWriter(File file,boolean append) throws IOException
- public FileWriter(String name) throws IOException
- public FileWriter(String name,boolean append) throws IOException

其参数的含义与FileOutputStream类的构造函数中的参数一致，这里就不再赘述了。

例8.9 使用FileWriter写入数据

（1）在Eclipse中创建一个名称为WriterDemo的Java Project项目。

（2）在该项目中，创建一个名称为FileWriterDemo的Java类，并在打开的Java代码编辑器中编写该类，具体定义代码如下：

```java
import java.io.*;
public class FileWriterDemo {
    public static void main (String[] args) {
        try {
        //创建FileWriter对象
            FileWriter fw = new FileWriter("mydata.txt");
        //向输出流中写入字符串
            fw.write("面朝大海，春暖花开！");
        //关闭输出流
            fw.close();
        } catch (IOException e) {
            e.printStackTrace();
        }
    }
}
```

该示例运行后，将把数据写入到文本文件中，打开文本文件将看到如图8-14所示的内容。

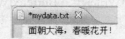

图8-14　通过FileWriter写入到文件中的内容

2. BufferedWriter类

BufferedWriter类将文本写入字符输出流，缓冲各个字符，从而提供单个字符、数组和字符串的高效写入。BufferedWriter在构造时可以指定缓冲区的大小，或者接受默认的大小。在大多数情况下，默认值就足够大了。

该类提供了newLine()方法，它使用平台自己的行分隔符，需要注意的是并非所有平台都使用新行符（'\n'）来作为行分隔符。因此调用此方法来终止每个输出行要优于直接写入新行符。

例8.10　使用BufferedWriter写入数据

在名称为WriterDemo的Java　Project项目中，创建一个名称为BufferedWriterDemo的Java类，并在打开的Java代码编辑器中编写该类，具体定义代码如下：

```java
import java.io.BufferedWriter;
import java.io.FileWriter;
import java.io.IOException;

public class BufferedWriterDemo {
    public static void main (String[] args) {
        try {
        //创建FileWriter对象
            FileWriter fw = new FileWriter("mydata1.txt");
        //使用FileWriter对象构造BufferedWriter对象
            BufferedWriter bw=new BufferedWriter(fw);
        //向带缓冲的输出流写入字符串
            bw.write("面朝大海，春暖花开！");
        //写入分隔符
            bw.newLine();
        //关闭输出流
            bw.close();
            fw.close();
        } catch (IOException e) {
            e.printStackTrace();
        }
    }
}
```

该示例运行后，将把数据写入到文本文件中，打开文本文件将看到如图8-15所示的内容。

图8-15　通过BufferedWriter写入到文件中的内容

3. PrintWriter类

PrintWriter类用来向输出流写入对象的格式化表示形式。它是一个处理流，不能直接操作文件，而且该类中的方法不会抛出I/O异常。

下述通过示例演示如何使用PrintWriter类、BufferedWriter类以及FileWriter类组成字符输出流链，格式化输出各种Java数据类型。

例8.11 使用PrintWriter实现格式化输出

在名称为WriterDemo的Java Project项目中，创建一个名称为PrintWriterDemo的Java类，并在打开的Java代码编辑器中编写该类，具体定义代码如下：

```java
import java.io.*;
public class PrintWriterDemo {
    public static void main(String[] args){
    System.out.println("测试文本文件写入");
        //声明FileWriter、BufferedWriter和PrintWriter对象
            FileWriter fw=null;
            BufferedWriter bw=null;
            PrintWriter pw=null;
            try{
        //创建FileWriter、BufferedWriter和PrintWriter对象
            fw=new FileWriter("mydata2.txt");
            bw=new BufferedWriter(fw);
            pw=new PrintWriter(bw);
            //使用PrintWriter对象向文件写入各种Java数据类型格式的数据
            pw.println(100);
            pw.println(3.1415);
            pw.println(false);
            pw.println("我");
        }catch(FileNotFoundException    e){
            System.out.println("文件不存在-"+e.getMessage());
        }catch(IOException ex){
            System.out.println("文件读取错误-"+ex.getMessage());
        }
        finally{
            if (pw!=null){
                pw.close();
            }
        }
    }
}
```

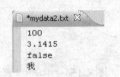

图8-16 通过PrintWriter写入到文件中的各种Java数据类型

程序首先声明FileWriter对象，然后通过封装FileWriter对象创建一个BufferedWriter对象用以提供数据缓冲区，最后通过PrintWriter对象把程序中的数据输入到文本文件中。

该示例运行后，将把数据写入到文本文件中，打开文本文件将看到如图8-16所示的内容。

从输出的文件内容可以看出，PrintWriter类将各种Java数据类型格式化成字符串输出到文本文件。

8.3.3 任务：保存办公文件

在8.2.3小节的任务中，已经实现了办公文件的打开功能，本小节将继续实现办公文件的保存。

（1）修改办公文件管理界面的代码，在其中的initialize()方法中为对应的保存按钮添加监听，具体添加的代码定义如下：

```
savebtn.addActionListener(fmc);
```

（2）在监听器类**FMControl**的**actionPerformed()**方法中添加对保存按钮的事件处理代码，具体代码定义如下：

```
if(button==pane.savebtn)
    {
            try{
            pane.frame.savefile.setVisible(true);
            System.out.println(pane.frame.savefile.getDirectory()+pane.frame.savefile.getFile());
            FileWriter  fw  =  new  FileWriter(pane.frame.savefile.getDirectory()+pane.frame
.savefile.getFile());
            BufferedWriter bw = new BufferedWriter(fw);
            bw.write(pane.filetex.getText());
            bw.close();
            fw.close();
    } catch (IOException ex) {
            ex.printStackTrace();
    }
    }
```

（3）在办公文件管理窗体类**FileManagerFrame**中声明保存文件对话框，具体代码定义如下：

```
package view;
import java.awt.FileDialog;
import javax.swing.JFrame;
public class FileManagerFrame extends JFrame{
    public FileDialog file;
    public FileDialog savefile;
    public FileManagementPane pane;
    public FileManagerFrame()
    {
            file=new FileDialog(this, "打开文件", FileDialog.LOAD);
            savefile=new FileDialog(this, "保存文件", FileDialog.SAVE);
            pane=new FileManagementPane(this);
            getContentPane().add(pane);
            setSize(400, 300);
            setVisible(true);

    }
    public static void main(String[] args)
    {
            new FileManagerFrame();

    }
}
```

保存办公文件的运行界面步骤如下：

在办公文件管理界面中的**JTextArea**组件中输入办公文件内容，如图8-17所示。

单击“保存”按钮，将弹出如图8-18所示的文件保存对话框，在其中设置办公文件要保存的路径和名称。

图8-17　输入办公文件内容　　　　　图8-18　设置要保存的办公文件的名称和路径

单击文件保存对话框的"保存"按钮后，文件将保存在指定的路径中。可以在Windows中打开保存的文件查看内容，如图8-19所示。

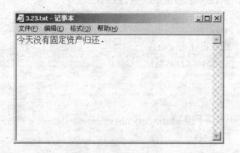

图8-19　查看保存后的办公文件

8.4　Java的文件类

文件系统是操作系统为用户提供的重要系统功能之一，然而不同的操作系统，实现文件系统的方法不尽相同，如在Windows系统中的路径分隔字符是"\"，其文件名大小写不敏感，而在UNIX系统中的路径分隔字符却是"/"，文件名大小写敏感。操作系统的差异造成文件管理的不一致。Java是如何解决这个问题呢？

Java是通过File类来解决这个问题，File类提供统一的方法管理各种操作系统中的文件和目录，如复制、删除、创建、移动文件，建立、删除、重命名目录，获取文件和目录的各种属性等。

8.4.1　文件类概述

程序运行时有时需要输入或者输出大量信息，直接用键盘或显示器显示显然不太合适，这时可以利用文件，要输入的信息预先保存到磁盘文件中，程序运行时直接从文件读入信息，程序的大量输出也可以直接写入磁盘文件。在Java中要通过程序对磁盘文件进行操作，需要使用File类。File类不是流，不负责数据的输入和输出，而专门用来管理磁盘文件和目录的。

File类常用的构造方法有如下三种：

- public File(String pathname)
- public File(String parent,String child)
- public File(File parent, String child)

其中第一种构造方法直接使用一个字符串表示的文件或目录名创建File对象，在这里参数pathname可以使用绝对路径来表示，也可以使用相对路径表示，示例代码如下：

```
File mf=new("c:\java\mydata.txt");
```

上述代码创建了一个File对象mf，表示C盘java目录中的mydata.txt文件。

```
File mfo=new("mydata.txt");
```

上述代码创建了一个File对象mfo，表示程序当前目录中的mydata.txt文件。

在创建File对象时，并不要求其表示的文件或目录必须存在，也就是说，可以为一个不存在的文件建立一个File对象。因此在使用File对象时，应当先使用File类的exists()方法判断一下其代表的文件是否存在。exists()方法将返回一个布尔类型的值，如果返回值为true则表示文件存在，如果为false则表示文件不存在，示例代码如下：

```
if (mf.exists()) {
//mf对象代表的文件存在，可以进行其他操作
......
}
```

此外，由于File对象即可以表示文件，也可以表示路径，因此在使用时还需要判断一下File对象表示的是文件还是目录，因为在File类的方法中，有些方法是操作文件的，而另一些是操作目录的。使用isFile()方法判断是否为文件，其返回值为true则表示File对象代表的是文件，使用isDirectory()方法判断是否为目录，其返回值为true则表示File对象代表的是目录。

查看指定目录中的文件和子目录是File类的重要功能之一，使用File类的list()方法可以轻松地完成该功能，该方法可以将File对象所代表的目录中的文件和子目录名称以字符串数组的形式返回。

例8.12　显示C盘根目录下的文件和子目录

（1）在Eclipse中创建一个名称为FileDemo的Java Project项目。

（2）在该项目中，创建一个名称为FileListDemo的Java类，并在打开的Java代码编辑器中编写该类，具体定义代码如下：

```
import java.io.*;

public class FileListDemo {
    public static void main(String[] args){
                //创建File类对象
                        File pdir=new File("c:\\");
                //判断pdir是文件还是目录
                        if (pdir.isDirectory()){
                //输出要查看的文件目录
                                System.out.println("当前查看的目录为:"+pdir.getAbsolutePath());
                //查看目录下的文件和子目录
                                String[] subFD=pdir.list();
                //输出目录下的文件和子目录名称
                                for(int i=0;i<subFD.length;i++){
                                        File subf=new File(pdir,subFD[i]);
                                        if(subf.isFile()){
                                                System.out.println(subFD[i]+"是文件，大小为"+subf
.length()+"字节");
```

```
                                              }else if (subf.isDirectory()){
                                                      System.out.println("【"+subFD[i]+"】是目录");
                                              }
                                      }
                              }
                      }
              }
```

```
当前查看的目录为:c:\
NTDETECT.COM是文件,大小为34724字节
【WINNT】是目录
bootfont.bin是文件,大小为304624字节
QQ1.bmp是文件,大小为66274字节
vpn.doc是文件,大小为673792字节
arcsetup.exe是文件,大小为163840字节
ntldr是文件,大小为221088字节
arcldr.exe是文件,大小为150528字节
【Documents and Settings】是目录
【Program Files】是目录
CONFIG.SYS是文件,大小为0字节
AUTOEXEC.BAT是文件,大小为0字节
IO.SYS是文件,大小为0字节
MSDOS.SYS是文件,大小为0字节
rising.ini是文件,大小为132字节
```

图8-20　显示C盘根目录下
的文件和子目录

在上面的程序中，首先创建一个File对象表示要查看的目录，然后调用File对象上的list()方法返回当前File对象表示的目录中的文件和文件夹名称，在这里要注意list()方法返回的只有文件夹名称和文件名称，不包括其父目录的路径，所以在通过该名称建立新的File对象时，使用public File(File parent, String child)构造方法即File subf=new File(pdir,subFD[i])，才能为该目录下的文件或文件夹创建出正确的File对象。

该示例的运行结果如图8-20所示。可以看到C盘根目录下的文件和子目录。

8.4.2　复制和删除文件

在Java编程中，使用File类管理文件的重要意义在于使用统一的方法来处理不同操作系统中的文件，例如移动或重命名、复制和删除等操作。

在File类中，删除文件的方法是public boolean delete()，在删除文件时，受访问权限的影响，可能成功也可能失败，所以应当判断该方法的返回值，如果为true则表示成功删除了文件。

移动或重命名文件的方法是public boolean renameTo(File dest)，该方法在使用时也应当根据返回值判断是否成功，在这里需要注意一点，如果目标文件（dest参数表示的文件）已经存在，则操作将会失败，而且源文件和目标文件不发生任何变化；如果目标文件不存在，则源文件被重命名为目标文件，如果目标文件和源文件不在一个目录中，就产生了移动文件的效果。

例8.13　创建、移动和删除文件

在名称为FileDemo的Java Project项目中，创建一个名称为FileDeleteDemo的Java类，并在打开的Java代码编辑器中编写该类，具体定义代码如下：

```java
import java.io.*;
public class FileDeleteDemo {
    public static void main(String[] args) throws IOException{
            //创建File类对象
                    File fsource=new File("测试文件.txt");
                    File fdest=new File("c:/测试文件2.txt");
            //创建源文件
                    fsource.createNewFile();
            //测试文件是否创建成功
                    if(fsource.exists()){
```

```
                    System.out.println("测试文件已经创建");
            }
//移动文件
            if(fsource.renameTo(fdest)){
                    System.out.println("文件被移动到"+fdest.getAbsolutePath());
            }
//删除文件
            if(fsource.delete()){
                    System.out.println("测试文件被删除");
            }
//判断文件是否存在
            if(!fsource.exists()){
                    System.out.println("测试文件不存在");
            }
        }

    }
```

该实例第一次执行结果如图8-21所示。

程序第一次执行时，由于目标文件不存在，因此源文件可以被移动，源文件不存在因此不能被删除，并显示测试文件不存在。

该实例第二次执行结果如图8-22所示。

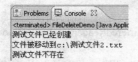

图8-21　目标文件不存在

图8-22　目标文件存在

第二次执行时，由于目标文件已经存在，因此源文件可以成功删除，最后测试文件是否存在时，就会显示测试文件不存在。

File类没有提供复制文件内容的方法，因此要实现文件的复制操作，必须结合前面介绍的文件输入输出流类才能实现文件的复制。

首先创建一个File对象fsource表示源文件，并创建BufferedReader对象连接到该File对象，示例代码如下：

```
File fsource=new File(sourcefile);        //sourcefile表示源文件的路径
BufferedReader brsource=new BufferedReader(new FileReader(fsource));
```

然后创建另一个File对象fdest表示目标文件，再创建PrintWriter对象封装该对象，示例代码如下：

```
File fdest=new File(destfile);    //destfile表示目标文件的路径
BufferedWriter bwdest=new BufferedWriter(new FileWriter(fdest));
PrintWriter pwdest=new PrintWriter(bwdest);
```

最后，使用BufferedReader类的readLine()方法按行读取源文件内容，使用PrintWriter类的println()方法将读取的字符串写入目标文件中完成文件的复制操作。

在这里不直接使用BufferedWriter类的原因有两个，首先是BufferedWriter类对字符串操作时，只提供了write()方法，没有提供方便的字符串写入方法，其次是BufferedReader类的readLine()方法按行读取文本文件内容，但是会自动将行尾的回车换行符去掉，所有在这里使用PrintWriter类提供的println()方法输出字符串，即可以直接将字符串写入输出流中，又可以将回车换行符添加到文件中。

例8.14 复制文件

在名称为FileDemo的Java Project项目中，创建一个名称为FileCopyDemo的Java类，并在打开的Java代码编辑器中编写该类，具体定义代码如下：

```java
import java.io.*;
public class FileCopyDemo {
    public static void main(String[] args) throws IOException{
        //创建File类对象
        File fsource=new File("c:\\vpn.txt");
        File fdest=new File("c:\\vpnnew.txt");
        //判断源文件是否存在
        if (!fsource.exists()){
            System.out.println("源文件vpn.txt不存在");
            return;
        }
        //判断目标文件是否存在
        if(fdest.exists()){
            System.out.println("目标文件vpnnew.txt存在，不能覆盖");
            return;
        }
        //创建BufferedReader对象
        BufferedReader brsource=new BufferedReader(new FileReader(fsource));
        //创建BufferedWriter对象
        BufferedWriter bwdest=new BufferedWriter(new FileWriter(fdest));
        //创建PrintWriter对象
        PrintWriter pwdest=new PrintWriter(bwdest);
        String str;
        //从源文件中读取文件，并写入到目标文件中
        while((str=brsource.readLine())!=null){
            pwdest.println(str);
        }
        System.out.println("文件复制完成");
        //关闭文件
        pwdest.close();
        brsource.close();
    }
}
```

在该类中首先创建一个File对象fsource表示源文件，并创建BufferedReader对象连接到该File对象，然后创建另一个File对象fdest表示目标文件，再创建PrintWriter对象连接该对象，最后使用BufferedReader对象的readLine()方法按行读取源文件内容，使用PrintWriter对象的println()方法将读取的字符串写入目标文件中完成文件的复制操作。

复制完成后，将在C盘根目录下看到复制后的文件，如图8-23所示。

图8-23 完成文件复制

8.4.3 创建和删除文件夹

在Java程序中，对目录的管理也使用File类，使用File类的public boolean mkdir()方法将创建目录，例如在当前目录下创建子目录"childDir"的示例代码如下：

```java
File dirS=new File("childDir");
if (dirS.mkdir()){
    System.out.println("子目录"+dirS.getAbsolutePath()+"被成功创建");
}
```

删除和重命名目录使用的方法和对文件相同操作所使用的方法一致，也是public boolean delete()方法和public boolean renameTo(File dest)方法。在使用delete()方法删除目录时，要求该目录中不能有子目录和文件，否则不能删除该目录。

例8.15 创建和删除文件夹

在名称为FileDemo的Java Project项目中，创建一个名称为DirCopyDemo的Java类，并在打开的Java代码编辑器中编写该类，具体定义代码如下：

```java
import java.io.*;

public class DirCopyDemo {
    public static void main(String[] args){
        //创建File目录对象
            File dirS=new File("C:\\txt1");
            File dirC=new File(dirS,"Child");
        //判断目录是否已经存在
            if(!dirS.exists()){
                System.out.println("C:\\txt1目录不存在");
            //创建目录
                if(dirS.mkdir()){
                    System.out.println("C:\\txt1目录建立");
                    dirC.mkdir();
                }
            }
        //如果该目录没有子目录则删除目录，否则提示目录不能被删除
            if(dirS.delete()){
                System.out.println("C:\\txt1目录被删除");
            }else{
                System.out.println("C:\\txt1有子目录，该目录不能删除");
            }
    }
}
```

在上述类中首先在当前目录下创建一个目录，然后在创建的目录中再创建一个子目录，最后删除当前目录，由于当前目录下有子目录因此不能被删除。

该示例的运行结果如图8-24所示。

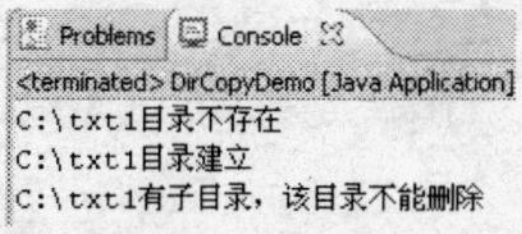

图8-24 创建和删除文件夹

8.4.4　任务：备份办公文件

在办公固定资产管理系统中，已经实现了办公文件的打开和保存操作，为了办公文件的安全性，在本小节中将为该系统添加对办公文件的备份功能。

办公固定资产管理系统的办公文件被放置在C盘根目录的log文件夹下，因此需要对该文件夹进行备份。

为了实现备份办公文件功能，只需在菜单栏的文件管理菜单的备份文件菜单项的事件处理方法中添加如下代码即可。

```java
//设置办公文件的目录
String url1="C:/log";
//设置备份办公文件的目录
String url2="c:/backuplog";
//创建备份办公文件的File对象
(new File(url2)).mkdirs();
//获取办公文件目录中的办公文件列表
File[] file=(new File(url1)).listFiles();
//循环遍历办公文件目录中的办公文件
for(int i=0;i<file.length;i++){
//如果是办公文件目录下的办公文件就直接进行复制操作
if(file[i].isFile()){
FileInputStream input=new FileInputStream(file[i]);
FileOutputStream output=new FileOutputStream(url2+"/"+file[i].getName());
byte[] b=new byte[1024*5];
int len;
while((len=input.read(b))!=-1){
output.write(b,0,len);
}
output.flush();
output.close();
input.close();
}
//如果是办公文件目录下的子目录则调用子目录的复制方法
if(file[i].isDirectory()){
copyDirectiory(url2+"/"+file[i].getName(),url1+"/"+file[i].getName());
}
}
}
//定义子目录的复制方法
public static void copyDirectiory(String file1,String file2) throws IOException{
(new File(file1)).mkdirs();
File[] file=(new File(file2)).listFiles();
for(int i=0;i<file.length;i++){
if(file[i].isFile()){
FileInputStream input=new FileInputStream(file[i]);
FileOutputStream output=new FileOutputStream(file1+"/"+file[i].getName());
byte[] b=new byte[1024*5];
int len;
while((len=input.read(b))!=-1){
output.write(b,0,len);
}
```

```
output.flush();
output.close();
input.close();
}
if(file[i].isDirectory()){
copyDirectiory(file1+"/"+file[i].getName(),file2+"/"+file[i].getName());
}
}
```

8.5   Java中的NIO

本章之前介绍的Java中的I/O流操作都是阻塞式的，从JDK 1.4开始，Java中引入了非阻塞式的NIO（New IO），NIO提供了对块传输的支持，使用块传输的好处是效率更高，而且Java的NIO将最耗时的I/O操作交由操作系统，这使得Java应用程序能够更加紧密地结合操作系统，更加充分地利用操作系统的高级特性，获得高性能的IO操作。

Java中原来的I/O库与NIO最重要的区别是数据打包和传输的方式。正如前面提到的，原来的I/O以流的方式处理数据，而NIO则是以块的方式处理数据，而且NIO还可以直接调用操作系统提供的许多高级IO接口，支持读写锁定、异步IO等功能，效率非常高。但是使用NIO不是一个简单的技术，它的一些特点使得编程的模型比原来阻塞的方式更为复杂。

8.5.1   通道和缓冲区

NIO的编程模型是通过缓冲区和通道来实现的，下面就分别详细介绍这两个概念。

8.5.1.1   通道

通道（Channel）是对原I/O包中的流的模拟，但并不是对原有Java类的扩充和完善，而是一种完全崭新的实现。通道与流的不同之处在于通道是双向的。通道可以用于读、写或者同时用于读写。而流只是在一个方向上移动，所以通道可以比流更好地反映底层操作系统的真实情况。因此通过通道，Java应用程序能够更好地与操作系统的I/O服务结合起来。

8.5.1.2   缓冲区

缓冲区（Buffer）是一个对象，它包含一些要写入或者刚读出的数据。在NIO中引入缓冲区对象，体现了NIO与面向流的I/O的一个重要区别。在面向流的I/O中，将数据直接写入或者读到流对象中。在NIO中所有数据都是用缓冲区处理的。在读取数据时，是直接读到缓冲区中的。在写入数据时，也是写入到缓冲区中的。也就是说，在任何时候访问NIO中的数据，都是将它放到缓冲区中的。因此，缓冲区在NIO操作中具有重要的作用，是操作系统与应用之间的桥梁。

缓冲区实质上是一个数组。通常它是一个字节数组，也可以使用其他类型的数组。但是一个缓冲区又不仅仅是一个数组。它除了提供对数据的结构化访问之外，还可以跟踪系统的读、写进程。

在NIO的包中，Buffer类是所有缓冲区类的基类。Buffer类当中定义了缓冲区的基本操作方法，包括put()、get()、reset()、clear()、flip()、rewind()等，这些基本操作是进行数据输入输出的手段。

Java中每一个基本数据类型（boolean除外）都有与之对应的缓冲区类，其中最重要的是ByteBuffer，因为操作系统与应用程序之间的数据通信最原始的类型就是Byte。

8.5.2 缓冲区的状态跟踪

状态变量是前一节中提到的缓冲区的关键。每一个读、写操作都会改变缓冲区的状态。通过记录和跟踪这些变化，缓冲区就能够管理自己的资源。

可以使用三个值来指定缓冲区在任意时刻的状态：

- position
- limit
- capacity

这三个变量一起可以跟踪缓冲区的状态和它所包含的数据。

缓冲区实际上就是美化了的数组。在从通道读取时，可以将所读取的数据放到底层的数组中。position变量用来跟踪已经写了多少数据。更准确地说，它指定了下一个字节将放到数组的哪一个元素中。例如，从通道中读三个字节到缓冲区中，那么缓冲区的position将会设置为3，指向数组中第四个元素。同样，在写入通道时，是从缓冲区中获取数据。position变量用来跟踪从缓冲区中获取了多少数据。更准确地说，它指定了下一个字节来自数组的哪一个元素。例如，如果从缓冲区写了5个字节到通道中，那么缓冲区的position将被设置为5，指向数组的第六个元素。

capacity变量表明可以储存在缓冲区中的最大数据容量。实际上，它指定了底层数组的大小，或者至少是指定了准许使用的底层数组的容量。

在从缓冲区写入通道时，limit变量表明还有多少数据需要取出，在从通道读入缓冲区时，limit变量表明还有多少空间可以放入数据。

其中，limit决不能大于capacity，position总是小于或者等于limit。

为了能够详细说明这三个变量，通过图示的方式讲解在对缓冲区进行读、写操作时，这三个变量的变化。

首先观察一个新创建的缓冲区，假设这个缓冲区的总容量为8个字节，因为limit决不能大于capacity，因此在新创建的缓冲区中，它们都指向数组的尾部之后。position设置为0。如果读一些数据到缓冲区中，那么下一个读取的数据就进入数组的第一个元素中。如果从缓冲区写一些数据，则从缓冲区读取的下一个字节就来自数组的第一个元素，如图8-25所示。

图8-25　新建缓冲区中三个变量的位置

现在可以开始在新创建的缓冲区上进行读、写操作。首先从输入通道中读一些数据到缓冲区中。例如，第一次读取得到三个字节。它们将被放到数组中从position开始的位置，初始时position被设置为0，读完之后，position就增加到3，如图8-26所示。

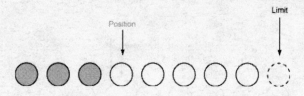

图8-26 读取数据后position的位置

如果再从输入通道读取另外两个字节到缓冲区中，这两个字节将储存在由position所指定的位置上，这时position的值会再增加2，如图8-27所示。

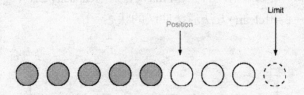

图8-27 再次读取数据后position的位置

如果要将数据写到输出通道中，必须首先调用flip()方法。这个方法要做两件非常重要的事：首先将limit设置到当前position的位置，然后将position设置为0。

图8-27显示了在调用flip()方法之前缓冲区的情况。调用flip()方法之后的缓冲区如图8-28所示。

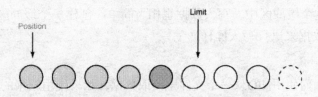

图8-28 调用flip()方法后的变量的位置

现在可以将数据从缓冲区写入通道了。此时position被设置为0，这意味着得到的下一个字节是第一个字节。limit已被设置到原来的position的位置，这意味着它包括以前读到的所有字节，并且一个字节也不多。

首先从缓冲区中取四个字节并将它们写入到输出通道中，这将使得position增加到4，而limit不变，如图8-29所示。

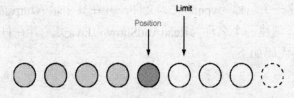

图8-29 写入数据后position的位置

这时缓冲区中只剩下一个字节可写了。limit在调用flip()时被设置为5，并且position不能超过limit，所以最后一次写入操作从缓冲区取出一个字节并将它写入输出通道。这将使得

position增加到5，并保持limit不变，如图8-30所示。

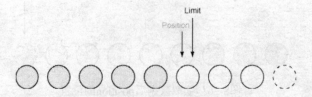

图8-30 再次写入数据后position的位置

最后一步是调用清空缓冲区的clear()方法。这个方法重设缓冲区以便接收更多的字节。这个方法要做两件非常重要的事情，首先将limit设置为与capacity相同，然后设置position为0。

如图8-31所示为在调用clear()方法后缓冲区的状态。

图8-31 调用clear()方法后的变量的位置

8.5.3 NIO中的读写操作

读和写是NIO的基本过程。从一个通道中读取数据很简单：只需创建一个缓冲区，然后让通道将数据读到这个缓冲区中。写入数据也相当简单：创建一个缓冲区，用数据填充它，然后让通道用这些数据来执行写入操作。

1. 读取文件

本小节将介绍如何使用NIO从一个文件中读取数据。如果使用原来的I/O流，那么只需创建一个FileInputStream并从中读取。而在NIO中，情况稍有不同：首先要从FileInputStream获取一个Channel对象，然后使用这个通道来读取数据，但是不是直接从通道中读取。因为所有数据最终都驻留在缓冲区中，所以是从通道读到缓冲区中。

因此使用NIO读取文件分为三个步骤：①从FileInputStream获取Channel，②创建Buffer，③将数据从Channel读到Buffer中。

例8.16 使用NIO读取文件

（1）在Eclipse中创建一个名称为NIODemo的Java Project项目。

（2）在项目中创建一个名称为vpn的文本文件，并在其中输入https://60.209.94.5字符串。

（3）在该项目中，创建一个名称为ReadAndShow的Java类，并在打开的Java代码编辑器中编写该类，具体定义代码如下：

```java
import java.io.*;
import java.nio.*;
import java.nio.channels.*;

public class ReadAndShow
{
```

```
static public void main( String args[] ) throws Exception {
    //获取FileInputStream文件输入流
    FileInputStream fin = new FileInputStream( "vpn.txt" );
    //获取通道
    FileChannel fc = fin.getChannel();
    //创建缓冲区
    ByteBuffer buffer = ByteBuffer.allocate( 1024 );
    //将数据从通道读到缓冲区
    fc.read( buffer );
    buffer.flip();

    int i=0;
    while (buffer.remaining()>0) {
        //获取缓冲区中的数据并且显示出来
        byte b = buffer.get();
        System.out.println( "Character "+i+": "+((char)b) );
        i++;
    }
    //关闭流
    fin.close();
}
}
```

该示例的运行结果如图8-32所示。

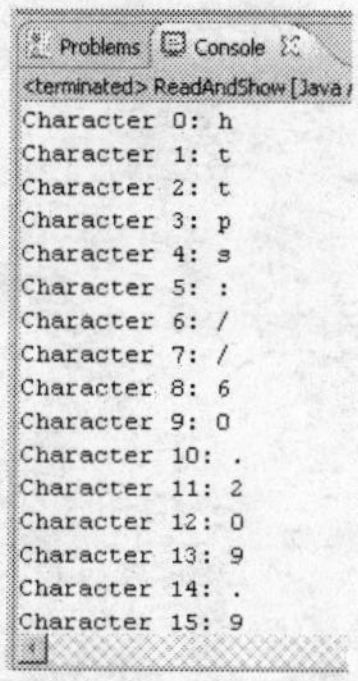

2. 写入文件

使用NIO写入文件类似于从文件中读取，也是分为三个步骤：①从FileOutputStream获取Channel；②创建Buffer，并在其中放入一些数据；③将数据从Buffer写入到Channel。

例8.17 使用NIO写入文件

（1）在名称为NIODemo的Java Project项目中创建一个名称为myfile的文本文件。

（2）在该项目中，创建一个名称为WriteSomeBytes的Java类，并在打开的Java代码编辑器中编写该类，具体定义代码如下：

图8-32 使用NIO读取的文本文件内容

```
import java.io.*;
import java.nio.*;
import java.nio.channels.*;

public class WriteSomeBytes
{
    //声明要写入的字节数组
    static private final byte message[ = { 83, 111, 109, 101, 32,98, 121, 116, 101, 115, 46 };
    static public void main( String args[] ) throws Exception {
        //获取FileOutputStream文件输出流
        FileOutputStream fout = new FileOutputStream( "myfile.txt" );
        //获取管道
        FileChannel fc = fout.getChannel();
        //创建缓冲区
        ByteBuffer buffer = ByteBuffer.allocate( 1024 );
        //将字节数组放入到缓冲区中
        for (int i=0; i<message.length; ++i) {
```

```
                buffer.put( message[i] );
        }
        buffer.flip();
        //将缓冲区中的内容写入到管道
        fc.write( buffer );
        //关闭输出流
        fout.close();
    }
}
```

该示例的运行结果如图8-33所示。

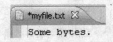

图8-33　使用NIO向文件写入内容

第9章　Java SE 6网络编程

客户/服务器模式是网络协同的一个重要模式，它可以使用Socket（套接字）来实现，套接字需要一对，一个在服务器端进程中运行，另一个在客服端进程中运行，信息在这两个Socket之间以报文的形式传递。在客户/服务器模式中，服务器是监听请求的进程，客户端是发起请求的进程。一旦服务器进程接收到了请求，它就去处理请求，并将结果返回客户端。本章将重点介绍Java中的Socket编程。

9.1　Java Socket编程概述

在客户/服务器模式中，服务器端使用守护进程，监听计算机的某个指定端口，当客户端进程使用Socket通过该端口连接服务器时，守护进程可以从该端口中创建出一个Socket对象，并从该Socket对象中获取一个字节输入流和一个字节输出流，用于和客户端进行通信。通信一般由客户端发起，即由客户端提出请求，然后由服务器端响应请求，将请求的结果返回客户端。它们会重复这一个过程，直到信息访问完成，最后客户端结束访问，关闭Socket，服务器端也关闭Socket。

在网络编程中，一共有三类Socket可以使用，分别是SOCK_STREAM、SOCK_DGRAM和SOCK_RAW。其中SOCK_STREAM提供一对一的字节流通信，即TCP编程，而SOCK_DGRAM提供报文服务，即UDP编程。这两种都是双向通信，连接建立后，客户端和服务器端之间互相发送信息。最后的SOCK_RAW是提供给想要对信息传输进行控制的高级用户使用的，由于安全原因，在Java网络编程中，只提供了对前两种Socket类型的支持，不支持最后一种SOCK_RAW类型。

Java对Socket编程提供了内在的支持。在Java.net包中提供了两个核心类：Socket类用于面向连接的TCP编程，而DatagramSocket类提供了数据报文服务功能，可实现UDP编程。图9-1显示了在Java中服务器和客户端使用Socket编程进行通信的过程。

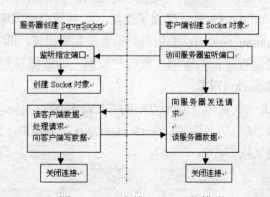

图9-1　Java中的Socket通信模型

在Java的Socket编程中，输入输出的核心是数据流。当一个Socket连接通道被建立起来时，每一个终止点都构建一个InputStream输入流从通道中读信息，一个OutputStream输出流来向通道写入数据。因此，可以将Java中的Socket编程大体分为如下4步：

1. 打开一个Socket。
2. 从Socket中创建数据输入流。
3. 从Socket中创建数据输出流。
4. 关闭Socket。

9.2 Socket服务器端编程

客户端程序访问服务器时，除了要知道提供服务的计算机IP地址外，还需要知道服务器程序在哪个端口上提供服务，如WWW服务一般在80端口上提供访问，而FTP服务一般使用21端口。因此，在编写服务器程序时，必须指定服务器要监听的端口，当有客户机访问该端口时，服务器程序就可以从该端口中构建一个Socket对象进行通信。

9.2.1 创建服务器端Socket

在java.net包中，使用ServerSocket类来提供打开服务器端监听端口的功能。该类常用的构造函数语法格式定义如下：

```
ServerSocket (int port) throws IOException
```

这表示建立一个ServerSocket对象，负责监听端口号为port的端口。其中port的范围为0～65535，如果port为0，则监听所有空闲端口。在使用时，一般不使用1～1024端口，因为这些端口可能会被其他系统服务使用。如果port已经被其他服务占用，则在构造ServerSocket对象时将会抛出IOException异常。

在ServerSocket类中主要的方法有两个，一个是close()方法，在关闭服务器程序时用它来关闭监听。另一个是accept()方法，其语法定义格式如下：

```
public Socket accept ( ) throws IOException
```

该方法用来阻塞服务器进程，当有客户端请求连接时，就将返回一个Socket对象。此时，该Socket对象已经和客户端的Socket对象建立了连接，服务器进程只需调用Socket对象的getInputStream()方法和getOutputStream()方法分别得到输入流和输出流，即可与客户端进程通信。

下面创建一个服务器监听进程的实例，将客户端输入的数据返回给客户端程序。

例9.1 创建服务器端Socket对象

（1）在Eclipse中创建一个名称为SocketDemo的Java Project项目。

（2）在该项目中，创建一个名称为ServerSocketDemo的Java类，并在打开的Java代码编辑器中编写该类的具体定义代码，如下所示：

```
import java.io.*;
import java.net.*;
public class ServerSocketDemo {
    public static void main(String[] args)throws IOException{
```

```
//创建ServerSocket类对象
ServerSocket ss=new ServerSocket(1002);
//调用ServerSocket类的accept()方法
Socket s=ss.accept();
System.out.println("....");
//Socket对象的getInputStream方法得到输入流
BufferedReader br=new BufferedReader(new InputStreamReader(s.getInputStream()));
//Socket对象的getOutputStream方法得到输出流
PrintWriter pw=new PrintWriter(new OutputStreamWriter(s.getOutputStream()));
String str="";
//读取从客户端传过来的数据并显示到屏幕上
while((str=br.readLine())!=null){
        System.out.println(str);
}
//关闭连接
br.close();
pw.close();
s.close();
ss.close();
        }

    }
```

在该类中创建ServerSocket对象监听1002端口，使用accept()方法阻塞进程，当客户端进行连接后，accept()方法返回一个已经和客户端连接的Socket对象，然后从该对象中获得一个输入流br和输出流pw，输入流从客户端读入数据，最后当客户端关闭时，会关闭所有创建的流对象和Socket对象。

9.2.2　Socket中的异常处理

数据信息在网络上传输时，总会因为这样或那样的原因而中断，因此，必须使用异常处理来加强程序的鲁棒性。在网络通信的连接和数据传输等阶段，都会产生IOException异常，该异常必须在程序中捕获，并进行相应的处理。

例9.1中就没有进行Socket的异常处理，下面在其基础上添加对服务器监听进程的异常处理代码，添加后的代码如下所示：

```
import java.io.*;
import java.net.*;
public class ServerSocketDemo {
    public static void main() throws IOException{
        ServerSocket ss=null;
        Socket s=null;
        BufferedReader br=null;
        PrintWriter pw=null;
        try{
            //创建ServerSocket和Socket对象
            ss=new ServerSocket(1002);
            s=ss.accept();
            //Socket对象的getInputStream方法得到输入流
            br=new BufferedReader(new InputStreamReader(s.getInputStream()));
            //Socket对象的getOutputStream方法得到输出流
            pw=new PrintWriter(new OutputStreamWriter(s.getOutputStream()));
```

```
            String str="";
            //读取从客户端传过来的数据并发送到客户端
            while((str=br.readLine())!=null){
                    pw.print(str);
                    pw.flush();
            }
        }catch(IOException e){          //捕获异常并输出
            System.out.print(e);
        }finally{
            //关闭连接
            br.close();
            pw.close();
            s.close();
            ss.close();
        }
    }
}
```

9.2.3 任务：创建网络协同办公服务器端

这里要求设计开发的办公固定资产管理系统需要具备网络协同办公功能，所谓网络协同办公也就是指系统必须具备在局域网中快速、便捷传输文件的能力。而在局域网中最方便的通信方式就是由Socket来实现的，因此本小节将实现办公固定资产管理系统中网络协同办公的服务器端。

（1）实现网络协同办公的服务器端的界面设计。服务器端的界面非常简单，包括两个JButton按钮，一个JLabel标签，如图9-2所示。

单击"Accept"按钮，将弹出一个选择接收文件保存目录的对话框，如图9-3所示。

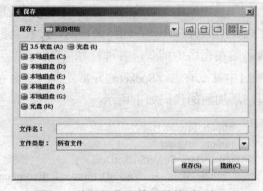

图9-2 服务器端界面   图9-3 选择接收文件目录的对话框

与界面实现相关的具体代码定义如下：

```
public class RTFReceiveFrame {
    //声明选择文件保存目录的对话框对象
    private JFileChooser jfc;
    private JFrame fr;
    private JButton btnAccept;
    private JButton btnCancel;

    RTFReceiveFrame() {
        //界面布局
```

```
            jfc = new JFileChooser();
            fr = new JFrame("接收文件");
            JLabel lblMsg = new JLabel("Wait...");
            btnAccept = new JButton("Accept");
            btnCancel = new JButton("Cancel");
            JPanel pnlBtn = new JPanel();
            pnlBtn.add(btnAccept);
            pnlBtn.add(btnCancel);
            Container c = fr.getContentPane();
            c.setLayout(new BorderLayout());
            c.add(BorderLayout.CENTER,lblMsg);
            c.add(BorderLayout.SOUTH,pnlBtn);
            fr.setSize(200,300);
            fr.setVisible(true);
            //注册监听器实例来监听事件
            AcceptHandler ah = new AcceptHandler();
            btnAccept.addActionListener(ah);
            btnCancel.addActionListener(ah);
            //添加窗体关闭事件的监听器
            fr.addWindowListener(new WindowHandler());
        }
        public static void main(String[] args) {
            new RTFReceiveFrame();
        }
        class AcceptHandler implements ActionListener{
            public void actionPerformed(ActionEvent e){
                //如果同意接收，则弹出选择文件保存目录的对话框
                if(btnAccept == e.getSource()){
                    jfc.showSaveDialog(fr);
                }else if(btnCancel == e.getSource()){
                    System.out.println("user do not accept!");
                }
            }
        }
        //关闭窗口的同时，回收资源
        class WindowHandler extends WindowAdapter {
            public void windowClosing(WindowEvent e) {
                System.out.println("Transfer file end!");
            }
        }
    }
```

（2）在该类中添加Socket编程的代码。首先在该类中声明创建服务器端Socket对象的Server-Socket实例，代码如下：

```
        private ServerSocket ss;
        private Socket socket;
```

然后在该类的构造函数中添加如下代码，来创建服务器端的Socket对象，如果客户端发出连接请求并正确连接后，它将读取客户端发来的文件名，并将文件名显示在JLabel标签中。

```
        //不断监听，并接收发送的文件名
        try {
```

```
                    ss = new ServerSocket(5800);
                    while(!ss.isClosed()){
                        socket = ss.accept();
                        DataInputStream din = new DataInputStream(socket.getInputStream());
                        String fileName = din.readUTF();
                        lblMsg.setText(fileName);
                    }
                } catch (IOException e) {
                    if(ss.isClosed()){
                        System.out.println("End");
                    }else{
                        e.printStackTrace();
                    }
                }
```

9.3 Socket客户端编程

Socket客户端程序用来向服务器端发出连接请求。客户端程序要连接服务器端需要知道两件事情。第一是服务器的IP地址，第二是要服务器端打开的端口。

9.3.1 创建客户端Socket

在java.net包中，使用Socket类来连接服务器端，该类最常用的构造函数格式如下：

  public Socket(String host , int port) throws UnknowHostException , IOException

其中第一个字符串参数host表示服务器端的IP地址或主机名称，第二个参数port是要访问的服务器端打开的监听端口号。构造函数执行成功则返回一个已经和服务器端连接好的Socket对象。Socket对象在构造时，可能会抛出两个异常。UnknowHostException异常表示无法确定IP地址所代表的主机；IOException异常表示在创建套接字时发生IO异常。该构造函数的使用示例代码如下：

```
        try{
            Socket clientSocket = new Socket("localhost",8888);
            }catch(UnknowHostException e){
                System.out.println("主机不存在");
            }catch(IOException e){
                    System.out.println("服务不存在或忙");
            }
```

9.3.2 Socket通信中的I/O流

要使用客户端的Socket对象与服务器端的Socket对象进行通信，就必须从Socket对象中获取数据输入流和数据输出流，向输入流中写入发送给服务器端的数据，然后从输出流中读取服务器端返回的数据。

获取输入流需要使用Socket类中的getInputStream()方法，该方法返回一个字节输入流InputStream对象，可以按字节从该输入流中读取数据。不过一般不会直接使用该对象，而是使用其他输入类封装一下，例如，可以使用InputStreamReader对象将该字节输入流转换成字符输入流，然后使用BufferedReader对象封装InputStreamReader对象，从而形成带缓冲功能的字符输入流，然后使用该类提供的**readLine()**方法实现按行读取数据的功能。

获取Socket对象对应输入流的示例代码如下：

```
try{
    //其中clientSocket是之前声明的Socket对象
    BufferedReader input=new BufferedReader(new InputStreamReader(clientSocket.getInputStream()));
    //读取来自客户端的数据流
    String message="";
    while((message=input.readLine())!=null){
    //处理数据
        ..................................
    }
}catch(IOException e){
    System.out.println("数据读取出错："+e.getMessage());
}
```

获取输出流使用Socket类中的**getOutputStream()**方法，该方法返回一个字节输出流Output-Stream，可以使用read()方法从该流中按字节读取数据，但是使用起来十分不便，因此也需要使用处理流来封装一下。例如，使用**OutputStreamWriter**对象将字节流转换成字符流，然后使用**PrintWriter**对象提供将各种数据类型按字符串的方式写入字符输出流的功能。注意每次输出完毕后要使用flush()方法将数据刷新到服务器端。

获取Socket对象对应输出流的示例代码如下：

```
try{
    PrintWriter output=new PrintWriter(new OutputStreamWriter(s.getOutputStream()));
    String message="";
//从客户端获取数据
    ..................................
//输出到服务器
    output.println(message);
    output.flush();
}catch(IOException e){
    System.out.println("数据写入出错："+e.getMessage());
}
```

最后在客户端和服务器端通信完毕后，要关闭输入、输出流和套接字，示例代码如下：

```
try{
    output.close();
    input.close();
    socket.close();
}catch(IOException e){
    System.out.println("关闭出错："+e.getMessage());
}
```

例9.2 创建客户端Socket对象

在名称为SocketDemo的Java Project项目中，创建一个名称为ClientSocketDemo的Java类，并在打开的Java代码编辑器中编写该类的具体定义代码如下：

```
import java.io.BufferedReader;
import java.io.IOException;
import java.io.InputStreamReader;
```

```
import java.io.OutputStreamWriter;
import java.io.PrintWriter;
import java.net.Socket;

public class ClientSocketDemo {
    public static void main(String[] args)throws IOException{
        //创建Socket类对象
        Socket clientSocket = new Socket("127.0.0.1",1002);
        //Socket对象的getInputStream方法得到输入流
        BufferedReader br=new BufferedReader(new InputStreamReader(clientSocket
.getInputStream()));
        //Socket对象的getOutputStream方法得到输出流
        PrintWriter pw=new PrintWriter(new OutputStreamWriter(clientSocket.getOutputStream()));
        String str="";
        //创建接受用户输入的输入流实例
        BufferedReader client=new BufferedReader(new InputStreamReader(System.in));
        //接受用户输入并发送给服务器
        String str1=client.readLine();
        pw.print(str1);
        pw.flush();
        //关闭连接
        br.close();
        pw.close();
        clientSocket.close();

    }
}
```

在该类中使用给定的服务器端的IP地址和端口号创建Socket对象，当对象创建成功后，将根据IP地址和端口号连接服务器端，当与服务器端建立连接后，使用**BufferedReader**对象读取用户从屏幕中输入的内容，并通过从该Socket对象中获得的输出流pw发往服务器端。

本例与例9.1一起运行，就可以完成Socket客户端向服务器端发送信息的操作。首先运行例9.1，服务器端的Socket将等待客户端的请求。再运行例9.2与服务器端建立连接，并在屏幕中输入要发送的内容，当输入完成后，将把信息发往服务器端，服务器端接收到后，将把接收到的客户端信息显示在屏幕上。

9.3.3 任务：创建网络协同办公客户端

在9.2.3小节中已经定义了办公固定资产管理系统中网络协同办公服务器端的代码，本小节将定义网络协同办公客户端的代码。

（1）实现网络协同办公的客户端的界面设计，该客户端的界面更加简单，只有一个**JButton**按钮，如图9-4所示。

单击"发送"按钮，将弹出一个用于选择发送文件的对话框，如图9-5所示。

与界面实现相关的具体代码定义如下：

```
public class RTFSendFrame {
    private JFileChooser jfc;
    private JFrame fr;
    public RTFSendFrame() {
        //界面布局
        fr = new JFrame("文件发送");
```

```
            Container c = fr.getContentPane();
            c.setLayout(new FlowLayout());
            JButton btnSend = new JButton("发送");
            jfc = new JFileChooser();
            c.add(btnSend);
            fr.setSize(200,200);
            fr.setVisible(true);
            //为发送按钮注册事件
            btnSend.addActionListener(new SendHandler());
        }

    public static void main(String[] args) {
            new RTFSendFrame();
        }

    class SendHandler implements ActionListener{
        public void actionPerformed(ActionEvent e) {
                //弹出文件选择对话框
                jfc.showOpenDialog(fr);
            }
        }
    }
```

图9-4　客户端界面

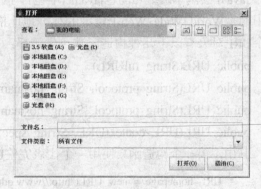

图9-5　选择发送文件的对话框

（2）与创建客户端Socket对象相关的代码定义如下：

```
    private Socket socket;
        private DataInputStream bin;
        private DataOutputStream bout;

        RTFSend(File sendFile) {
            this.sendFile = sendFile;
            //初始化Socket及其相关的输入输出流
            try {
                socket = new Socket("localhost", 5800);
                bin = new DataInputStream(
                            new BufferedInputStream(
                                socket.getInputStream()));
                bout = new DataOutputStream(
                                socket.getOutputStream());
            } catch (IOException e) {
                e.printStackTrace();
            }
        }
```

9.4　URL编程

互联网是连接全球计算机的网络，人们通过它来获取需要的信息资源。这些资源的集合就是World Wide Web。它按人们的需求提供资源信息，为了提供资源的标准识别方式，万维网协会设计了一个定位所有网络资源的标准方法，URL就是其中的一部分。

URL（Uniform Resource Locator）是统一资源定位器的简称。它提供了互联网上资源的统一标识。URL的一般格式如下：

协议: 资源地址

URL地址中间用冒号分割，协议部分表示获取资源所使用的传输协议，例如HTTP、FTP等。资源地址部分应该是资源的完整地址，包括主机名、端口号、文件名称等。

下面是几个合法的URL的例子：

http://202.16.54.12

http://www.qdu.edu.cn

http://www.qdu.edu.cn:8080/index.jsp

Java在其基本网络功能包java.net中包含了用于实现与Internet连接和访问的URL类。该类使用的是World Wide Web上资源的标准地址格式。一个URL类似于一个文件名，因此创建一个URL对象有以下几种构造函数可供选择：

public URL(String fulURL)

public URL(String protocol, String hostname, String filename)

public URL(String protocol, String hostname, int portnumber, Sring filename)

public URL(URL contextURL, String spec)

其中，第一个构造函数使用一个代表完整URL的字符串创建URL对象，示例代码如下：

```
URL homepage = new URL("http://www.qdu.edu.cn");
```

第二和第三种构造函数都是通过给出协议、主机名、文件名以及一个可选择的端口号来创建一个URL对象，示例代码如下：

```
URL homepage = new URL("http", "www.qdu.edu.cn", "index.jsp");
```

或者

```
URL homepage = new URL("http", "www.qdu.edu.cn", 80 ,"index.jsp");
```

如果用户已经建立了一个URL，并且想基于已有的URL的某些信息创建一个新的URL，可使用第四种构造函数创建URL对象。

示例代码如下：

```
URL url = new URL("http://www.qdu.edu.cn");
URL homepage = new URL(url, "index.jsp");
```

当创建URL对象后，可以获取该对象本身的属性，具体方法如下：

getProtocol()：返回该URL对象的协议名。

getHost()：返回该URL对象的主机名。

getPort()：返回该URL对象的端口号。

getFile()：返回该URL对象的文件名。

getRef()：返回该对象在文件中的引用标签。

toString()：获取代表URL对象的字符串。

除了上述获取URL对象属性的方法之外，还可以使用如下两种方法获取存放在URL对象中的信息。

openConnection()：该方法返回一个URLConnection类的对象，该对象表示URL对象指定的一个远程对象的连接。通过URLConnection类的getInputStream()方法将获取网络信息。

openStream()：该方法直接返回一个InputStream类的对象，通过该对象可以与指定的URL建立连接并从中获取信息。

这两个方法有类似之处，通过URL的openStream()方法，只能从网络上读取数据，如果同时还想输出数据，例如向服务器端的CGI程序发送一些数据，那么就必须首先与URL建立连接，然后才能对其进行读写，这时就要用到URLConnection类了。

下面的示例代码表示打开一个URL输入流并使用一次读一个字节的方式，将一个URL的内容复制到System.out输出流中。

```
try {
    URL url = new URL("http://127.0.0.1", "vpn.txt");
    //通过URL获取输入流
    InputStream in = url.openStream();
    int b;
    //循环读取打开的输入流
    while((b = in.read())!=-1) {
        //将读取的字节转化为字符并输出
        System.out.print((char)b);
    }
}
catch(Exception e) {
    e.printStackTrace();
}
```

例9.3 读取WWW网络资源

（1）在Eclipse中创建一个名称为URLDemo的Java Project项目。

（2）在该项目中，创建一个名称为URLReader的Java类，并在打开的Java代码编辑器中编写该类的具体定义代码如下：

```
import java.io.BufferedReader;
import java.io.InputStreamReader;
import java.net.URL;

public class URLReader {
    public static void main(String[] args) throws Exception {
        //根据给定的完整网络地址创建URL对象
        URL tirc = new URL("http://www.qdu.edu.cn/");
        //使用openStream()得到一个输入流并由此构造一个BufferedReader对象
        BufferedReader in = new BufferedReader(new InputStreamReader(tirc.openStream()));
        String inputLine;
        //从输入流不断地读数据，直到读完为止
```

```
        while ((inputLine = in.readLine()) != null)
            //把读入的数据打印到屏幕上
            System.out.println(inputLine);
        //关闭输入流
        in.close();
    }
}
```

该实例的运行结果如图9-6所示。

```
<!DOCTYPE HTML PUBLIC "-//W3C//DTD HTML 4.0 Transitional//EN">
<HTML>
<HEAD>
<TITLE>青岛大学-欢迎您</TITLE>
<META NAME="Generator" CONTENT="EditPlus">
<META NAME="Keywords" CONTENT="">
<META NAME="Description" CONTENT="">
<link rel="stylesheet" rev="stylesheet" href="/images/css.css" type="text/css" media="all">
<link rel="stylesheet" rev="stylesheet" href="/images/menu.css" type="text/css" media="all">
<link rel="stylesheet" rev="stylesheet" href="../images/morenew.css" type="text/css" media="all">
<script type="text/javascript" SRC="/images/news.js"></script>
<script language="JavaScript">
function initEcAd() {
document.all.AdLayer1.style.posTop = -200;
document.all.AdLayer1.style.visibility = 'visible'
document.all.AdLayer2.style.posTop = -200;
document.all.AdLayer2.style.visibility = 'visible'
MoveLeftLayer('AdLayer1');
MoveRightLayer('AdLayer2');
```

图9-6　显示所获取的WWW网络资源

第10章 Java SE 6多线程编程

在现代编程语言中，一种语言支持多线程编程是必需的。Java语言提供了对多线程的支持，通过对Thread类的继承或对Runnable接口的实现，来实现多线程编程。本章将主要讲解Java多线程编程的具体实现方式以及在多线程过程中对线程进行的创建、控制和同步等操作。

10.1 Java多线程编程

现代的计算机系统允许用户同时执行多个任务。从用户的角度看来就好像同时拥有了多台计算机一样。例如，在使用浏览器浏览网站的同时，可以进行软件下载，收听在线音乐等。在现代多任务操作系统中，可以同时启动多个程序，每个程序对应一个进程，这些进程同时运行。例如，Windows操作系统中资源管理器中显示的多进程执行情况如图10-1所示。

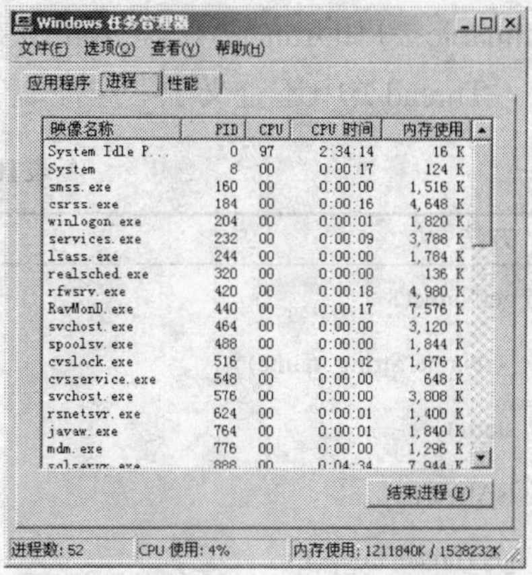

但是多进程同时运行也存在一些限制，例如，每个进程都是需要独立分配资源的，进程之间不能直接互相访问资源，同时运行的进程数是有限的，等等。这些限制增加了多进程编程的复杂性，因此，后来人们又引入了线程（Thread）的概念。

图10-1 Windows任务管理器
中显示的多个进程

线程是指在一个程序进程的执行过程中，能够主动执行程序代码的一个执行单位，线程是比进程更小的运行单位，一个进程可以被划分成多个线程。在一个支持线程的系统中，线程是处理器调度的基本单位。

Java语言提供了对多线程的支持，每一个Java程序至少要有一个线程，称为主线程。如果除了主线程外，又创建了多个子线程同时执行不同的任务，这就被称为多线程编程。Java中是通过继承Thread类或者实现Runnable接口来实现多线程编程的。

10.2 线程的创建

在Java中是通过java.lang.Thread类来创建和控制线程的，在该类中包含了一个run()方法，每一个线程都是从run()方法开始执行的，run()方法必须在一个具体的线程类中被实现，已实现的run()方法称为该线程类的线程体。在创建并启动一个线程后，run()方法将被系统自动调用。

创建线程类可以通过两种方式，一种是通过继承Thread类创建线程类，另一种是通过实现Runnable接口创建线程类。

10.2.1 继承Thread类创建线程

首先来详细了解一下Thread类。Thread类具有如下七个构造方法：

- public Thread()
- public Thread(String name)
- public Thread(Runnable target)
- public Thread(Runnable target, String name)
- public Thread(ThreadGroup group, Runnable target)
- public Thread(ThreadGroup group, String name)
- public Thread(ThreadGroup group, Runnable target, String name)

其中，name表示线程的名字，target表示执行线程体的目标对象，该对象必须实现Runnable接口的run()方法，group表示线程所属的线程组的名字。

Thread类中还定义了一些控制线程执行的方法，具体方法如表10-1所示。

表10-1 Thread类中的常用方法

方法	功能说明
getName()	返回线程名
setName(String name)	设置线程的名字
start()	启动已创建的线程对象
isAlive()	判断线程是否已启动
getThreadGroup()	返回线程所属的线程组
toString()	以字符串的形式返回线程的名字、优先级和所属线程组的信息
currentThread()	返回当前正在执行的线程对象
activeCount()	返回当前线程组的活动线程个数
enumerate(Thread [ ] array)	将当前线程组中的活动线程复制到线程数组array中

Thread类中的run()方法是空的，因此使用Thread类创建线程时，必须覆盖Thread类的run()方法，在该方法中定义线程所要执行的逻辑代码。使用继承Thread类创建线程的示例代码如下：

```java
public class MyThread extends Thread{
        public void run(){
                //线程执行代码
                System.out.println(" 子线程启动");
                //......................
    }
    public static void main(){
                System.out.println("主线程启动");
        MyThread mt=new MyThread ();
        //启动线程
        mt.start();
    }
}
```

其中，MyThread类就是继承自Thread类而定义的线程类，在该类的run()方法中定义了线程要执行的代码，然后在主函数中，实例化线程类的对象，并调用start()方法启动线程类，从而执行run()方法所定义的线程体。

10.2.2 实现Runnable接口创建线程

Runnable接口中只声明了一个方法run()。因此使用Runnable接口创建线程时，必须实现该接口中的run()方法。但是实现该接口的类并不是一个线程类，而只是一个用来构造线程类所需的参数，需要使用该类的一个实例来初始化一个线程对象。使用实现Runnable接口创建线程的示例代码如下：

```java
public class MyRunnable implements Runnable{
        public void run(){
                //线程执行代码
System.out.println("子线程启动");
                //......................
}
    public static void main(){
      System.out.println("主线程启动");
        //创建实现Runnable接口的类的实例
      MyRunnable mt=new MyRunnable ();
        //使用实现Runnable接口的类的实例来构造线程对象
      Thread t=new Thread(mt);
        //启动线程
      t.start();
    }
    }
```

其中，MyRunnable类是实现Runnable接口的类，它实现了该接口中的run()方法，并在方法中定义了线程要执行的代码，然后在主函数中，实例化MyRunnable类的对象，并使用该对象来创建一个线程对象，然后调用线程类的start()方法启动线程，从而执行run()方法所定义的线程体。

10.3 线程的控制

线程随着程序的运行而产生，随着程序的结束而消亡。每个线程都存在一个从创建、运行到消亡的生命周期。在生命周期中，一个线程具有创建、可运行、运行中、阻塞和死亡这五种状态，使用Thread类中的方法可以控制线程状态的改变。

10.3.1 线程的状态

1. 创建状态

使用new运算符创建一个线程后，该线程仅仅是一个空对象，系统没有为其分配资源，这时称该线程处于创建状态（new thread）。

2. 可运行状态

使用start()方法启动一个线程后，系统将为该线程分配除CPU外的所需资源，使该线程处于可运行状态（Runnable）。

3. 运行中状态

系统通过调度选中一个处于可运行状态的线程，使其占有CPU并执行线程的run()方法，此时该线程进入运行中状态（Running）。

4. 阻塞状态

由于某种特殊原因使得运行中的线程不能继续运行，该线程将进入阻塞状态（Blocked）。阻塞的情况又分为三种：

- 等待阻塞：运行的线程执行wait()方法，系统会把该线程放入等待队列中。
- 同步阻塞：运行的线程在获取对象的同步锁时，若该同步锁被别的线程占用，则系统会把该线程放入锁队列中。
- 其他阻塞：运行的线程执行sleep()或join()方法，或者发出了I/O请求时，系统会把该线程置为阻塞状态。当sleep()状态超时、join()等待线程终止或者超时，或者I/O处理完毕时，线程将重新转入就绪状态。

5. 死亡状态

当线程的run()方法运行结束后，该线程将被自然撤销，进入死亡状态（Dead）。

图10-2显示了线程在五种状态之间的转换。

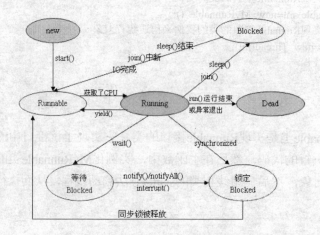

图10-2　线程状态的转换

通过图10-2可以看出，在线程的生命周期中，首先创建线程对象，但这时线程并没有运行，当调用线程对象的start()方法时线程就进入可运行状态，表示线程开始准备执行run()方法中的内容，当线程获得CPU时间时，就执行run()方法，线程处于运行中状态。在run()方法执行的过程中，由于各种原因，线程会被阻塞或中断执行，这时，线程被转换成阻塞或可运行状态。在阻塞状态的线程，如果阻塞原因解除，则该线程回到可运行状态，进行CPU时间的竞争，竞争到CPU时间，则该线程继续从上次中断的位置开始执行，直到下一次被中断为止。如果线程的run()方法中的代码被执行完毕，则线程结束执行，自动进入死亡状态，被自动回收。

10.3.2　线程状态的控制

在Thread类中定义了若干个方法，用于线程状态之间的切换。具体方法如表10-2所示。

表10-2 Thread类中控制状态切换的方法

方法	功能说明
sleep(long millis)	使线程睡眠，进入阻塞状态，其中mills用于指定睡眠的时间
yield()	暂停线程的执行，但此时线程仍在可执行状态，并为进入阻塞状态，系统将重新选择优先级高的线程执行，若无比该线程更高优先级的线程，则继续执行该线程
join()/join(long mills)	暂停线程的执行，直到调用该方法的线程执行结束后再继续执行本线程。参数mills表示等待的时间，若无参数或者参数为0，本线程则要等到调用该方法的线程结束后再继续执行
wait()	使当前线程进入阻塞状态
notify()/notifyall()	唤醒等待队列中的其他线程，使它们进入可运行状态
interrupt()	为线程设置一个中断标记
isInterrupt()	检测线程是否被设置中断标记
interrupted()	检测线程是否被中断

下面通过实例来看一下这些线程状态控制方法的具体用法。

例10.1 Thread类中sleep()方法的使用

（1）在Eclipse中创建一个名称为ThreadDemo的Java Project项目。

（2）在该项目中，创建一个名称为MyThread的Java类，并在打开的Java代码编辑器中编写该类的具体定义代码如下：

```java
public class MyThread extends Thread {
    int count=0;
    public void run(){
        System.out.println("子线程"+Thread.currentThread().getName()+"开始");
        while(count<10){
            System.out.println("子线程"+Thread.currentThread().getName()+"输出count="+count);
            try{
                Thread.sleep(10);
            }catch(InterruptedException e){}
            System.out.println("子线程"+Thread.currentThread().getName()+"休眠后输出count="+count);
            count++;
        }
    }
    public static void main(String[] args){
        System.out.println("主程序开始");
        //创建子线程
        MyThread m1=new MyThread();
        MyThread m2=new MyThread();
        //启动线程
        m2.start();
        m1.start();
        System.out.println("主程序结束");
    }
}
```

图10-3 继承Thread类的
两个线程交替睡
眠的执行结果

MyThread通过继承Thread类，覆盖了其中的run()方法来实现用户线程。run()方法首先打印出线程的名称，然后调用线程的sleep()方法使线程睡眠10毫秒，然后再继续执行。

在程序的main函数中，首先创建了两个线程对象m1和m2，然后通过线程对象的start()方法分别启动线程，按照启动的顺序系统将自动为这两个线程命名为Thread-0和Thread-1，当main函数执行完毕时，由于还有两个子线程没有结束，因此整个程序没有结束，当Thread-0和Thread-1两个子线程都执行完毕时，整个程序才结束。该实例的运行结果如图10-3所示。

10.3.3 任务：为网络协同办公客户端和服务器添加多线程功能

在第9章的任务中，已经完成了网络协同办公客户端和服务器的界面以及Socket通信的代码，但是服务器和客户端之间还无法真正实现文件的发送和接收，这主要是因为客户端和服务器运行的main()函数作为主线程来响应用户的界面事件时，还需要为其添加多线程支持，创建另一个子线程来完成Socket通信过程，这样才能够完成整个文件的发送和接收功能。

（1）为服务器端添加多线程代码，添加后完整的网络协同办公服务器端的代码如下：

```java
import javax.swing.*;
import java.awt.*;
import java.awt.event.ActionListener;
import java.awt.event.ActionEvent;
import java.awt.event.WindowAdapter;
import java.awt.event.WindowEvent;
import java.net.ServerSocket;
import java.net.Socket;
import java.io.IOException;
import java.io.DataInputStream;
import java.io.*;
import java.net.Socket;

import javax.swing.*;
import java.awt.*;
import java.awt.event.ActionListener;
import java.awt.event.ActionEvent;
import java.awt.event.WindowAdapter;
import java.awt.event.WindowEvent;
import java.net.ServerSocket;
import java.net.Socket;
import java.io.IOException;
import java.io.DataInputStream;
import java.io.*;
import java.net.Socket;
//创建线程类
class RTFReceive extends Thread{
        //声明用来接收文件的File对象
        private File receiveFile;
        //声明Socket对象
```

```java
        private Socket socket;

        public RTFReceive(File receiveFile, Socket socket) {
            this.receiveFile = receiveFile;
            this.socket = socket;
        }

        public void run() {
            //判断用户是否保存文件
            if(receiveFile == null){
                System.out.println("you do not save file!");
                return;
            }else{
                //保存文件后，则向发送方发送同意（true）
                try {
                    DataOutputStream dout = new DataOutputStream(socket.getOutputStream());
                    dout.writeBoolean(true);
                } catch (IOException e) {
                    e.printStackTrace();
                }
            }
            //开始接收文件
            System.out.println("Begin receive...");
            try {
                FileOutputStream fout = new FileOutputStream(receiveFile);
                BufferedOutputStream bout = new BufferedOutputStream(fout);
                BufferedInputStream bin = new BufferedInputStream(socket.getInputStream());
                byte[] buf = new byte[2048];
                int num = bin.read(buf);
                while(num != -1){
                    bout.write(buf,0,num);
                    bout.flush();
                    num = bin.read(buf);
                }
                bout.close();
                bin.close();
                System.out.println("Receive Finished!");
            } catch (Exception e) {
                e.printStackTrace();
            }finally{
                try {
                    socket.close();
                } catch (IOException e) {
                    e.printStackTrace();
                }
            }
        }
    }
    public class RTFReceiveFrame {
        private JFileChooser jfc;
        private JFrame fr;
        private ServerSocket ss;
        private Socket socket;
        private JButton btnAccept;
        private JButton btnCancel;
```

```java
RTFReceiveFrame() {
    //界面布局
    jfc = new JFileChooser();
    fr = new JFrame("接收文件");
    JLabel lblMsg = new JLabel("Wait...");
    btnAccept = new JButton("Accept");
    btnCancel = new JButton("Cancel");
    JPanel pnlBtn = new JPanel();
    pnlBtn.add(btnAccept);
    pnlBtn.add(btnCancel);
    Container c = fr.getContentPane();
    c.setLayout(new BorderLayout());
    c.add(BorderLayout.CENTER,lblMsg);
    c.add(BorderLayout.SOUTH,pnlBtn);
    fr.setSize(200,300);
    fr.setVisible(true);
    //注册事件
    AcceptHandler ah = new AcceptHandler();
    btnAccept.addActionListener(ah);
    btnCancel.addActionListener(ah);
    fr.addWindowListener(new WindowHandler());
    //不断监听，并接收发送的文件名
    try {
        //创建ServerSocket对象
        ss = new ServerSocket(5800);
        while(!ss.isClosed()){
            //当客户端发来请求时，创建Socket对象
            socket = ss.accept();
            //获取Socket对象的输入流
            DataInputStream din = new DataInputStream(socket.getInputStream());
            //读取接收的文件名，并显示在界面的JLabel中
            String fileName = din.readUTF();
            lblMsg.setText(fileName);
        }
    } catch (IOException e) {
        if(ss.isClosed()){
            System.out.println("End");
        }else{
            e.printStackTrace();
        }
    }
}

public static void main(String[] args) {
    new RTFReceiveFrame();
}

class AcceptHandler implements ActionListener{
    public void actionPerformed(ActionEvent e){
        //如果同意接收，则启动线程接收文件
        if(btnAccept == e.getSource()){
            jfc.showSaveDialog(fr);
            //构造线程类对象
            RTFReceive receive = new RTFReceive(jfc.getSelectedFile(),socket);
            //启动线程体
```

```
                        receive.start();
                    }else if(btnCancel == e.getSource()){
                        System.out.println("user do not accept!");
                    }
                }
            }
            //关闭窗口的同时，回收资源
            class WindowHandler extends WindowAdapter {
                public void windowClosing(WindowEvent e) {
                    System.out.println("Transfer file end!");
                    try {
                        ss.close();
                        System.exit(0);
                    } catch (IOException e1) {
                        e1.printStackTrace();
                    }
                }
            }
        }
    }
```

（2）为客户端添加多线程代码，添加后完整的网络协同办公客户端的代码如下：

```
import javax.swing.*;
import java.awt.*;
import java.awt.event.ActionListener;
import java.awt.event.ActionEvent;
import java.io.*;
import java.net.Socket;
//定义线程类
class RTFSend extends Thread{
    //声明用户选择要发送的文件的File对象
    private File sendFile;
    //声明Socket对象
    private Socket socket;
    private DataInputStream bin;
    private DataOutputStream bout;

     RTFSend(File sendFile) {
        this.sendFile = sendFile;
        //初始化socket及其相关的输入输出流
        try {
            //根据IP地址和端口号连接服务器
            socket = new Socket("localhost",5800);
            //获取Socket对象的输入流和输出流
            bin = new DataInputStream(
                        new BufferedInputStream(
                            socket.getInputStream()));
            bout = new DataOutputStream(
                            socket.getOutputStream());
        } catch (IOException e) {
            e.printStackTrace();
        }
    }
    //定义线程类的线程体
    public void run() {
```

```java
            //发送文件名
        try {
            //把文件名发送到接收方
            bout.writeUTF(sendFile.getName());
            System.out.println("send name" + sendFile.getName());
            //判断接收方是否同意接收
            boolean isAccepted = bin.readBoolean();
            //如果同意接收则开始发送文件
            if(isAccepted){
                System.out.println("begin send file");
                    BufferedInputStream fileIn = new BufferedInputStream(new FileInputStream
(sendFile));

                    byte[] buf = new byte[2048];
                    int num = fileIn.read(buf);
                    while(num != -1){
                        bout.write(buf,0,num);
                        bout.flush();
                        num = fileIn.read(buf);
                    }
                    fileIn.close();
                    System.out.println("Send file finished:" + sendFile.toString());
            }
        } catch (IOException e) {
            e.printStackTrace();
        }finally{
            try {
                bin.close();
                bout.close();
                socket.close();
            } catch (IOException e) {
                e.printStackTrace();
            }
        }
    }
}
public class RTFSendFrame {
    private JFileChooser jfc;
    private JFrame fr;
    public RTFSendFrame() {
        //界面布局
        fr = new JFrame("文件发送");
        Container c = fr.getContentPane();
        c.setLayout(new FlowLayout());
        JButton btnSend = new JButton("发送");
        jfc = new JFileChooser();
        c.add(btnSend);
        fr.setSize(200,200);
        fr.setVisible(true);
        //为发送按钮注册事件
        btnSend.addActionListener(new SendHandler());
    }
    public static void main(String[] args) {
        new RTFSendFrame();
    }
```

```
class SendHandler implements ActionListener{
    public void actionPerformed(ActionEvent e) {
        //弹出文件选择对话框
        jfc.showOpenDialog(fr);
        //创建新的线程传递文件
        RTFSend send = new RTFSend(jfc.getSelectedFile());
        //启动线程，执行线程体
        send.start();
    }
}
}
```

至此，就完成了网络协同办公客户端和服务器端的设计，可以在系统中实现基于Socket的局域网通信了。

10.4 线程的同步

把进程划分为线程可以获得更高的执行效率，但是当多个线程对同一个数据进行操作时就会产生一些问题。例如，将例10.1中的程序改写成例10.2。

例10.2 使用Runnable接口实现线程类

在名称为ThreadDemo的Java Project项目中，创建一个名称为MyRunnable的Java类，并在打开的Java代码编辑器中编写该类的具体定义代码如下：

```
public class MyRunnable implements Runnable {
    int count=0;
    public void run(){
        System.out.println("子线程"+Thread.currentThread().getName()+"开始");
        while(count<10){
            System.out.println("子线程"+Thread.currentThread().getName()+"输出count="+
count);
            try{
                Thread.sleep(10);
            }catch(InterruptedException e){}
            System.out.println("子线程"+Thread.currentThread().getName()+"休眠后输出
count="+count);
            count++;
        }
    }
    public static void main(String[] args){
        System.out.println("主程序开始");
        MyRunnable mr=new MyRunnable();
        //创建子线程
        Thread m1=new Thread(mr);
        Thread m2=new Thread(mr);
        //启动线程
        m2.start();
        m1.start();
        System.out.println("主程序结束");
    }
}
```

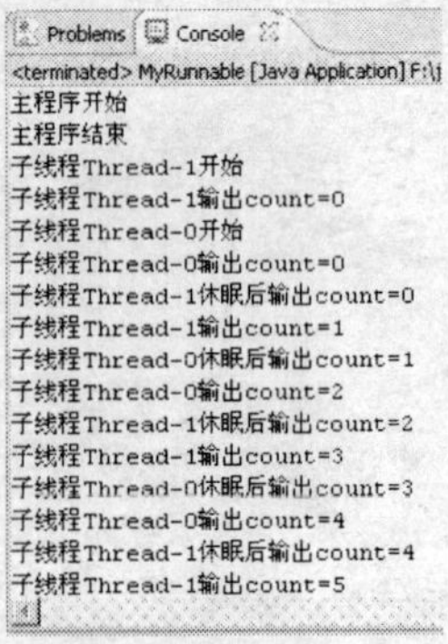

图10-4　实现Runnable接
口的两个线程交
替睡眠

上面的MyRunnable类通过使用Runnable接口来实现用户线程，MyRunnable类中的run()方法和例10.1中的run()方法代码完全一样，也就是说这两个线程类的线程体相同。该实例的运行结果如图10-4所示。

但是从图10-4与图10-3中可以看出例10.2与例10.1的执行结果是有差别的。这是因为，继承Thread类实现的线程对象m1和m2中的count成员变量是独立的，分别进行自增运算。而通过Runnable接口实现的线程对象m1和m2共享同一个count成员变量，当其中一个增加了count的值，另一个也马上可以看到count值的变化。

这里休眠前和休眠后的count值不同。原因是当多线程访问共享变量时一个线程在访问未结束时被中断，这时另一个线程改变了共享变量的内容，第一个线程再次访问该共享变量时就会出现错误。这种情况下，必须采取有效的手段保证数据的一致性，在Java中使用synchronized关键字，可以有效解决这一问题。

例10.3　解决多线程中的共享变量问题

在名称为ThreadDemo的Java Project项目中，创建一个名称为MyRunnable2的Java类，并在打开的Java代码编辑器中编写该类的具体定义代码如下：

```java
public class MyRunnable2 {
    int count=0;
        String str="";
        public void run(){
            System.out.println("子线程"+Thread.currentThread().getName()+"开始");
            while(count<10){
                //互斥对象str
                synchronized (str) {
                System.out.println("子线程"+Thread.currentThread().getName()+"输出count="+count);

                try{
                    Thread.sleep(10);
                }catch(InterruptedException e){}
                System.out.println("子线程"+Thread.currentThread().getName()+"休眠后输出count="+count);

                count++;
                }
            }
        }
        public static void main(String[] args){
            System.out.println("主程序开始");
            MyRunnable mr=new MyRunnable();
            //创建子线程
            Thread m1=new Thread(mr);
            Thread m2=new Thread(mr);
            //启动线程
            m2.start();
            m1.start();
```

```
            System.out.println("主程序结束");
        }
    }
```

本例中使用了互斥对象str，当线程代码执行到synchro-
nized (str){.....}时，由于使用了互斥对象str，因此只允许一
个线程执行，而其他线程则被阻塞，直到互斥对象str被前一
个线程释放，其他线程中的一个才能获得该互斥对象str的访
问权限，得到执行。该实例的运行结果如图10-5所示。

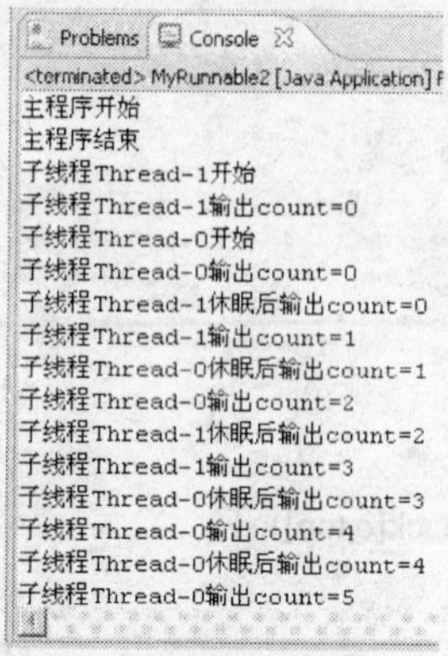

图10-5 使用互斥对象
后的运行结果

这里有读者可能会提出为什么互斥对象使用了一个与程
序代码无关的字符串对象，而不直接使用计数器count呢？这
是因为作为互斥的必须是Java中的类，而不能是初等数据类
型，所以int型的变量count是无法用来进行互斥的。

在Java的多线程操作中，除了互斥访问共享变量之外，
有时还需要同步多个线程的访问操作。所谓同步，指的是当
两个线程访问一个共享空间时，其中一个线程向空间中写入
数据，而另一个线程从空间中读数据，要求不能丢失数据也不能重复访问数据，这时就需要
在互斥访问的基础上同步这两个线程，即写线程写入数据后要通知读线程来读取数据；而读
线程在读取数据后，也要通知写线程写入数据。

在同步多个线程访问时，首先要设立一个共享的互斥访问共享对象，然后使用该对象上
的wait()和notify()方法使多个线程同步访问该互斥对象。

例10.4 多线程的同步

在名称为ThreadDemo的Java Project项目中，创建一个名称为MultiThreadSyncDemo的Java
类，并在打开的Java代码编辑器中编写该类的具体定义代码如下：

```java
public class MultiThreadSyncDemo {
    int top=0;
        int [] stack=new int[3];
        public static void main(String[] args){
                System.out.println("主程序开始");
                MultiThreadSyncDemo o=new MultiThreadSyncDemo();
                //创建线程
                Thread m1=new Thread(new MRead(o));
                Thread m2=new Thread(new MWrite(o));
                //启动线程
                m2.start();
                m1.start();
                System.out.println("主程序结束");
        }
    }
        //定义读取互斥对象的线程类
    class MRead implements Runnable {
         MultiThreadSyncDemo o;
        int count=0;
        public MRead(MultiThreadSyncDemo m){
                o=m;
        }
```

```java
        public void run() {
            System.out.println(" 子线程"+Thread.currentThread().getName()+"开始读数据");
            while(count<10){
                //得到对象o的锁
                synchronized (o) {
                    while (o.top<1){
                        try{
                            //此时线程被放置在等待线程池中
                            o.wait();
                        }catch(InterruptedException e){}
                    }
                    o.top--;
                    System.out.println("子线程"+Thread.currentThread().getName()+"读数据
:"+o.stack[o.top]);

                    count++;
                    //当另外的线程执行了notify()方法后，线程可能会被释放出来
                    o.notify();
                }
            }
        }
    }
    //定义向互斥对象写入数据的线程类
    class MWrite implements Runnable {
        MultiThreadSyncDemo o;
        int count=0;
        public MWrite(MultiThreadSyncDemo m){
            o=m;
        }
        public void run() {
            System.out.println("子线程"+Thread.currentThread().getName()+"开始写数据");
            while(count<10){
                synchronized (o) {
                    while (o.top>2){
                        try{
                            //此时线程被放置在等待线程池中
                            o.wait();
                        }catch(InterruptedException e){}
                    }
                    o.stack[o.top]=count;
                    System.out.println(" 子线程"+Thread.currentThread().getName()+"写数据:"+
o.stack[o.top]);

                    o.top++;
                    count++;
                    //当另外的线程执行了notify()方法后，线程可能会被释放出来
                    o.notify();
                }
            }
        }
    }
```

程序中创建的**MultiThreadSyncDemo**类的对象o是互斥对象，**Mread**线程从该对象中读数据，而**Mwrite**线程向o中写入数据，因此必须在o对象上使用线程类的**wait()**和**notify()**方法同步这两个线程，以便能够同步访问互斥对象。

该实例的运行结果如图10-6所示。

图10-6　多线程同步访问互斥对象

10.5　多线程在Socket编程中的应用

第9章中介绍的Socket编程都是在程序的主线程中完成的单线程编程，服务器一次只能为一个客户端提供服务，如果有两个以上的客户端同时请求连接，后面的客户端必须等待前面的客户端请求完成后，才能得到响应，这种应用效率非常低下。因此在服务器端的程序中，端口监听工作一般在主线程中完成，而为客户端提供服务处理的程序则要使用多线程技术完成。

本小节以一个使用Socket编程实现的局域网聊天工具为例，通过对该实例的讲解为读者介绍多线程在Socket网络编程中的应用。

例10.5　局域网聊天工具

本实例使用Socket编程以及多线程编程在局域网内部实现一个服务器端和一个客户端，并能够使双方进行双向通信。

（1）在Eclipse中创建一个名称为TalkDemo的Java Project项目。

（2）在该项目中，创建一个名称为Sever的Java类，该类表示服务器端，并在打开的Java代码编辑器中编写该类的具体定义代码如下：

```java
import java.net.*;
import java.io.*;
//定义服务器类
public class Server extends Thread {
    ServerSocket skt;
    Socket Client[]=new Socket[10];;
    Socket Client1=null;
    int i = 0;
    int port,k=0,l=0;
    PrintStream theOutputStream;
    Face chat;
    //构造函数
    public Server(int port, Face chat) {
        try {
            this.port = port;
            //创建ServerSocket对象
            skt = new ServerSocket(port);
```

```
                this.chat = chat;
            } catch (IOException e) {
                chat.ta.append(e.toString());
            }
        }
    //定义线程类所要执行的线程体
    public void run() {
        chat.ta.append("等待连线......");
        while (true) {
            try {
            Client[k] = skt.accept(); /* 接收客户连接 */
            //当有客户端连接时就新建一个子线程
            if (i < 2) {
                //创建与每个客户端相对应的客户端对象，并启动该服务器端对象的线程
                ServerThread server[] = new ServerThread[10];
                 server[k]= new ServerThread(Client[k], this.chat, i);
                 l=server.length;
                 server[k].start();
                chat.ta.append("客户端" + Client[k].getInetAddress() + "已连线\n");
                theOutputStream = new PrintStream(server[k].getClient().getOutputStream());
                i = server[k].getI();
                k++;
            } else {

            }
            } catch (SocketException e) {

            } catch (IOException e) {
                chat.ta.append(e.toString());
            }
        }
    }
    public void dataout(String data) {
        theOutputStream.println(data);
    }
}
class ServerThread extends Thread {
    ServerSocket skt;
    Socket Client;
    int port;
    int i;
    BufferedReader theInputStream;
    PrintStream theOutputStream;
    String readin;
    Face chat;
    //服务端用来与客户端通信的子线程
    public ServerThread(Socket s, Face chat, int i) {
        this.i = ++i;
        Client = s;
        this.chat = chat;
    }
    public int getI() {
        return this.i;
```

```java
        }
        public Socket getClient() {
            return this.Client;
        }
        public void run() {
            try {
                theInputStream = new BufferedReader(new InputStreamReader(Client
                        .getInputStream()));
                theOutputStream = new PrintStream(Client.getOutputStream());
                while (true) {
                    readin = theInputStream.readLine();
                    chat.ta.append(readin + "\n");
                }
            } catch (SocketException e) {
                chat.ta.append("连线中断！\n");
                chat.clientBtn.setEnabled(true);
                chat.serverBtn.setEnabled(true);
                chat.tfaddress.setEnabled(true);
                chat.tfport.setEnabled(true);
                try {
                    i--;
                    skt.close();
                    Client.close();
                } catch (IOException err) {
                    chat.ta.append(err.toString());
                }
            } catch (IOException e) {
                chat.ta.append(e.toString());
            }
        }
        public void dataout(String data) {
            theOutputStream.println(data);
        }
    }
```

（3）在该项目中，创建一个名称为**Client**的Java类，该类表示客户端，并在打开的Java代码编辑器中编写该类的具体定义代码如下：

```java
import java.net.*;
import java.io.*;
class Client extends Thread {
    Socket skt;
    InetAddress host;
    int port;
    BufferedReader theInputStream;
    PrintStream theOutputStream;
    String readin;
    Face chat;
    //构造函数
    public Client(String ip, int p, Face chat) {
        try {
            host = InetAddress.getByName(ip);
            port = p;
```

```
                this.chat = chat;
            } catch (IOException e) {
                chat.ta.append(e.toString());
            }
        }
        //定义线程类所要执行的线程体
        public void run() {
            try {
                chat.ta.append("尝试连线......");
                //根据ip地址和端口连接服务器端
                skt = new Socket(host, port);
                chat.ta.append("连线成功\n");
                //连接成功后, 创建Socket所对应的输入流和输出流
                theInputStream = new BufferedReader(new InputStreamReader(skt
                        .getInputStream()));
                theOutputStream = new PrintStream(skt.getOutputStream());

                while (true) {
                    readin = theInputStream.readLine();
                    chat.ta.append(readin + "\n");
                }
            } catch (SocketException e) {
                chat.ta.append("连线中断！\n");
                chat.clientBtn.setEnabled(true);
                chat.serverBtn.setEnabled(true);
                chat.tfaddress.setEnabled(true);
                chat.tfport.setEnabled(true);
                try {
                    skt.close();
                } catch (IOException err) {
                    chat.ta.append(err.toString());
                }
            } catch (IOException e) {
                chat.ta.append(e.toString());
            }
        }
        public void dataout(String data) {
            theOutputStream.println(data);
        }
    }
```

（4）在该项目中，创建一个名称为Face的Java类，该类作为启动客户端和服务器端的用户图形界面，然后在打开的Java代码编辑器中编写该类的具体定义代码如下：

```
import java.awt.*;
import java.awt.event.*;
import javax.swing.*;
public class Face extends JFrame {
    private static final long serialVersionUID = 1L;
    JButton clientBtn, serverBtn;
    JTextArea ta;
    JTextField tfaddress, tfport, tftype;
    int port;
    Client client;
```

```java
Server server;
boolean iamserver;
static Face frm;
//构造函数
public Face() {
    clientBtn = new JButton("客户端");
    serverBtn = new JButton("服务器");
    ta = new JTextArea("", 10, 30);
    tfaddress = new JTextField("127.0.0.1", 10);
    tfport = new JTextField("2000");
    tftype = new JTextField(30);
    tftype.addKeyListener(new TFListener());
    ta.setEditable(false);
    getContentPane().setLayout(new FlowLayout());
    getContentPane().add(tfaddress);
    getContentPane().add(tfport);
    getContentPane().add(clientBtn);
    getContentPane().add(serverBtn);
    getContentPane().add(ta);
    getContentPane().add(tftype);
    setSize(400, 300);
    setTitle("我的聊天室");
    this.setVisible(true);
    //定义匿名监听器类
    clientBtn.addActionListener(new ActionListener() {
        //启动客户端对象
        public void actionPerformed(ActionEvent e) {
            port = Integer.parseInt(tfport.getText());
            client = new Client(tfaddress.getText(), port, frm);
            client.start();
            tfaddress.setEnabled(false);
            tfport.setEnabled(false);
            serverBtn.setEnabled(false);
            clientBtn.setEnabled(false);
        }
    });
    //定义匿名监听器类
    serverBtn.addActionListener(new ActionListener() {
        //启动服务器端对象
        public void actionPerformed(ActionEvent e) {
            port = Integer.parseInt(tfport.getText());
            server = new Server(port, frm);
            server.start();
            iamserver = true;
            tfaddress.setText("成为服务器");
            tfaddress.setEnabled(false);
            tfport.setEnabled(false);
            serverBtn.setEnabled(false);
            clientBtn.setEnabled(false);
        }
    });
    addWindowListener(new WindowAdapter() {
        public void windowClosing(WindowEvent e) {
```

```
                            System.exit(0);
                        }
                });
        }
        public static void main(String args[]) {
            frm = new Face();
        }
        //定义按键按下的监听器
        private class TFListener implements KeyListener {
            public void keyPressed(KeyEvent e) {
                if (e.getKeyCode() == KeyEvent.VK_ENTER) {
                    ta.append(">" + tftype.getText() + "\n");
                    if (iamserver)
                        server.dataout(tftype.getText());
                    else
                        client.dataout(tftype.getText());
                    tftype.setText("");
                }
            }
            public void keyTyped(KeyEvent e) {
            }
            public void keyReleased(KeyEvent e) {
            }
        }
    }
```

　　在本项目中首先创建一个服务器端用来打开端口，并监听客户端发来的连接请求，然后再创建一个客户端用来请求连接服务器，最后定义一个用户图形界面用来分别启动服务器端和客户端，从而实现服务器端和客户端的通信。该实例运行后的结果如图10-7所示。

图10-7　服务器端和客户端通信

第11章　Java SE 6中的泛型

泛型是JDK1.5中加入的新特性，它改变了Java核心API中的许多类和方法。泛型的强大功能从根本上改变了Java代码的编写方式。使用泛型，可以以类型安全模式处理各种数据的类、接口和方法。本章将重点介绍泛型的语法和应用，同时讲解如何通过泛型提供类型安全。

11.1　泛型概述

泛型本质上就是类型参数化。所谓类型参数化，是指用来声明数据的类型本身，也是可以改变的，类型由实际参数来决定。在一般的方法声明中，往往实际参数决定了形式参数的值。而类型参数化，则是实际参数的类型决定形式参数的类型。

例如，下面的max()方法要求返回两个参数中较大的那个，该方法具体定义如下：

```
Integer max(Integer a, Integer b){
    return a>b?a:b;
}
```

上述代码编写得当然没有问题。只不过，如果需要比较的不是Integer类型，而是Double或Float类型，那么就需要另外重新编写max()方法了。也就是说，参数有多少种类型，就需要编写多少个max()方法。但是无论怎么改变参数的类型，实际上max()方法体内部的逻辑代码并不需要改变。

如果有一种机制，能够在编写max()方法时，不必确定参数a和b的数据类型，而是等到调用该方法的时候再来确定这两个参数的数据类型，那么只需要编写一个max()就可以了，这样将大大降低开发人员编程的工作量，并且提高程序的适用性。

在C++中，提供了函数模板和类模板来实现这一功能。而从JDK 1.5开始，Java也提供了类似的机制，这就是泛型。从形式上看，泛型和C++的模板很相似，但它们是采用完全不同的技术来实现的。

在泛型出现之前，Java应用的开发人员可以采用一种变通的办法：将参数的类型均声明为Object类型。由于Object类是所有类的祖先类，所以它可以接收任何类的对象，但这样做不能保证类型安全。泛型则弥补了上述做法所缺乏的类型安全，也简化了实现过程，不必显式地在Object与实际操作的数据类型之间进行强制转换。通过泛型，所有的强制类型转换都是自动和隐式的。因此，泛型提高了代码的复用能力，而且既安全又简单。

11.2　泛型类

泛型类在定义上与普通的Java类并没有什么太大的区别，一个泛型类（generic class）就是具有一个或多个类型参数的类。类型参数使用大写形式，且比较简短。在Java类库中，使用变量E表示集合的元素类型，K和V分别表示参数的关键字与值的类型。T表示任意类型。

用具体的类型替换类型参数就可以实例化泛型类。换句话说，泛型类可以看做普通类的工厂类。

下面通过实例来讲解简单泛型类的具体定义和使用。

例11.1　简单泛型类的定义和使用

（1）在Eclipse中创建一个名称为GenericDemo的Java Project项目。

（2）在该项目中，创建一个名称为SimpleGeneric的Java类，并在打开的Java代码编辑器中编写该类的具体定义代码如下：

```java
public class SimpleGeneric<T> {
    //ob的类型是T，现在不能具体确定它的类型，需要到创建对象时才能确定
    T ob;
    //该方法中设置的参数o的类型也是T
    SimpleGeneric(T o){
        ob = o;
    }
    //这个方法的返回类型也是T
    T getOb(){
        return ob;
    }
    //显示T类型的方法
    void showType(){
        System.out.println("Type of T is:"+ob.getClass().getName() );
    }
    public static void main(String[] args) {
        //声明一个Integer类型的SimpleGeneric对象
        SimpleGeneric<Integer> iobj;
        //创建一个Integer类型的SimpleGeneric对象
        iobj = new SimpleGeneric<Integer>(100);
        //输出它的一些信息
        iobj.showType();
        int k = iobj.getOb();
        System.out.println("k="+k);
        //声明一个String类型的SimpleGeneric对象
        SimpleGeneric<String> sobj;
        //创建一个Double类型的SimpleGeneric对象
        sobj = new SimpleGeneric<String>("Hello");
        //输出它的一些信息
        sobj.showType();
        String s = sobj.getOb();
        System.out.println("s="+s);
    }
}
```

在上述代码中定义了一个简单的泛型类SimpleGeneric，其中T是类型参数的名称。在创建一个泛型类的对象时，这个名称用做传递给SimpleGeneric的实际类型的占位符。因此，在SimpleGeneric类的定义中，每当需要类型参数时，就会用到T。这里需要注意，T是被括在"<>"中的。每个被声明的类型参数，都要放在尖括号中。在类定义中使用T声明了一个成员变量ob，由于T只是一个占位符，所以ob的实际类型要由创建对象时的参数传递进来。例如，传递给T的类型是String，那么ob就是String类型。可以看出，T是一个数据类型的说明，它可以用来说明任何实例方法中的局部变量、类的成员变量、方法的形式参数以及方法的返回值。只是类型参数T不能使用在静态方法中。

在类的main()函数中首先声明了SimpleGeneric的一个整型对象，其中，类型Integer被括在尖括号内，表明它是一个类型实际参数。在这个整型对象中，所有对T的引用都会被替换为Integer。所以ob和o都是Integer类型，而且方法getOb()的返回类型也是Integer类型的。然后创建这个Integer版本的实例对象，其中100是普通参数，Integer是类型参数，它不能被省略。因为iobj的类型是SimpleGeneric，所以用new返回的引用必须是SimpleGeneric<Integer>类型。无论是省略Integer，还是将其改成其他类型，都会导致编译错误。后面创建的String版本的过程和前面的完全一样，这里就不再赘述了。

最后还有一点需要读者特别注意，那就是在声明一个泛型实例时，传递给形参的实参必须是复杂数据类型，也就是必须是类类型，而不能使用int或char之类的简单数据类型。如果要使用简单数据类型，只能使用它们的封装类。该实例的运行结果如图11-1所示。

```
Type of T is:java.lang.Integer
k=100
Type of T is:java.lang.String
s=Hello
```

图11-1 简单泛型类的运行结果

在泛型中还可以声明一个以上的类型参数，只需在这些类型参数之间用逗号隔开。下面看一个具有两个类型参数的泛型类的实例。

例11.2 具有两个参数的泛型类的定义和使用

在名称为GenericDemo的Java Project项目中，创建一个名称为TwoGeneric的Java类，并在打开的Java代码编辑器中编写该类的具体定义代码如下：

```java
public class TwoGeneric<T,V> {
    T ob1;
    V ob2;
    //构造方法也可以使用这两个类型参数
    TwoGeneric(T o1, V o2){
        ob1 = o1;
        ob2 = o2;
    }
    //显示T和V的类型
    void showTypes(){
        System.out.println("Type of T is "+ob1.getClass().getName());
        System.out.println("Type of V is "+ob2.getClass().getName());
    }
    T getOb1(){
        return ob1;
    }
    V getOb2(){
        return ob2;
    }
    public static void main(String args[]){
            //指定类型参数的实际类型
            TwoGeneric<Integer, String> tgObj;
            //构造方法中需要再次指定类型参数，同时还要传递实际参数
            tgObj = new TwoGeneric<Integer, String>(100,"Hello");
            tgObj.showTypes();
            int v = tgObj.getOb1();
```

```
        System.out.println("value: "+v);
        String  str = tgObj.getOb2();
        System.out.println("value: "+str);
    }
  }
```

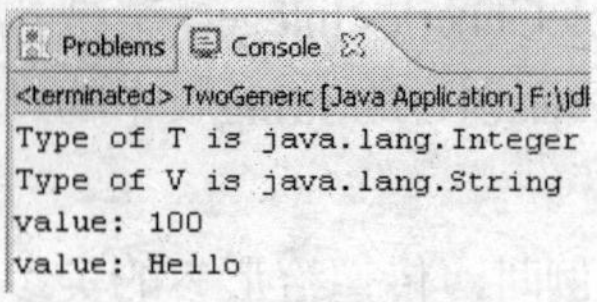

```
Problems  Console ⊠
<terminated> TwoGeneric [Java Application] F:\jdl
Type of T is java.lang.Integer
Type of V is java.lang.String
value: 100
value: Hello
```

图11-2　具有两个参数的泛
型类的运行结果

与只有一个类型参数的泛型类的定义和使用相比，本实例并没有什么难于理解的地方，只是需要读者注意的是，Java中并没有规定泛型类中两个类型参数是否要相同，例如，T和V都是String类型，也可以是正确的。但如果所有的实例都是如此，就没有必要用两个参数了。该实例的运行结果如图11-2所示。

11.3　泛型方法

在C++中，除了可以创建模板类，还可以创建模板函数。在Java中也提供了类似的功能，这就是泛型方法。一个方法如果被声明成泛型方法，那么它将拥有一个或多个类型参数，不过与泛型类不同，这些类型参数只能在它所修饰的泛型方法中使用。

泛型方法既可以是在普通类当中定义的，也可以是在泛型类中定义的。泛型方法常用的语法定义格式如下：

[访问权限修饰符] [static] [final] <类型参数列表> 返回值类型 方法名([形式参数列表])

泛型方法与普通的方法定义基本类似，读者需要注意的是，类型参数列表必须放在访问权限修饰符的后面，返回值类型的前面。

调用一个泛型方法通常有两种形式：

（1）<对象名|类名>.<实际类型>方法名（实际参数表）；

（2）[对象名|类名].方法名（实际参数表）；

这两种调用方法的差别在于是否显示地指定了类型参数的实际类型。是否要指定实际类型，需要根据泛型方法的声明形式以及调用时的实际情况来决定。

例11.3　泛型方法的定义和使用

在名称为GenericDemo的Java Project项目中，创建一个名称为GenericMethod的Java类，并在打开的Java代码编辑器中编写该类的具体定义代码如下：

```
public class GenericMethod {
    //定义泛型方法，有一个形式参数用类型参数T来定义
    public static <T> void showGenMsg(T ob, int n){
        //局部变量也可以用类型参数T来定义
        T localOb = ob;
        System.out.println(localOb.getClass().getName());
    }
    public static <T> void showGenMsg(T ob){
        System.out.println(ob.getClass().getName());
    }
    public static void main(String args[]){
        String str = "parameter";
        Integer k = new Integer(123);
```

```
//用两种不同的方法调用泛型方法
GenericMethod.<Integer>showGenMsg(k,1);
showGenMsg(str);
    }
}
```

上述代码中定义的两个泛型方法都是静态方法，而且这两个泛型方法相互重载。在方法体中，类型参数T的使用和泛型类中的使用是相同的，这里就不再赘述了。在main()函数中，使用了两种不同的泛型方法的调用形式，由于两种形式都能完成相同的任务，而第二种明显要比第一种方便，所以多数情况下会使用第二种方式。该实例的运行结果如图11-3所示。

图11-3 泛型方法的
运行结果

11.4 类型参数的限定

在前面的实例中，类型参数可以替换成类的任意类型。在一般情况下，这是没有问题的，但有时在程序中需要对传递给类型参数的类型加以限制。例如，需要创建一个泛型类，它包含了一个求数组平均值的方法。这个数组的类型可以是整型、浮点型的数值类型，但不能是字符串类型或是其他非数值类型。按照之前泛型类的定义，具体实现代码如下：

```
class Stats<T>{
    T [] nums;
    Stats (T [ ] obj){
        nums = obj;
    }
    double average(){
        double sum = 0.0;
        for (int i=0; i<nums.length; ++i)
            sum += nums[i].doubleValue();
        return sum / nums.length;
    }
}
```

其中，nums[i].doubleValue()是用来返回Ingeger、Double等数据封装类转换成双精度数后的值，所有的Number类的子类都有这个方法。但问题是，Java在编译时无法预先知道我们的本意是只能使用Number类来创建Stats对象，因此，编译时将会报告找不到doubleValue()方法的错误。

为了解决上述问题，Java在泛型中提供了有界类型这个概念。有界类型就是在指定一个类型参数时，可以通过继承超类来指定一个上界，该类型参数的实际类型都必须是这个超类的直接或间接子类。

有界类型的具体格式如下：

        <T extends BoundingType>

其中，有界类型T应该是BoundingType的子类型。

采用有界类型，就可以正确编写Stats类了，修改后的Stats类的代码如下：

```
class Stats<T extends Number>{
  T [] nums;
  Stats (T [] obj){
     nums = obj;
  }
  double average(){
     double sum = 0.0;
     for (int i=0; i<nums.length; ++i)
       //现在这句代码就正确了
         sum += nums[i].doubleValue();
     return sum / nums.length;
  }
}
```

例11.4 泛型类中有界类型的使用

在名称为GenericDemo的Java Project项目中，创建一个名称为TestGen2的Java类，并在打开的Java代码编辑器中编写该类的具体定义代码如下：

```
//泛型类定义中使用有界类型
class TestGen2<K extends String, V extends Number> {
  private V v = null;
  private K k = null;
   //K和V类型属性的set和get方法定义
  public void setV(V v) {
        this.v = v;
  }
  public V getV() {
        return this.v;
  }
  public void setK(K k) {
        this.k = k;
  }
  public K getK() {
        return this.k;
  }

  public static void main(String[] args) {
     //对泛型类的类型参数传递实参时，只能是有界类型中限定的类型
        TestGen2<String, Integer> t2 = new TestGen2<String, Integer>();
        t2.setK(new String("String"));
        t2.setV(new Integer(123));
        System.out.println(t2.getK());
        System.out.println(t2.getV());
  }
}
```

在该类中定义限定了**K**类型参数必须是**String**类或其子类，**V**类型参数必须是**Number**类或其子类。该实例的运行结果如图11-4所示。

图 11-4 有界类型定义的泛型类的运行结果

11.5 通配符参数

前面介绍的泛型知识已经可以解决大多数的编程中的实际问题，但在某些特殊情况下，仍然会有一些问题无法得到解决。例如下面是一个泛型类的部分定义代码：

```java
class GenStats<T>{
    ......
    void doSomething(GenStats<T> ob){
        System.out.println(ob.getClass().getName());
    }
}
```

如果在使用时，像下面这样调用，就将出现问题：

```java
Integer  inums[ ] = {1,2,3,4,5};
Stats <Integer>  iobj = new Stats<Integer>(inums);
Double  dnums[ ] = {1.1,2.2,3.3,4.4,5.5};
Stats <Double>  dobj = new Stats<Double>(dnums);
dobj.doSomething(iobj);
```

在上述代码中调用doSomething()方法时将产生错误，因为调用该方法的dobj对象是Stats <Double>类型，而该方法的参数iobj则是Stats<Integer>类型，由于实际类型不同，而方法声明时的方法参数ob的类型参数是T，与泛型类定义时的类型参数T相同。所以在实际使用中，就要求iobj和dobj的类型必须相同。

解决这个问题的方法是使用Java提供的通配符参数"?"，它的使用形式如下：

```
genericClassName <?>
```

例如，上面代码中的doSomething()方法可以声明成这个样子：

```java
void doSomething(Stats <?> ob)
```

它表示这个参数ob可以是任意的Stats类型，于是调用该方法的对象就不必和实际参数对象类型一致了。

例11.5 通配符参数的使用

在名称为GenericDemo的Java Project项目中，创建一个名称为TestGen3的Java类，并在打开的Java代码编辑器中编写该类的具体定义代码如下：

```java
public class TestGen3 <T extends Number>{

    T [ ] nums;
    TestGen3(T [ ] obj){
        nums = obj;
    }
    double average(){
        double sum = 0.0;
        for (int i=0; i<nums.length; ++i)
            sum += nums[i].doubleValue();
        return sum / nums.length;
    }
        //使用类型通配符
```

```
        void doSomething(TestGen3<?> ob){
            System.out.println(ob.getClass().getName());
        }
        public static void main(String args[]){
                Integer   inums[] = {1,2,3,4,5};
                TestGen3 <Integer> iobj = new TestGen3<Integer>(inums);
                Double   dnums[] = {1.1,2.2,3.3,4.4,5.5};
                TestGen3 <Double> dobj = new TestGen3<Double>(dnums);
            //iobj和dobj的类型不相同，但是由于使用通配符，将可以正确调用
                dobj.doSomething(iobj);
            }
    }
```

在上述泛型类的声明中，因为T继承Number，所以它是有上界的，因此类中使用的通配符"?"也有一个默认的上界，就是Number。如果想改变这个上界，可以将通配符的声明修改如下：

```
        TestGen3 <? extends Integer> ob
```

读者需要注意的是，通配符无法将上界改变得超出泛型类声明时的上界范围，也就是说只能够让通配符继承Number的子类，而不能继承String等类型。

该实例的运行结果如图11-5所示。

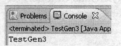

图11-5　使用通配符的泛型类的运行结果

11.6　泛型类的继承

和普通的Java类一样，泛型类也是可以继承的，任何一个泛型类都可以作为被其他类继承的父类或继承其他类的子类。不过泛型类与非泛型类在继承时也是有区别的，主要区别在于泛型类的子类必须将泛型父类所需要的类型参数，沿着继承链向上传递。这与普通类在继承时，构造方法中的参数必须沿着继承链向上传递的方式是一样的。

11.6.1　泛型类作为父类

当一个类的父类是泛型类时，这个子类必须要把类型参数传递给父类，所以这个子类也必定是泛型类。下面通过一个实例来讲解泛型类作为父类时是如何被继承的。

例11.6　继承泛型类

（1）在名称为GenericDemo的Java Project项目中，创建一个名称为superGen的Java类，并在打开的Java代码编辑器中编写该类的具体定义代码如下：

```
    public class superGen<T> {
        T ob;
        public superGen(T ob){
            this.ob = ob;
        }
        public superGen(){
```

```
            ob = null;
        }
        public T getOb(){
            return ob;
        }
    }
```

这是一个简单的泛型类，它将作为父类被继承。

（2）在名称为GenericDemo的Java Project项目中，创建一个名称为derivedGen的Java类，并在打开的Java代码编辑器中编写该类的具体定义代码如下：

```
//继承泛型类superGen<T>作为父类
public class derivedGen <T> extends superGen<T>{
    public derivedGen(T ob){
        super(ob);
    }
}
```

该类继承泛型类superGen<T>，因此这两个泛型类中的类型参数必须用相同的标识符T。这就意味着传递给derivedGen的实际类型也会传递给superGen。虽然在泛型类derivedGen中并没有直接使用类型参数T，但由于它要传递类型参数给父类，所以它不能定义成非泛型类。

（3）在名称为GenericDemo的Java Project项目中，创建一个名称为heritDemo1的Java类，并在打开的Java代码编辑器中编写该类的具体定义代码如下：

```
public class heritDemo1 {
    public static void main(String args[ ]){
            //创建子类的对象，它需要传递Integer类型的参数给父类
            derivedGen<Integer> oa=new derivedGen<Integer>(100);
            //调用继承自父类的方法
            System.out.println(oa.getOb());
        }
}
```

在main()函数中，创建了一个子类的实例，可以看到使用泛型子类和使用其他的泛型类没有区别，使用者根本无需知道它是否继承了其他的类。

该实例的运行结果如图11-6所示。

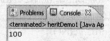

图11-6 继承泛型类的子类的运行结果

11.6.2 泛型类作为子类

前面介绍的泛型类是以其他的泛型类作为父类，一个泛型类也可以以非泛型类作为父类。此时，不需要传递类型参数给父类，所有的类型参数都是为子类自己准备的。下面通过一个实例来讲解泛型类作为子类时是如何继承非泛型类的。

例11.7 继承非泛型类

（1）在名称为GenericDemo的Java Project项目中，创建一个名称为nonGen的Java类，并在打开的Java代码编辑器中编写该类的具体定义代码如下：

```java
public class nonGen {
    int n;
    public nonGen(int n){
        this.n = n;
    }
    public nonGen(){
        n = 0;
    }
    public int getN(){
        return n;
    }
}
```

这是一个简单的普通Java类，它将作为父类被泛型类继承。

（2）在名称为GenericDemo的Java Project项目中，创建一个名称为derivedNonGen的Java类，并在打开的Java代码编辑器中编写该类的具体定义代码如下：

```java
//继承普通类作为父类
public class derivedNonGen<T> extends nonGen {
    T ob;
    public derivedNonGen(T ob, int n){
        super(n);
        this.ob = ob;
    }
    public T getOb(){
        return ob;
    }
}
```

在这个继承普通类作为父类的泛型子类中仍然传递了一个普通参数给它的父类，所以它的构造方法需要两个参数，其中类型参数留给自己使用。

（3）在名称为GenericDemo的Java Project项目中，创建一个名称为heritDemo2的Java类，并在打开的Java代码编辑器中编写该类的具体定义代码如下：

```java
public class heritDemo2 {
    public static void main(String args[ ]){
        //创建子类的对象，它需要传递String类型的参数给自己
        derivedNonGen<String> oa =new derivedNonGen<String> ("Value is: ",100);
            System.out.print(oa.getOb());
            System.out.println(oa.getN());
    }
}
```

在main()函数中，创建了一个子类的实例，因为子类是泛型类，所以需要传递实际的参数类型，而因为父类是普通类，所以继承自父类的属性只需要通过构造函数中传递的实参进行初始化就可以了。

该实例的运行结果如图11-7所示。

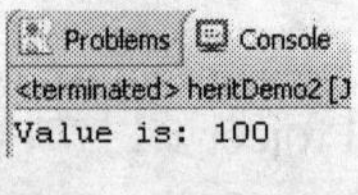

图11-7　继承非泛型类的子类的运行结果

现在再来讨论一下关于泛型类的继承规则。前面所看到的泛型类之间是通过关键字extends来直接继承的，这种继承关系十分明显。不过，如果类型参数之间具有继承关系，那么对应的泛型是否也会具有相同的继承关系呢？比如，Integer是Number的子类，那么Generic<Integer>是否是Generic<Number>的子类呢？答案是：否。例如，下面的代码将不会编译成功：

```
Generic<Number> oa = new Generic<Integer>(100);
```

因为oa的类型不是Generic<Integer>的父类，所以这条语句无法编译通过。事实上，无论类型参数之间是否存在联系，对应的泛型类之间都是不存在联系的。

11.7　泛型接口

除了前面介绍的泛型类和泛型方法，在Java中还可以定义泛型接口。泛型接口的定义与泛型类非常相似，它的声明形式如下：

```
interface 接口名<类型参数表>
```

下面通过实例来讲解泛型接口的具体定义和使用。

例11.8　泛型接口的定义和使用

（1）在名称为GenericDemo的Java Project项目中，创建一个名称为MinMax的Java接口，并在打开的Java代码编辑器中编写该类的具体定义代码如下：

```
public interface MinMax<T extends Comparable<T>>{
    T  min();
    T  max();
}
```

泛型接口中的类型参数T是有界类型，它必须是Comparable的子类。Comparable本身也是一个泛型类，它是由系统定义在类库中的，可以用来比较两个对象的大小。

（2）在名称为GenericDemo的Java Project项目中，创建一个名称为InterfaceClass的Java类，并在打开的Java代码编辑器中编写该类的具体定义代码如下：

```
public class InterfaceClass<T extends Comparable<T>> implements MinMax<T>{
    T  [  ]  vals;
    InterfaceClass(T  [  ]  ob){
        vals = ob;
    }
     //实现接口中的选择最小值的方法
    public T  min(){
      T  val = vals[0];
      for(int  i=1;  i<vals.length;  ++i)
          if (vals[i].compareTo(val) < 0)
              val = vals[i];
      return  val;
    }
     //实现接口中的选择最大值的方法
    public T  max(){
      T  val = vals[0];
      for(int  i=1;  i<vals.length;  ++i)
          if (vals[i].compareTo(val) > 0)
```

```
                    val = vals[i];
                return val;
            }
        }
```

该类实现了泛型接口，而且该类也是泛型类，其中的类型参数T必须和要实现的接口中的声明完全一样。因为如果一个类实现了一个泛型接口，则此类也是泛型类。否则，它无法接受传递给接口的类型参数。

（3）在名称为GenericDemo的Java Project项目中，创建一个名称为TestGen4的Java类，并在打开的Java代码编辑器中编写该类的具体定义代码如下：

```java
public class TestGen4 {
    public static void main(String args[]){
        Integer inums[] = {76,48,23,19,85,12,56};
        Character chs[] = {'a','w','t','y','b','u','b'};
        InterfaceClass<Integer> iob = new InterfaceClass<Integer>(inums);
        InterfaceClass<Character> cob = new InterfaceClass<Character>(chs);
        System.out.println("整数数组中最大值是: "+iob.max());
        System.out.println("整数数组中最小值是: "+iob.min());
        System.out.println("字符数组中最大值是: "+cob.max());
        System.out.println("字符数组中最小值是: "+cob.min());
    }
}
```

在使用实现泛型接口的泛型类创建对象的方式上，和前面使用普通的泛型类没有任何区别。该实例的运行结果如图11-8所示。

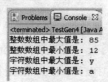

图11-8　实现泛型接口的类的运行结果

第12章 Java SE 6数据库编程

JDBC是实现Java同各种数据库连接的关键，它提供了将Java和数据库连接起来的程序接口，使用户可以以SQL的形式编写数据库操作代码，从而轻松地使用Java语言连接数据库。本章主要介绍JDBC数据库开发的相关知识，包括JDBC编程步骤以及JDBC中各常用的类和接口。

12.1 Java数据库编程概述

随着信息爆炸时代的到来，计算机和网络中的数据量与日俱增，数据库的应用已经无处不在。作为一名开发人员，数据库应用的开发是必须掌握的技能之一。Java语言为数据库应用的开发提供了良好的支持，提供了JDBC技术。

JDBC（Java Data Base Connectivity，Java数据库连接）是一种用于执行SQL语句的Java应用程序设计接口，它由一些Java语言编写的类和接口组成，并支持SQL语言。利用JDBC可以将Java代码连接到Oracle、DB2、SQL Server、MySQL等数据库，从而实现对数据库中的数据进行操作的目的。

JDBC中提供的常用类和接口如表12-1所示。

表12-1 JDBC中提供的常用类和接口

类或接口	主要作用
DriverManager	用于执行注册、连接以及注销等管理数据库驱动程序的任务
Connection	应用程序与特定数据库的连接
Statement	执行SQL语句并返回执行结果
PreparedStatement	代表预编译的SQL语句
CallableStatemet	执行SQL的存储过程
ResultSet	接收SQL查询语句执行后的返回结果
ResultSetMetaData	查询数据库返回的结果集的有关属性信息
DatabaseMetaData	数据库的有关属性信息
SQLException	数据存取中的错误信息

使用JDBC操作数据库，一般分为以下几个步骤：

（1）载入数据库驱动。不同的数据库驱动程序是不同的，一般由数据库厂商提供这些驱动程序。

（2）建立数据库连接，获取Connection对象。

（3）根据SQL语句建立Statement对象或者PreparedStatement对象。

（4）如果是查询操作，则执行SQL语句，获得结果集ResultSet对象。

（5）然后一条一条读取结果集ResultSet对象中的数据。

（6）如果是修改或者删除操作，则需要根据操作结果执行提交或回滚命令。

（7）最后依次关闭Statement对象和Connection对象。

按照上述步骤，简单的说，使用JDBC操作数据库可分为3部分：①连接数据库建立；②执行数据库操作；③操作数据库结果集。

接下来将按照JDBC的操作步骤具体介绍JDBC编程中常用的类和接口。

12.2 建立数据库连接

Java应用程序要想访问数据库，首先必须建立数据库连接。在JDBC中建立数据库连接主要通过DriverManager类和Connection接口调用JDBC驱动程序。

12.2.1 JDBC驱动程序类型

JDBC的驱动程序是由数据库厂商提供的、供JDBC访问数据库的接口层。JDBC驱动程序可分为以下四种模式。

1. JDBC-ODBC桥驱动程序

JDBC-ODBC桥驱动程序利用ODBC驱动程序提供数据库访问功能。该种模式的驱动程序的结构如图12-1所示。

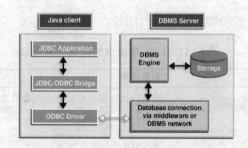

图12-1　JDBC-ODBC桥驱动程序结构图

使用该类型的驱动程序必须要求每个客户机上都加载了ODBC二进制代码。

2. 本地API驱动程序

这种模式的驱动程序依靠特定于操作系统的共享库来与Oracle、Sybase、Informix或DB2等数据库通信。应用程序将装入这种JDBC驱动程序，而驱动程序将使用共享库来与数据库服务器通信。该种模式的驱动程序的结构如图12-2所示。

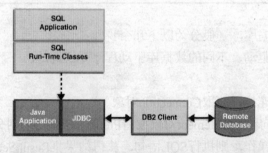

图12-2　本地API驱动程序结构图

3. 网络协议纯Java驱动程序

这种模式的驱动程序是一种纯Java实现，它将JDBC转换为与数据库无关的网络协议，之后这种网络协议又被某个服务器转换为一种数据库协议。这种网络服务器中间件能够将它的纯Java客户机连接到多种不同的数据库上。所用的具体协议取决于数据库类型。该种模式的驱动程序的结构如图12-3所示。

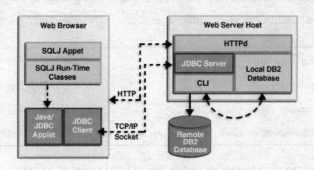

图12-3　网络协议纯Java驱动程序

4. 本地协议纯Java驱动程序

这种模式的驱动程序将JDBC调用直接转换为对数据库的访问，允许从客户机上直接访问数据库服务器。该种模式的驱动程序的结构如图12-4所示。

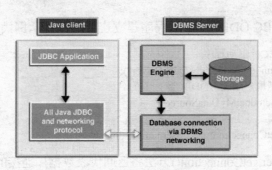

图12-4　本地协议纯Java驱动程序

在目前的实际开发中，本地协议纯Java驱动程序应用最为广泛，本章后续的内容都是基于这种驱动程序模式开发的。

12.2.2　驱动程序管理类DriverManager

DriverManager类是JDBC的管理层，作用于用户程序和驱动程序之间。用来管理数据库驱动程序。它可以跟踪可用的驱动程序，注册、注销驱动程序以及为建立数据库连接提供合适的驱动程序。因此，使用JDBC驱动程序之前，必须首先将驱动程序加载并向DriverManager注册后才可以使用。

DriverManager类中常用方法如表12-2所示。

通过表12-2可以看出，DriverManager类的所有成员方法都是静态的，用户在程序中无需对该类进行实例化，可以直接通过类名来调用这些静态方法。

在使用DriverManager类管理驱动程序之前，首先要对驱动程序进行注册。最常用的驱动程序的注册方式是在程序中利用Class.forName()方法来加载指定的驱动程序，这种方式将显式加载驱动程序类。

表12-2　DriverManager类中的常用方法

方法	说明
static void deregisterDriver(Driver driver)	注销指定的驱动程序
static Connection getConnection(String url)	连接指定的数据库
static Connection getConnection(String url, String user, String password)	以指定的用户名和密码连接指定数据库
static Driver getDriver(String url)	获取建立指定连接需要的驱动程序
static Enumeration getDrivers()	获取已装载的所有JDBC驱动程序
static int getLoginTimeout()	获取驱动程序等待的秒数
static void setLoginTimeout(int seconds)	设置驱动程序等待连接的最大时间

例如，如下代码将直接加载SQL Server 2005数据库的驱动程序。

```
Class.forName("com.microsoft.sqlserver.jdbc.SQLServerDriver ")
```

加载驱动程序后，就可以使用DriverManager类来与数据库建立连接了。对于简单的应用，只需直接调用DriverManager类的getConnection()方法，即可根据给定的参数建立与数据库的连接。

以下代码是使用JDBC-ODBC桥驱动程序建立连接的基本示例代码：

```
//加载JDBC-ODBC桥驱动程序
Class.forName("sun.jdbc.odbc.JdbcOdbcDriver");
//MyDataSource是用户建立的ODBC数据源的名称
String url = "jdbc:odbc:MyDataSource";
//建立数据库连接
DriverManager.getConnection(url, "username", "password");
```

其中，DriverManager.getConnection()方法将返回代表数据库连接的Connection对象。该方法包含3个参数，其中，第一个参数是数据库的连接URL字符串，用来指定要连接的数据库的连接信息。第二个参数和第三个参数分别代表连接数据库的用户名和密码。

连接URL字符串的第一部分指定了连接数据库所使用的协议，后面总是跟着冒号，冒号后面给出了数据资源在网络中所处位置的相关信息。连接URL字符串是一种标识数据库的方法，可以使相应的驱动程序能识别该数据库并与之建立连接。由于连接URL字符串要与各种不同的驱动程序一起使用，所以针对不同的数据库其格式会有所不同。连接URL字符串的标准语法由三部分组成，各部分间用冒号分隔，具体格式如下所示：

jdbc:<子协议>:<子名称>

其中"jdbc"表示连接协议，并且连接协议总是"jdbc"。<子协议>表示数据库连接机制的名称。例如，上面代码中的子协议是"odbc"，这就表示使用JDBC-ODBC桥驱动程序方式进行连接。<子名称>表示数据库连接字符串或者数据源的名字。

常用数据库的连接URL字符串格式如表12-3所示。

表12-3 常用数据库的连接URL字符串

数据库名称	连接URL字符串
MySQL	jdbc:mysql://DbComputerNameOrIP:3306/DatabaseName
PostgreSQL	jdbc:postgresql://DbComputerNameOrIP/DatabaseName
Oracle	jdbc:oracle:thin:@DbComputerNameOrIP:1521:SID
Sybase	jdbc:sybase:Tds:DbComputerNameOrIP:2638
SQL Server 2005	jdbc:sqlserver://DbComputerNameOrIP:1433;databaseName=db
DB2	jdbc:db2://DbComputerNameOrIP:6789/db
ODBC	jdbc:odbc:DSN

12.2.3 数据库连接接口Connection

Connection接口用于应用程序和数据库的连接。Connection接口中提供了丰富的方法，从事务处理到创建Statement对象，从管理连接到向数据库发送查询等。

Connection接口中常用方法如表12-4所示。

表12-4 Connection接口中常用方法

方法	说明
void close()	关闭当前连接并释放资源
void commit()	提交对数据库所做的改动
Statement createStatement()	创建Statement对象
Statement createStatement(int resultSetType, int resultSetConcurrency)	创建一个要生成特定类型和并发性结果集的Statement对象
boolean isClosed()	判断连接是否关闭
boolean isReadOnly()	判断连接是否处于只读状态
CallableStatement prepareCall(String sql)	创建CallableStatement对象
PreparedStatement prepareStatement(String sql)	创建PreparedStatemen对象
void rollback()	回滚当前事务中的所有改动
void setReadOnly(boolean readOnly)	设置连接为只读模式

下面的示例代码说明了如何使用Connection接口连接数据库以及关闭数据库。

```
try{
        //声明Connection对象获取DriverManager连接数据库返回的数据库连接对象
        Connection  conn=DriverManager.getConnection("jdbc:odbc:MyDataSource ", "sa", "123");
}catch(SQLException ce){
        System.out.println("SQLException:"+ce.getMessage());
}finally{
        try{
            //关闭连接
            conn.close();
    }catch(Exception e){
        e.printStackTrace();
}
}
```

使用完数据库之后，要记住关闭数据库连接。关闭数据库连接的代码一般都写在finally语句块中以保证其肯定能被执行。

12.2.4 任务：创建办公固定资产管理系统的数据库操作类

办公固定资产管理系统中的所有固定资产信息、管理员信息以及用户信息都存储在数据库中，因此所有通过界面的操作实际上都是对数据库的操作。为了简化编程模型和更好地实现软件复用技术，将该系统中的数据库连接、关闭和基本的增删改查的操作都定义在一个独立的数据库操作类DBManager中。该类的数据库连接和关闭的代码定义如下：

```java
import java.sql.*;
public class DBManager{
    public DBManager()
    {
            try{
                //注册SQL2005数据库的纯Java JDBC连接
                    Class.forName("com.microsoft.sqlserver.jdbc.SQLServerDriver");
            }
            catch(ClassNotFoundException e1)
            {
                    System.out.println(e1);
            }
            try
            {        //设置数据库连接字符串
                    rul="jdbc:sqlserver://127.0.0.1:1433;DatabaseName=EquipManager;";
            //建立数据库连接
                    conn=DriverManager.getConnection(rul,"sa","2001sun");
            }
            catch(SQLException e2)
            {
                    System.out.println(e2);
            }
    }
    //关闭数据库连接的方法定义
    public boolean closeResultSet()
    {
            try
            {
                    conn.close();
                    return true;
            }catch(SQLException e5)
            {
                    System.out.println(e5);
                    return false;
            }
    }
        //声明数据库连接字符串的对象
            String rul;
        //声明数据库连接Connection对象
    Connection conn;

}
```

12.3 执行数据库连接

建立数据库连接成功后，就可以使用Statement、PreparedStatement以及CallableStatement对象来分别执行SQL语句和存储过程了。

12.3.1 SQL声明接口Statement

Statement接口用于在已经建立数据库连接的基础上向数据库发送要执行的SQL语句。作为在给定数据库连接上执行SQL语句的容器对象，Statement对象用于执行不带参数的简单SQL语句。它是由Connection类的createStatement()方法产生的。读者通过表12-4可以看到Connection类的createStatement()方法有两种异构形式，一种是：

> Statement stmt = con.createStatement();

另一种是：

> Statement stmt = con.createStatement(int type, int concurrency);

其中，参数type的值决定查询得到的结果集的滚动方式，其取值可以是：

- ResultSet.TYPE_FORWORD_ONLY，表示结果集的游标只能向后滚动。
- ResultSet.TYPE_SCROLL_INSENSITIVE，表示结果集的游标可以前后滚动，并且当数据库中的数据发生变化时，当前结果集不变化。
- ResultSet.TYPE_SCROLL_SENSITIVE，表示结果集的游标可以前后滚动，并且当数据库中的数据发生变化时，当前结果集同步变化。

参数Concurrency的值决定数据库是否是可更新的。其取值可以是：

- ResultSet.CONCUR_READ_ONLY，表示结果集是只读的。
- ResultSet.CONCUR_UPDATETABLE，表示结果集是可更新的，可以通过更改结果集中的数据更新数据库中的数据。

关于可滚动和可更新的结果集将在后续章节中详细介绍，这里就不再具体说明了。Statement接口中常用方法如表12-5所示。

表12-5 Statement接口中常用方法

方法	说明
void addBatch(String sql)	在Statement语句中增加SQL批处理语句
void cancel()	取消SQL语句指定的数据库操作指令
void clearBatch()	清除Statement语句中的SQL批处理语句
void close()	关闭Statement语句指定的数据库连接
boolean execute(String sql)	用于执行返回多个结果集或者多个更新数的SQL语句
int[ ] executeBatch()	批处理执行多个SQL语句
ResultSet executeQuery(String sql)	用于执行返回单个结果集的SQL语句，并返回结果集
int executeUpdate(String sql)	执行数据库更新，返回值说明执行该语句所影响数据表中的行数

方法	说明
Connection getConnection()	获取对数据库的连接
int getFetchSize()	获取结果集的行数
int getMaxFieldSize()	获取结果集的最大字段数
int getMaxRows()	获取结果集的最大行数
int getQueryTimeout()	获取查询超时时间设置
ResultSet getResultSet()	获取结果集
void setCursorName(String name)	设置数据库游标的名称
void setFetchSize(int rows)	设置结果集的行数
void setMaxFieldSize(int max)	设置结果集的最大字段数
void setMaxRows(int max)	设置结果集的最大行数
void setQueryTimeout(int seconds)	设置查询超时时间

例12.1 使用Statement实现数据的插入操作

进行开发之前，首先在SQL Server 2005数据库服务器中新建名称为"TestDemo"的数据库，具体步骤如下。

（1）在SQL Server Management Studio中单击工具栏中的"新建查询"按钮，将创建如图12-5所示的脚本编辑器。

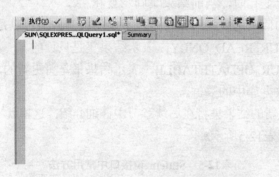

图12-5 SQL Server 2005中的SQL脚本编辑器

（2）在脚本编辑器中输入如下代码，用来创建数据库以及数据库中用来存放用户信息的数据表User。

```
CREATE DATABASE TestDemo;
GO
USE [TestDemo]
GO
CREATE TABLE [dbo].[User](
    [UserID] [int] IDENTITY(1,1) NOT NULL,
    [UName] [varchar](20) COLLATE Chinese_PRC_CI_AS NOT NULL,
    [UPass] [varchar](20) COLLATE Chinese_PRC_CI_AS NOT NULL,);
GO
```

（3）单击脚本编辑器工具栏中的"执行"按钮，将执行上述脚本代码，在SQL Server 2005数据库服务器中创建TestDemo数据库，如图12-6所示。

数据库创建完成之后，使用Eclipse开发一个Java应用程序，用来将用户注册的信息插入到User数据表中，具体步骤如下：

（1）在Eclipse中创建一个名称为DataBaseDemo的Java Project项目。

（2）将从微软官方网站下载的SQL Server 2005数据库的JDBC驱动程序sqljdbc.jar复制到项目中。

（3）在Eclipse中右击项目，在弹出的菜单中单击"Properties"选项，将显示如图12-7所示的关于项目属性的对话框。

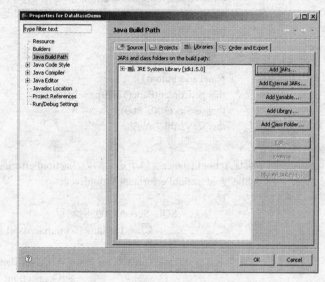

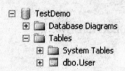

图12-6 创建的TestDemo数据库   图12-7 关于项目属性的对话框

在其中单击"Add External JARs"按钮，将拷贝到项目中的sqljdbc.jar添加到项目的编译路径中。

（4）在该项目中，创建一个名称为StatementDemo的Java类，并在打开的Java代码编辑器中编写该类的具体定义代码如下：

```java
import java.awt.event.ActionEvent;
import java.awt.event.ActionListener;
import java.sql.Connection;
import java.sql.DriverManager;
import java.sql.SQLException;
import java.sql.Statement;

import javax.swing.JButton;
import javax.swing.JFrame;
import javax.swing.JLabel;
import javax.swing.JOptionPane;
import javax.swing.JPanel;
import javax.swing.JPasswordField;
import javax.swing.JTextField;

public class StatementDemo extends JFrame implements ActionListener{
```

```java
        JTextField tname;
        JPasswordField tpass;
        public StatementDemo(String title)
        {
            //设计程序界面
                super(title);
                JButton button1=new JButton("确定");
                JLabel lname=new JLabel("Name:");
                JLabel lpass=new JLabel("Pass:");
                 tname=new JTextField(20);
                 tpass=new JPasswordField(20);
                JPanel panel=new JPanel();
                button1.addActionListener(this);
                panel.add(lname);
                panel.add(tname);
                panel.add(lpass);
                panel.add(tpass);
                panel.add(button1);
                this.getContentPane().add(panel);
                this.setSize(300, 200);
                this.setVisible(true);
        }

        //实现ActionListener接口所定义的方法actionPerformed
        public void actionPerformed(ActionEvent e){
                try {
                    //载入SQL Server 2005驱动程序
                            Class.forName("com.microsoft.sqlserver.jdbc.SQLServerDriver");
                    //建立数据连接
                            Connection conn = DriverManager
                                    .getConnection(
                                    "jdbc:sqlserver://127.0.0.1:1433;DatabaseName=TestDemo",
"sa", "2001sun");
                        //创建Statement对象
                            Statement state = conn.createStatement();
                            //执行数据插入操作
        int result = state.executeUpdate("insert into [User](UName,UPass) values('"
                                                    + tname.getText()
                                                    + "','"
                                                    + tpass.getText() + "')");
                //判断插入是否成功
                            if (result == 1)
                            //如果插入成功，则弹出显示成功的消息框
                                JOptionPane.showMessageDialog(null, "用户注册成功");

                    } catch (Exception ex) {
                            System.out.println(ex);
                    }
        }
        public static void main(String[] args)
        {
                new StatementDemo("插入数据");
        }
}
```

该实例运行后，在文本框和密码框中分别输入用户名和密码，如图12-8所示。

单击“确定”按钮，将把用户输入的数据插入到数据库中，并显示如图12-9所示的插入成功的“消息”提示框。

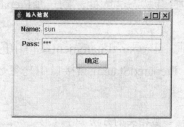

插入数据
Name: sun
Pass: ***
确定

图12-8 输入用户名和密码

消息
用户注册成功
确定

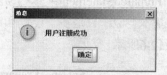

图12-9 插入成功的“消息”提示框

在SQL Server 2005中打开对应的User数据表，将看到插入到数据表中的用户注册信息，如图12-10所示。

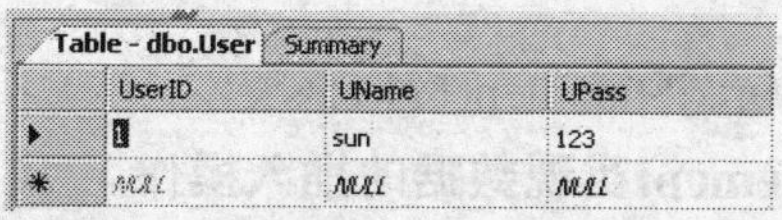

Table - dbo.User
Summary
UserID
UName
UPass
1
sun
123
NULL
NULL
NULL

图12-10 数据表中插入的用户注册信息

12.3.2 预编译声明接口PreparedStatement

PreparedStatement接口继承自Statement接口，用于处理需要被多次执行的带有IN参数的SQL语句。因为PreparedStatement执行时已经将SQL语句编译完成，省去了编译SQL语句的时间，因此执行效率比Statement高很多。因此，在JDBC实际开发过程中，建议开发者以PreparedStatement代替Statement。

PreparedStatement的优势主要体现在以下三点。

- 使用PreparedStatement的代码的可读性和可维护性高。

虽然用PreparedStatement来代替Statement会使代码量增多，但这样的代码无论从可读性还是可维护性上来说都比直接使用Statement的代码好很多。

- 使用PreparedStatement能够最大的提高代码的执行效率。

每一种数据库都会尽最大努力对预编译语句提供最大的性能优化。因为预编译语句有可能被重复调用，所以语句在被数据库的编译器编译后的执行代码将被缓存下来，那么下次调用时，只要是相同的预编译语句就不再需要编译了，只要将参数直接传入编译过的语句执行代码中就会得到执行，而PreparedStatement就可以将其中的SQL语句进行预编译，从而能够提高代码的执行效率。

- 使用PreparedStatement能够提高程序的安全性。

使用预编译语句时，传入的任何内容都不会和原来的语句发生任何匹配的关系，因此可以防止SQL注入，从而提高程序的安全性。

包含于PreparedStatement中的SQL语句可具有一个或多个IN参数。IN参数的值在SQL语句创建时并未被指定。相反的，该语句为每个IN参数保留一个问号“?”作为占位符。每个问号的值必须在该语句执行之前，通过适当的set×××()方法来提供。其中×××是与该参数相对应的类型。例如，如果参数为int类型，则使用的方法就是setInt()。

　　一旦设置了PreparedStatement中的SQL语句的参数值，就可以多次使用这些参数值执行SQL语句，直到调用clearParameters()方法清除参数为止。在默认的连接模式下，语句完成时将自动提交该语句。语句在提交之后仍保持这些语句的打开状态，因此，同一个PreparedStatement可执行多次，直到显式调用close()方法为止。

　　因为PreparedStatement继承自Statement接口，因此，PreparedStatement接口中的方法与Statement基本类似，只是多了设置和清除参数的方法，PreparedStatement接口中与参数相关的方法如表12-6所示。

表12-6　PreparedStatement接口中与参数相关的方法

方法	说明
void set×××(int paramIndex ××× value)	设置SQL语句中参数的值，其中×××是参数的类型
void clearParameters()	清除当前所有参数值

下面将例12.1改为使用PreparedStatement接口来实现。

例12.2　使用PreparedStatement实现数据的插入操作

　　在名称为DataBaseDemo的Java Project项目中，创建一个名称为PreparedStatementDemo的Java类，并在打开的Java代码编辑器中编写该类的具体定义代码如下：

```java
import java.awt.event.ActionEvent;
import java.awt.event.ActionListener;
import java.sql.Connection;
import java.sql.DriverManager;
import java.sql.PreparedStatement;

import javax.swing.JButton;
import javax.swing.JFrame;
import javax.swing.JLabel;
import javax.swing.JOptionPane;
import javax.swing.JPanel;
import javax.swing.JPasswordField;
import javax.swing.JTextField;

public class PreparedStatementDemo extends JFrame implements ActionListener{
    JTextField tname;
    JPasswordField tpass;
    public PreparedStatementDemo(String title)
    {
            super(title);
            JButton button1=new JButton("确定");
            JLabel lname=new JLabel("Name:");
            JLabel lpass=new JLabel("Pass:");
             tname=new JTextField(20);
             tpass=new JPasswordField(20);
            JPanel panel=new JPanel();
            button1.addActionListener(this);
            panel.add(lname);
            panel.add(tname);
            panel.add(lpass);
```

```
                        panel.add(tpass);
                        panel.add(button1);
                        this.getContentPane().add(panel);
                        this.setSize(300, 200);
                        this.setVisible(true);
                }
                //实现ActionListener接口所定义的方法actionPerformed
                public void actionPerformed(ActionEvent e){
                        try {
                            //载入SQL Server 2005驱动程序
                                Class.forName("com.microsoft.sqlserver.jdbc.SQLServerDriver");
                            //建立数据连接
                                Connection conn = DriverManager
                                            .getConnection(
                                            "jdbc:sqlserver://127.0.0.1:1433; DatabaseName=TestDemo",
                                            "sa", "2001sun");
                                //创建PreparedStatement对象
                                PreparedStatement pstate = conn.prepareStatement("insert into [User](UName,
UPass) values(?,?)");

                                //设置PreparedStatement对象中的参数
                                pstate.setString(1,tname.getText());
                                pstate.setString(2,tpass.getText());
                                //执行插入操作
                                int result = pstate.executeUpdate();
                            //判断插入是否成功
                                if (result == 1)
                                        JOptionPane.showMessageDialog(null, "用户注册成功");

                        } catch (Exception ex) {
                                System.out.println(ex);
                        }

                }
                public static void main(String[] args)
                {
                        new PreparedStatementDemo("插入数据");
                }
        }
```

在该类中使用PreparedStatement替换Statement后，读者可以看出在代码中的SQL语句的可读性比例12.1中的代码高很多。在PreparedStatement中使用"?"代表参数，因为2个参数都为String类型的，调用获取两个组件输入内容的getText()方法为参数传值后，调用对应的执行方法执行SQL语句，将会得到与例12.1相同的结果。

12.3.3　存储过程执行接口CallableStatement

CallableStatement接口继承自PreparedStatement接口，用于执行对数据库的存储过程的调用。其对存储在数据库中的存储过程的调用有两种形式：一种形式带参数，另一种形式不带参数。参数包括输入（IN参数）、输出（OUT参数）以及输入和输出（INOUT参数）的参数。"?"同样将用做参数的占位符。

调用储存过程的具体语法格式如下。

不带参数的存储过程调用：{call 存储过程名}

带参数的存储过程调用：{call 存储过程名(?, ?, ...)}

因为CallableStatement继承自PreparedStatement接口，因此，CallableStatement接口中的方法与PreparedStatement中的基本类似，只是由于存储过程中的参数除了包括输入参数之外，还包括输出以及输入和输出参数，因此，CallableStatement接口中多定义了注册输出参数的register-OutParameter()方法。

例12.3 使用CallableStatement实现存储过程的调用

进行开发之前，首先在SQL Server 2005数据库服务器的"TestDemo"数据库中创建名称为"test"的存储过程，具体步骤如下：

（1）在SQL Server Management Studio中右击TestDemo数据库中的"Stored Procedures"项，在弹出的如图12-11所示的右键菜单中单击"New Stored Procedures..."选项，以便创建存储过程。

（2）在打开的存储过程编辑器中输入如下存储过程代码：

```
create procedure User_UpdatePassWord
@userName varchar(50), @oldPwd varchar(50), @newPwd varchar(50), @isUpdated int=0 output
as
select @oldPwd=UPass from [User] where UName=@userName
if(@oldPwd is not null)
  begin
    update [User] set UPass=@newPwd where UName=@userName
    select @isUpdated = 1
  end
else
  begin
    select @isUpdated = 0
  end
```

（3）单击存储过程编辑器工具栏中的"执行"按钮，将把该存储过程保存在数据库中，保存后的存储过程如图12-12所示。

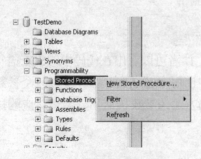

图12-11　选择新建存储过程选项

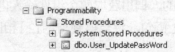

图12-12　保存在数据库中的存储过程

存储过程创建完成之后，使用Eclipse开发一个Java应用，用来修改保存在User数据表中的用户登录密码，具体步骤如下。

在名称为DataBaseDemo的Java Project项目中，创建一个名称为CallableStatementDemo的Java类，并在打开的Java代码编辑器中编写该类的具体定义代码如下：

```java
import java.awt.event.ActionEvent;
import java.awt.event.ActionListener;
import java.sql.CallableStatement;
import java.sql.Connection;
import java.sql.DriverManager;
import java.sql.PreparedStatement;

import javax.swing.JButton;
import javax.swing.JFrame;
import javax.swing.JLabel;
import javax.swing.JOptionPane;
import javax.swing.JPanel;
import javax.swing.JPasswordField;
import javax.swing.JTextField;
public class CallableStatementDemo extends JFrame implements ActionListener{
    JTextField tname;
    JPasswordField toldpass;
    JPasswordField tnewpass;
    public CallableStatementDemo(String title)
    {
        //设计界面
        super(title);
        JButton button1=new JButton("确定");
        JLabel lname=new JLabel("Name:");
        JLabel loldpass=new JLabel("Old Pass:");
        JLabel lnewpass=new JLabel("New Pass:");
        tname=new JTextField(20);
        toldpass=new JPasswordField(20);
        tnewpass=new JPasswordField(20);
        JPanel panel=new JPanel();
        button1.addActionListener(this);
        panel.add(lname);
        panel.add(tname);
        panel.add(loldpass);
        panel.add(toldpass);
        panel.add(lnewpass);
        panel.add(tnewpass);
        panel.add(button1);
        this.getContentPane().add(panel);
        this.setSize(320, 200);
        this.setVisible(true);
    }
    //实现ActionListener接口所定义的方法actionPerformed
    public void actionPerformed(ActionEvent e){
        try {
            //载入SQL Server 2005驱动程序
                Class.forName("com.microsoft.sqlserver.jdbc.SQLServerDriver");
            //建立数据连接
                Connection conn = DriverManager
                        .getConnection(
                        "jdbc:sqlserver://127.0.0.1:1433;DatabaseName=TestDemo",
                                "sa", "2001sun");
                //创建CallableStatement对象
```

```
                    CallableStatement cstate = conn.prepareCall("{call User_UpdatePassWord
(?,?,?,?)}");
                    //设置CallableStatement对象中的输入参数
                    cstate.setString(1,tname.getText());
                    cstate.setString(2,toldpass.getText());
                    cstate.setString(3,tnewpass.getText());
                    //注册输出参数
                    cstate.registerOutParameter(4,java.sql.Types.INTEGER);
                    //执行存储过程
                    cstate.execute();
                    int result = cstate.getInt(4);
                //判断插入是否成功
                    if (result == 1)
                            JOptionPane.showMessageDialog(null,"密码修改成功");
            } catch (Exception ex) {
                    System.out.println(ex);
            }
        }
        public static void main(String[] args)
        {
                new CallableStatementDemo("插入数据");
        }
}
```

该实例运行后，在文本框和密码框中分别输入用户名、旧密码以及新密码，如图12-13所示。

单击"确定"按钮，将调用数据库中的存储过程，修改密码，并显示如图12-14所示的密码修改成功的"消息"提示框。

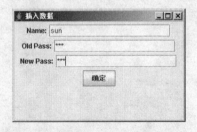

图12-13　输入要修改的密码

图12-14　密码修改成功的
　　　　　　"消息"提示框

在SQL Server 2005中打开对应的User数据表，将看到修改后的数据表中的用户密码如图12-15所示。

Table - dbo.User	Summary		
	UserID	UName	UPass
▶	1	sun	321
✱	NULL	NULL	NULL

图12-15　数据表中修改后的用户注册信息

12.3.4 任务：为办公固定资产管理系统的数据库操作类添加增、删、改操作的方法

在12.2.4小节的任务中，已经创建了办公固定资产管理系统的数据库操作类，并在其中实现了数据库连接和关闭的方法，本小节在此基础上，添加执行数据库增、删、改的方法。

首先在**DBManager**类中添加Statement类实例的声明：

```
Statement stmt;
```

然后，在该类的构造函数中，使用建立的数据库连接对象Connection创建Statement实例：

```
stmt=conn.createStatement(ResultSet.TYPE_SCROLL_SENSITIVE,ResultSet.CONCUR_UPDATABLE);
```

最后，在**DBManager**类中添加数据库增、删、改方法executeSql()的定义如下：

```
//增、删、改操作
public boolean executeSql(String sql){
        try
        {
        //执行数据库的增、删、改的方法
                stmt.executeUpdate(sql);
        //进行事物提交
                conn.commit();
                return true;
        }
        catch(Exception e4){
                System.out.println("executeSql----"+e4.toString());
                return false;
        }
}
```

因此，添加完增、删、改方法后的完整的**DBManager**类代码定义如下：

```
import java.sql.*;
public class DBManager{
    public DBManager()
    {
        try{
            //注册SQL2005数据库的纯JAVA JDBC连接
                Class.forName("com.microsoft.sqlserver.jdbc.SQLServerDriver");
        }
        catch(ClassNotFoundException e1)
        {
                System.out.println(e1);
        }
        try
        {
                rul="jdbc:sqlserver://127.0.0.1:1433;DatabaseName=EquipManager;";
                conn=DriverManager.getConnection(rul,"sa","2001sun");
                    stmt=conn.createStatement(ResultSet.TYPE_SCROLL_SENSITIVE,
ResultSet.CONCUR_UPDATABLE);
        }
        catch(SQLException e2)
        {
                System.out.println(e2);
```

```
                    }
               }
        //增、删、改操作
        public boolean executeSql(String sql){
              try
              {
                    stmt.executeUpdate(sql);
                    conn.commit();
                    return true;
              }
              catch(Exception e4){
                    System.out.println("executeSql----"+e4.toString());
                    return false;
              }
        }
        //关闭所有连接
        public boolean closeResultSet()
        {
              try
              {
                    re.close();
                    stmt.close();
                    conn.close();

                    return true;
              }catch(SQLException e5)
              {
                    System.out.println(e5);
                    return false;
              }
        }
              String rul;
        Connection conn;
        Statement stmt;

        }
```

12.4 查询数据库结果集

使用JDBC执行完对数据库的查询操作后，将得到查询数据库的结果集。开发者可以通过对结果集的操作获取查询的结果信息。在JDBC中，是通过ResultSet接口来操作数据库结果集的。

12.4.1 结果集接口ResultSet

ResultSet接口用来暂时存放数据库查询操作所获得的结果。它提供了对数据结果集的访问机制。结果集是一个二维表结构，其中包含查询所返回的列标题及相应的数据。ResultSet接口中包含了一系列get×××()方法，用来对结果集中的这些数据进行访问。

ResultSet接口中定义的常用方法如表12-7所示。

表12-7 ResultSet接口中常用方法

方法	说明
boolean absolute(int row)	将游标移动到结果集的某一行
Boolean relative(int row)	将游标向前或向后移动到当前位置的第几行
void afterLast()	将游标移动到结果集的末尾
void beforeFirst()	将游标移动到结果集的头部
boolean first()	将游标移动到结果集的第一行
boolean last()	将游标移动到结果集的最后一行
boolean next()	将游标移动到结果集的后面一行
boolean previous()	将游标移动到结果集的前面一行
boolean isAfterLast()	判断游标是否指向结果集的末尾
boolean isBeforeFirst()	判断游标是否指向结果集的头部
boolean isFirst()	判断游标是否指向结果集的第一行
boolean isLast()	判断游标是否指向结果集的最后一行
×××get×××(int conlumnIndex)	获取当前行某一列的值，返回值的类型为×××
Statement getStatement()	获取产生该结果集的Statement对象
int getType()	获取结果集的类型
int getRow(int row)	获取指定行的行号

下面创建一个实例，用来将保存在User数据表中的用户注册名称全部显示在一个JList组件中。

例12.4 使用ResultSet获取查询结果

在名称为DataBaseDemo的Java Project项目中，创建一个名称为ResultSetDemo的Java类，并在打开的Java代码编辑器中编写该类的具体定义代码如下：

```java
import java.awt.FlowLayout;
import java.sql.Connection;
import java.sql.DriverManager;
import java.sql.ResultSet;
import java.sql.Statement;
import java.util.Vector;

import javax.swing.JFrame;
import javax.swing.JLabel;
import javax.swing.JList;
import javax.swing.JOptionPane;
import javax.swing.ListSelectionModel;

public class ResultSetDemo {
    public static void main(String[] args)
    {
        //设计界面
            JFrame f=new JFrame("用户名列表");
            FlowLayout layout=new FlowLayout();
```

```
        f.setLayout(layout);
        JLabel lname=new JLabel("状态:");
        f.getContentPane().add(lname);
        Vector v=new Vector();
        try {
            //载入SQL Server 2005驱动程序
                    Class.forName("com.microsoft.sqlserver.jdbc.SQLServerDriver");
            //建立数据连接
                    Connection conn = DriverManager
                            .getConnection(
                            "jdbc:sqlserver://127.0.0.1:1433;DatabaseName=TestDemo",
                                            "sa", "2001sun");
                    Statement state = conn.createStatement();
                    //执行数据库查询操作
            ResultSet rs = state.executeQuery("select UName from [User]");
            //遍历结果集
            while(rs.next())
            {
                //将结果集中的每条记录的UName字段添加到Vector向量中
        v.addElement(rs.getString("UName"));
            }

        } catch (Exception ex) {
                    System.out.println(ex);
        }
    //使用包含结果集中数据的向量对象来构造JList实例
        JList l=new JList(v);
        //设置JList允许同时选中多个选项
        l.setSelectionMode(ListSelectionModel.MULTIPLE_INTERVAL_SELECTION);
        f.getContentPane().add(l);
        f.setSize(400, 200);
        f.setVisible(true);

    }
    }
```

该实例的运行结果如图12-16所示。

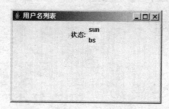

图12-16 显示结果集中的数据

12.4.2 任务：办公固定资产管理系统的数据库操作类添加查询方法

首先在DBManager类中添加ResultSet类实例的声明：

　　ResultSet re;

然后，在DBManager类中添加数据库查询方法getResult()的定义如下：

```
public ResultSet getResult(String sql){
        try{
                //执行查询操作
                re=stmt.executeQuery(sql);
                //返回结果集
                return re;
        }
        catch(Exception e3){
                System.out.println("getResult------"+e3.toString());
                return null;
        }
    }
```

　　至此，就完成了办公固定资产管理系统中数据库操作类**DBManager**的完整定义。该类将作为系统中所有关于数据库操作代码的基础类被广泛调用，在此，给出其完整代码：

```
package model;
import java.sql.*;
public class DBManager{
    public DBManager()
    {
        try{
                //注册SQL2005数据库的纯Java JDBC连接
                        Class.forName("com.microsoft.sqlserver.jdbc.SQLServerDriver");
                }
                catch(ClassNotFoundException e1)
                {
                        System.out.println(e1);
                }
                try
                {
                        rul="jdbc:sqlserver://127.0.0.1:1433;DatabaseName=EquipManager;";
                        conn=DriverManager.getConnection(rul,"sa","2001sun");
                            stmt=conn.createStatement(ResultSet.TYPE_SCROLL_SENSITIVE,
ResultSet.CONCUR_UPDATABLE);
                }
                catch(SQLException e2)
                {
                        System.out.println(e2);
                }
    }
    //数据库查询操作
    public ResultSet getResult(String sql){
        try{
                re=stmt.executeQuery(sql);
                return re;
        }
        catch(Exception e3){
                System.out.println("getResult------"+e3.toString());
                return null;
        }
    }
```

```
//数据库增、删、改操作
public boolean executeSql(String sql){
        try
        {
                stmt.executeUpdate(sql);
                conn.commit();
                return true;
        }
        catch(Exception e4){
                System.out.println("executeSql----"+e4.toString());
                return false;
        }
}
//关闭所有连接
public boolean closeResultSet()
{
        try
        {
                re.close();
                stmt.close();
                conn.close();

                return true;
        }catch(SQLException e5)
        {
                System.out.println(e5);
                return false;
        }
}
ResultSet re;
String rul;
Connection conn;
Statement stmt;

}
```

12.4.3　任务：添加办公固定资产管理系统管理员登录的数据库代码

在第六章6.2.9小节的任务中，已经实现了办公固定资产管理系统中管理员登录界面的设计工作，但是当时并没有真正添加数据库逻辑代码，本小节将完整地实现这部分功能。

（1）管理员登录界面类**ManagerLoginPane**的完整代码如下：

```
import javax.swing.JButton;
import javax.swing.JLabel;
import javax.swing.JPanel;
import javax.swing.JPasswordField;
import javax.swing.JTextField;
//引入处理界面中事件的事件处理器类
import contorl.LoginControl;

public class ManagerLoginPane extends JPanel {
    public ManagerLoginPane(MainFrame bar){
    frame=bar;
    initialize();
    }
```

```
//声明事件处理器类的实例
private LoginControl logincontrol;
private MainFrame frame;
private JLabel numberlbl = null;
private JLabel passlbl=null;
public JTextField numbertex=null;
public JPasswordField passtex=null;
public JButton surebtn=null;
public JButton cancelbtn=null;
//构造界面
private void initialize() {
        numberlbl = new JLabel();
        setLayout(null);
        numberlbl.setText("账号:");
        numbertex=new JTextField("");
        passlbl=new JLabel("密码");
        passtex=new JPasswordField("");
        surebtn=new JButton("确定");
        cancelbtn=new JButton("取消");
        this.setSize(600, 400);
        numberlbl.setBounds(130, 92, 100, 40);
        numbertex.setBounds(300, 90, 200, 40);
        passlbl.setBounds(130, 200, 100, 40);
        passtex.setBounds(300, 200, 200, 40);
        surebtn.setBounds(150, 300, 80, 40);
        cancelbtn.setBounds(353, 300, 80, 40);
        this.add(numberlbl, null);
        this.add(numbertex, null);
        this.add(passlbl, null);
        this.add(passtex, null);
        this.add(surebtn, null);
        this.add(cancelbtn, null);
    //实例化事件处理器类
        logincontrol=new LoginControl(frame,this);
    //向按钮中添加事件监听
        surebtn.addActionListener(logincontrol);
        cancelbtn.addActionListener(logincontrol);
}
}
```

（2）登录界面的时间处理器类LoginControl的代码定义如下：

```
package contorl;

import java.awt.event.ActionEvent;
import java.awt.event.ActionListener;
import java.sql.ResultSet;
import java.sql.SQLException;

import javax.swing.JOptionPane;
//引入办公固定资产管理系统的数据库操作类
import model.DBManager;
//引入系统主界面类
import view.MainFrame;
//引入管理员登录界面类
```

```java
import view.ManagerLoginPane;

public class LoginControl implements ActionListener {
    public LoginControl(MainFrame f,ManagerLoginPane p)
    {
        frame=f;
        pane=p;
    }
    //定义响应按钮的事件处理方法
    public void actionPerformed(ActionEvent e)
    {
        Object button=e.getSource();
        if(button==pane.surebtn)
        {
        //获取用户提交的登录信息
            String sid=pane.numbertex.getText().trim();
            String sps=new String(pane.passtex.getPassword()).trim();
        //创建数据库查询的sql语句
            String sql="select * from manager where mname='"+sid+"' and mpassword='"+
sps+"'and mdel=0";
        //声明结果集对象
            ResultSet rs;
        //设置判断用户是否存在的标志位
            boolean isexist=false;
            try
            {
        //执行数据库查询
                rs=db.getResult(sql);
                isexist=rs.first();
            }

            catch(SQLException w)
            {
                System.out.println(w);
            }
                //判断密码是否正确
            if(!isexist)
            {
        //如果管理员账号不存在，则显示“提示”对话框，并将密码框清空
                JOptionPane.showMessageDialog(null, "用户名不存在, 或密码不正确");
                pane.passtex.setText("");
                return;
            }
            else
            {
        //如果管理员账号存在，则进入系统，并使系统中的菜单可用
                frame.miLedit.setEnabled(true);
                frame.muScand.setEnabled(true);
                frame.muEquipment.setEnabled(true);
                frame.muUser.setEnabled(true);
                frame.jTree.setEnabled(true);
                pane.numbertex.setText("");
                pane.passtex.setText("");

            }
        }
```

```
            if(button==pane.cancelbtn)
            {
                    pane.numbertex.setText("");
                    pane.passtex.setText("");
                    return;

            }

    }
    private MainFrame frame;
    private DBManager db=new DBManager();
    private ManagerLoginPane pane;

}
```

因此，管理员未登录之前的系统主界面如图12-17所示。

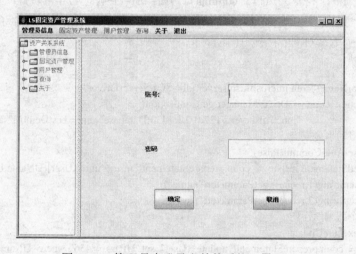

图12-17　管理员未登录之前的系统主界面

当管理员输入正确的账号和密码登录后，系统主界面如图12-18所示。

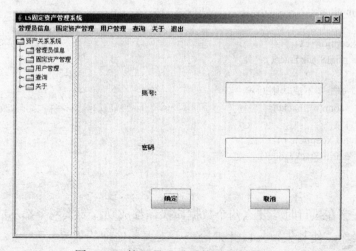

图12-18　管理员登录后的系统主界面

从中可以看出，系统主界面中的菜单项以及左边的树形结构都变为可用的了。

12.5 数据库事务处理

在JDBC的数据库操作中，一项事务是由一条或是多条SQL语句所组成的一个不可分割的工作单元。通过提交commit()方法或者回滚rollback()方法来结束事务的操作。关于事务操作的方法都位于java.sql.Connection接口中。

在JDBC中，事务操作默认是自动提交。也就是说，一条数据库的SQL语句就代表一项事务操作。操作成功后，系统将自动调用commit()方法来提交，否则将调用rollback()方法来回滚。

在JDBC中，可以通过调用setAutoCommit(false)方法来禁止自动提交。之后就可以把多个数据库操作的SQL语句作为一个事务，在全部操作完成后，调用commit()来进行整体提交。倘若其中一个SQL操作失败，将不会执行到commit()，并且将产生响应的异常。此时就可以在异常捕获中调用rollback()进行回滚。这样做可以保持多次数据库操作后，相关数据的一致性。

JDBC的手工事务处理的示例代码如下：

```
try{
Class.forName("com.microsoft.sqlserver.jdbc.SQLServerDriver");
Connection conn = DriverManager.getConnection(
                "jdbc:sqlserver://127.0.0.1:1433;DatabaseName=TestDemo","sa", "2001sun");
//禁止自动事务提交
  conn.setAutoCommit(false);
PreparedStatement pstate = conn.prepareStatement("insert into [User](UName,UPass) values(?,?)");
pstate.setString(1,request.getParameter("name"));
pstate.setString(2,request.getParameter("pass"));
//第一个数据库操作
pstate.executeUpdate();
pstate = conn.prepareStatement("update [User] set UPass ='456' where UName='sun'");
//第二个数据库操作
pstate.executeUpdate();
//事务提交
conn.commit();
}
catch(Exception ex) {
    ex.printStackTrace();
    try {
        //操作不成功则回滚
        conn.rollback();
        }
    catch(Exception e){
        e.printStackTrace();
        }
    }
```

上面这段程序在执行时，要么两个数据库操作都成功，要么两个都不成功，读者可以自己修改第二个操作，使其失败，以此来检查手工事务处理的效果。

JDBC对事务的支持是依赖于所连接的数据库的，如果数据库本身不支持事务，即使正常编写了事务的代码也是没有意义的。例如，Access、MySQL的免费版等都不支持事务。

第13章　办公固定资产管理系统

随着计算机的广泛运用，网络技术的飞速发展，利用计算机来管理信息成为社会发展的趋势。办公固定资产管理系统的开发就是为了企业、机关、学校、事业单位等任何需要管理固定资产及设备的单位能够摆脱以往人工操作的诸多不便，实现办公固定资产信息的微机化、网络化管理。本系统能够实现对固定资产的全面管理，将减轻管理人员的工作强度，提高工作效率。

本系统贯穿于全书的所有章节，而本章正是对本书前面章节的总结和实现，将以前面章节中所介绍和实现的任务为基础，对全书的知识点进行总结和应用，并在此基础上对系统功能进行详细分析和设计，系统讲解使用Java语言开发商业化应用程序的步骤和技巧，使读者能够对前面章节中的内容融会贯通，熟练运用。

本章重点讲解系统流程、模块功能、数据库设计以及系统各个模块的具体实现。通过对本系统的模块功能分析、系统流程设计、数据库设计和功能模块实现的学习，使读者深入掌握Java面向对象的编程的精髓，能够独立开发简单的Java应用系统。

13.1　系统分析

一个软件项目进行开发的第一步就是进行系统分析，这是一个项目能够顺利开发和实现的基础和关键。系统分析主要包括：需求分析、可行性分析以及开发及运行环境分析。

13.1.1　需求分析

因为固定资产是每个企业不可缺少的重要组成部分，因此加强固定资产管理，可以优化企业资源配置。固定资产经常需要执行登记、借出还入、维修等操作，从而实现固定资产设备的日常管理功能。通过查看这些操作信息，可方便地获知每一件固定资产的状态及当前所处位置，保证企业中的每一件物品发挥其最大的效用。一直以来人们都是使用传统人工的方式管理固定资产的信息，这种管理方式存在着许多缺点，例如，效率低、保密性差等，另外时间一长，将产生大量的文件和数据，这对查找、更新和维护都带来了不小的困难。

随着计算机技术的不断发展，计算机开始应用于各大领域，并给人们的生活带来了极大的便利，在固定资产管理中亦是如此。以往固定资产管理人员由于缺乏适当的管理工具而给其工作带来了很多不便。因此使用计算机管理固定资产，开发一个固定资产管理系统就成为了必然。固定资产管理系统是一个企事业单位不可缺少的部分，它的应用对于企事业单位的决策者和管理者来说都至关重要，能够为用户提供充足的信息和快捷的查询手段。

固定资产管理系统需要具备以下主要功能。

- 用户管理：将用户信息存储于系统中，管理员可以管理用户，例如查询用户、添加新用户、修改和删除用户等。

- 固定资产管理：将固定资产信息存储于系统中，管理员可以添加新设备、修改设备信息，并可以查阅设备借出和归还情况。
- 管理员管理：将管理员的信息存储于系统中，提供对管理员的添加、修改等操作。
- 办公文件管理：将系统中的信息存储成办公文件，提供打开和保存办公文件的功能，并实现网络办公功能，能够将办公文件在局域网内部发送和接收。

13.1.2 可行性分析

固定资产管理系统是一个典型的管理信息系统，所谓管理信息系统是一个以人为主导，利用计算机硬件、软件、网络通信设备以及其他办公设备，进行信息的收集传输、加工、储存、更新和维护，以企业战略竞优、提高效益和效率为目的，支持企业高层决策、中层控制、基层运作的集成化的人机系统。管理信息系统采用数据库作为后台，利用某种程序开发语言结合数据库访问技术进行前端数据操作。

目前开发系统常用的技术架构主要有两类：C/S（Client/Server）模式和B/S（Browser/Server）模式。C/S模式就是客户机/服务器模式。在这种模式下，可以充分利用客户机和服务器的硬件环境优势，将任务合理分配到客户机端和服务器端来实现，降低了系统的通信开销。在C/S模式下，应用服务器运行数据负荷较轻，但是C/S模式的劣势是维护成本高昂，且投资大。

固定资产管理系统属于企业内部的一种管理系统，通过内部网络处理和交换信息，因此采用C/S模式进行设计，客户端运行Java客户端程序，服务器端运行Java服务器端程序。

固定资产管理系统主要涉及前台程序与后台数据库之间的数据操作以及局域网内部数据的传递。利用Eclipse开发环境，采用Java语言结合SQL Server数据库进行开发不存在技术方面的问题。

13.2 系统功能模块分析

根据系统分析的要求，固定资产管理系统实现了4个完整的功能。根据这些功能要求，设计的系统功能模块如图13-1所示。

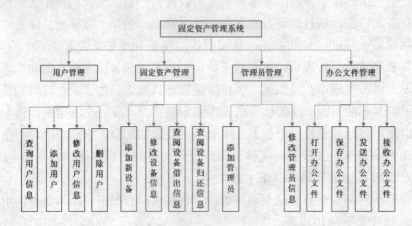

图13-1 系统功能模块

固定资产管理系统各模块功能要求分析如下。

· 用户管理模块

由于系统用户众多，为了方便每个用户对设备进行借出和归还操作，该系统需要存储每个用户的基本信息，以便用户对设备进行借出和归还操作时通过用户名从数据库中快速调出用户信息，用户基本信息包括用户名、职务、用户说明等，管理员可以添加新用户、查询用户信息、修改用户信息和删除用户。

· 固定资产管理模块

为了方便对固定资产的管理，需要把每件固定资产的相关信息添加到数据库，以便通过编号从数据库中快速调出固定资产的信息，固定资产基本信息包括编号、名称、类型、购买日期、所属类别、是否被借出等，管理员可以添加固定资产、查询固定资产信息、修改固定资产信息和删除固定资产。

· 管理员管理模块

该模块实现对管理员账号登录的验证、标识，为管理员对系统的操作提供授权依据，在这一模块中，首先要求管理员输入自己的登录账号和登录密码，然后系统对账号和密码进行验证，判断管理员的身份。当管理员登录成功后，还可以添加新的管理员账号以及修改已经存在的管理员的信息。

· 办公文件管理模块

该模块中可以对系统中的办公文件进行打开和保存操作，并且在局域网中对办公文件进行发送和接收操作。

13.3　数据库设计

根据系统的设计要求和模块功能分析，本小节将进行系统数据库的分析和设计。根据系统中所要存储的信息，在数据库中创建以下数据表：

· 管理员表Manager
· 用户表users
· 办公固定资产表equipment
· 办公固定资产借出表out
· 办公固定资产归还表returnin

1. 管理员表Manager

管理员表Manager用来保存管理员账号的信息，该数据表的字段定义和说明如表13-1所示。

表13-1　管理员表Manager

字段名称	数据类型	说明
Mid	int（自动编号）	管理员序号
Mname	varchar(20)	管理员账户名称
Mpassword	varchar(20)	管理员账户密码
Mdel	bit	账户是否被删除

2. 用户表users

用户表users用来保存用户的信息，该数据表的字段定义和说明如表13-2所示。

表13-2 用户表users

字段名称	数据类型	说明
uid	int（自动编号）	用户序号
uname	varchar(20)	用户名称
uduty	varchar(20)	用户职务
uremark	ntext	用户说明
udel	bit	用户是否被删除

3. 办公固定资产表equipment

办公固定资产表equipment用来保存系统中办公固定资产的信息，该数据表的字段定义和说明如表13-3所示。

表13-3 办公固定资产表equipment

字段名称	数据类型	说明
Eid	int（自动编号）	办公固定资产序号
Eclass	int	办公固定资产所属大类别
Ekind	int	办公固定资产所属小类别
Evalue	float	办公固定资产价格
Ebuyday	datetime	办公固定资产购买日期
Estute	int	办公固定资产状态
Eremark	ntext	办公固定资产备注说明
EDel	bit	办公固定资产是否被删除
euid	int	办公固定资产的占用者的序号
emodel	varchar(20)	办公固定资产的生产厂商
ename	varchar(20)	办公固定资产的型号

4. 办公固定资产借出表out

办公固定资产借出表out用来保存办公固定资产借出的信息，该数据表的字段定义和说明如表13-4所示。

表13-4 办公固定资产借出表out

字段名称	数据类型	说明
oid	int（自动编号）	办公固定资产的借出序号
oeid	int	被领用的办公固定资产序号
omid	int	发放设备的管理员序号
ouidk	int	办公固定资产领用人的序号
odate	datetime	领用日期
ousefor	ntext	用途

5. 办公固定资产归还表returnin

办公固定资产归还表returnin用来保存办公固定资产归还的信息，该数据表的字段定义和说明如表13-5所示。

表13-5　办公固定资产归还表returnin

字段名称	数据类型	说明
iid	int（自动编号）	办公固定资产的归还序号
ieid	int	被归还的办公固定资产序号
iuid	int	办公固定资产归还人的序号
imid	int	接收设备的管理员序号
idate	datetime	归还日期
iiremark	ntext	备注

13.4　数据库连接模块

系统所需要的信息都存储在数据库中，例如用户信息、管理员信息、固定资产信息等，要对这些信息进行操作，就必须连接数据库。为了省去每次操作都要编写连接数据库程序，可以把连接数据库操作封装到一个类DBManager中，在不同的模块中调用这个类就可以对数据库进行连接，执行相应的数据库操作，从而使得连接数据库安全高效，程序代码简洁清晰，也提高了软件复用程度。

数据库连接类DBManager的代码定义如下：

```
package model;
import java.sql.*;
public class DBManager{
    public DBManager()
    {
            try{
                    //注册SQL2005数据库的纯Java JDBC连接
                            Class.forName("com.microsoft.sqlserver.jdbc.SQLServerDriver");
                    }
                    catch(ClassNotFoundException e1)
                    {
                            System.out.println(e1);
                    }
                    try
                    {
                            rul="jdbc:sqlserver://127.0.0.1:1433;DatabaseName=EquipManager;";
                            conn=DriverManager.getConnection(rul,"sa","2001sun");
                                    stmt=conn.createStatement(ResultSet.TYPE_SCROLL_SENSITIVE,
ResultSet.CONCUR_UPDATABLE);
                    }
                    catch(SQLException e2)
                    {
                            System.out.println(e2);
                    }
            }
```

```java
//数据库查询操作
public ResultSet getResult(String sql){
        try{

                re=stmt.executeQuery(sql);

                return re;
        }
        catch(Exception e3){
                System.out.println("getResult------"+e3.toString());
                return null;
        }
}
//数据库增、删、改操作
public boolean executeSql(String sql){
        try
        {
                stmt.executeUpdate(sql);
                conn.commit();
                return true;
        }
        catch(Exception e4){
                System.out.println("executeSql----"+e4.toString());
                return false;
        }
}
//关闭所有连接
public boolean closeResultSet()
{
        try
        {
                re.close();
                stmt.close();
                conn.close();

                return true;
        }catch(SQLException e5)
        {
                System.out.println(e5);
                return false;
        }
}
ResultSet re;
String rul;
Connection conn;
Statement stmt;

}
```

该类中的代码用于定义数据库连接、查询数据、插入数据、修改数据、删除数据和关闭
数据库连接的操作，由于数据库的删除、插入和修改操作都是调用Statement对象的executeQuery()
方法执行的，所以我们将这三个操作定义在同一个方法executeSql(String sql)中了。

13.5 管理员管理模块

为保证系统的安全性，只有管理员才可以对系统进行操作，因此，需要对管理员登录信息进行验证。管理员的账号和密码存放在数据库中，通过文本框获得管理员输入的账号和密码，然后与数据库中存储的账号和密码进行比较，如果匹配，则进入系统，否则提示账号和密码不正确。管理员登录后，还可以修改管理员账号和密码信息，并创建新的管理员账号。

13.5.1 管理员登录

管理员登录界面主要用于接收管理员输入的账号和密码，以便与数据库中的账号和密码进行比较，界面主要包括两个标签、文本框、密码框和两个按钮，如图13-2所示。

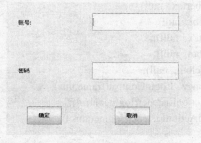

图13-2 管理员登录界面

管理员登录界面类**ManagerLoginPane**的具体代码如下：

```
package view;

import javax.swing.JButton;
import javax.swing.JLabel;
import javax.swing.JPanel;
import javax.swing.JPasswordField;
import javax.swing.JTextField;
//引入事件处理器类
import contorl.LoginControl;

public class ManagerLoginPane extends JPanel {
    public ManagerLoginPane(MainFrame bar){
    frame=bar;
    initialize();
    }
    //声明事件处理器对象
    private LoginControl logincontrol;
    private MainFrame frame;
    private JLabel numberlbl = null;
    private JLabel passlbl=null;
    public JTextField numbertex=null;
    public JPasswordField passtex=null;
    public JButton surebtn=null;
    public JButton cancelbtn=null;

    private void initialize() {
        numberlbl = new JLabel();
```

```
            setLayout(null);
            numberlbl.setText("账号:");
            numbertex=new JTextField("");
            passlbl=new JLabel("密码");
            passtex=new JPasswordField("");
            surebtn=new JButton("确定");
            cancelbtn=new JButton("取消");
            this.setSize(600, 400);
            numberlbl.setBounds(130, 92, 100, 40);
            numbertex.setBounds(300, 90, 200, 40);
            passlbl.setBounds(130, 200, 100, 40);
            passtex.setBounds(300, 200, 200, 40);
            surebtn.setBounds(150, 300, 80, 40);
            cancelbtn.setBounds(353, 300, 80, 40);
            this.add(numberlbl, null);
            this.add(numbertex, null);
            this.add(passlbl, null);
            this.add(passtex, null);
            this.add(surebtn, null);
            this.add(cancelbtn, null);
            logincontrol=new LoginControl(frame,this);
            surebtn.addActionListener(logincontrol);
            cancelbtn.addActionListener(logincontrol);
        }
    }
```

在该类中引入了响应单击按钮的事件处理器类LoginControl，当管理员输入登录账号和密码后，单击按钮，就将调用该事件处理器类中定义的事件处理方法来验证登录信息的合法性。

事件处理器类LoginControl的具体代码如下：

```
package contorl;

import java.awt.event.ActionEvent;
import java.awt.event.ActionListener;
import java.sql.ResultSet;
import java.sql.SQLException;

import javax.swing.JOptionPane;
//引入数据库连接类
import model.DBManager;
import view.MainFrame;
import view.ManagerLoginPane;

public class LoginControl implements ActionListener {
    public LoginControl(MainFrame f,ManagerLoginPane p)
    {
            frame=f;
            pane=p;
    }
    //在事件处理方法中获取输入的登录信息，执行数据库查询操作
    public void actionPerformed(ActionEvent e)
    {
            Object button=e.getSource();
            if(button==pane.surebtn)
            {
```

```
                            //获取管理员输入的账号和密码
                            String sid=pane.numbertex.getText().trim();
                            String sps=new String(pane.passtex.getPassword()).trim();
                        //构造查询账号和密码是否存在的sql语句
                            String sql="select * from manager where mname='"+sid+"' and
mpassword='"+sps+"'and mdel=0";
                            ResultSet rs;
                            boolean isexist=false;
                            try
                            {
                        //调用数据库连接类中的getResult()方法执行查询，并返回结果集
                                rs=db.getResult(sql);
                                isexist=rs.first();
                            }

                            catch(SQLException w)
                            {
                                System.out.println(w);
                            }

                                    //判断密码是否正确
                            if(!isexist)
                            {
                                JOptionPane.showMessageDialog(null, "用户名不存在，或密码不正
确");

                                pane.passtex.setText("");
                                return;
                            }
                            else
                            {
                        //登录成功后，设置主界面中的不可用项为可用
                                frame.miLedit.setEnabled(true);
                                frame.muScand.setEnabled(true);
                                frame.muEquipment.setEnabled(true);
                                frame.muUser.setEnabled(true);
                        frame.muFile.setEnabled(true);
                                frame.jTree.setEnabled(true);
                                pane.numbertex.setText("");
                                pane.passtex.setText("");
                            }
                    }
                    if(button==pane.cancelbtn)
                    {
                            pane.numbertex.setText("");
                            pane.passtex.setText("");
                            return;
                    }

            }
        private MainFrame frame;
        private DBManager db=new DBManager();
        private ManagerLoginPane pane;

    }
```

13.5.2 删除和修改管理员

当管理员成功登录系统后，就可以进行删除和修改管理员操作了。修改和删除管理员的界面如图13-3所示。

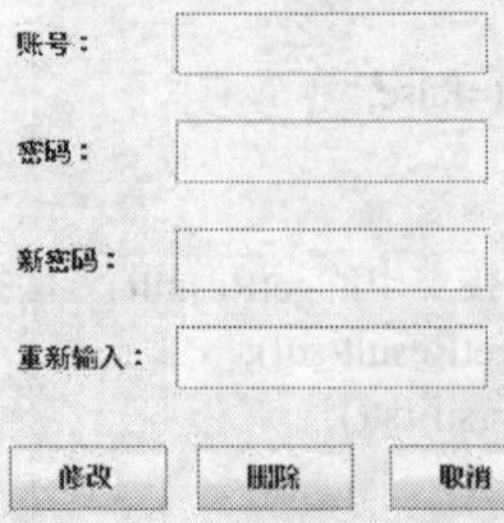

账号：

密码：

新密码：

重新输入：

修改   删除   取消

图13-3　修改和删除管理员界面

修改和删除管理员界面类**ManagerLoginPane**的具体代码如下：

```java
package view;

import java.awt.event.ActionEvent;
import java.awt.event.ActionListener;
import javax.swing.JPanel;

import javax.swing.JLabel;
import javax.swing.JPasswordField;
import javax.swing.JTextField;
import javax.swing.JButton;
//引入事件处理器类
import contorl.MEControl;
public class ManagerEditPane extends JPanel implements ActionListener {

    private JLabel numberlbl = null;
    private JLabel passlbl = null;
    private JLabel newpasslbl = null;
    private JLabel confirmlbl = null;
    public JTextField numbertex = null;
    public JPasswordField passtex = null;
    public JPasswordField newpasstex = null;
    public JPasswordField comfirmtex = null;
    public JButton surebtn = null;
    public JButton cancelbtn = null;
    public JButton delbtn = null;
        //声明事件处理器类的对象
    private MEControl mec;

    public ManagerEditPane() {
            super();
            initialize();
    }
    //设计界面
    private void initialize() {
            confirmlbl = new JLabel();
            newpasslbl = new JLabel();
            passlbl = new JLabel();
```

```java
        numberlbl = new JLabel();
        this.setLayout(null);
        numberlbl.setText("账号: ");
        numberlbl.setBounds(30, 40, 75, 30);
        passlbl.setBounds(30, 90, 75, 30);
        passlbl.setText("密码: ");
        newpasslbl.setBounds(30, 140, 75, 30);
        newpasslbl.setText("新密码: ");
        confirmlbl.setBounds(30, 185, 75, 30);
        confirmlbl.setText("重新输入: ");
        this.setBounds(0, 0, 400, 300);
        this.add(numberlbl, null);
        this.add(passlbl, null);
        this.add(newpasslbl, null);
        this.add(confirmlbl, null);
        this.add(getNumbertex(), null);
        this.add(getPasstex(), null);
        this.add(getNewpasstex(), null);
        this.add(getComfirmtex(), null);
        this.add(getSurebtn(), null);
        this.add(getCancelbtn(), null);
        this.add(getDelbtn(), null);
        mec=new MEControl(this);
        surebtn.addActionListener(mec);
        cancelbtn.addActionListener(mec);
        delbtn.addActionListener(mec);

    }

    public void actionPerformed(ActionEvent e) {
    }
    private JTextField getNumbertex() {
        if (numbertex == null) {
            numbertex = new JTextField();
            numbertex.setBounds(105, 40, 150, 30);
        }
        return numbertex;

    }

    private JPasswordField getPasstex() {
        if (passtex == null) {
            passtex = new JPasswordField();
            passtex.setBounds(105, 90, 150, 30);
        }
        return passtex;

    }

    private JPasswordField getNewpasstex() {
        if (newpasstex == null) {
            newpasstex = new JPasswordField();
            newpasstex.setBounds(105, 140, 150, 30);
        }
        return newpasstex;

    }

    private JPasswordField getComfirmtex() {
```

```java
                if (comfirmtex == null) {
                        comfirmtex = new JPasswordField();
                        comfirmtex.setBounds(105, 185, 150, 30);
                }
                return comfirmtex;
        }
        private JButton getSurebtn() {
                if (surebtn == null) {
                        surebtn = new JButton();
                        surebtn.setBounds(26, 240, 75, 30);
                        surebtn.setText("修改");
                }
                return surebtn;
        }
        private JButton getCancelbtn() {
                if (cancelbtn == null) {
                        cancelbtn = new JButton();
                        cancelbtn.setBounds(207, 240, 75, 30);
                        cancelbtn.setText("取消");
                }
                return cancelbtn;
        }
        private JButton getDelbtn() {
                if (delbtn == null) {
                        delbtn = new JButton();
                        delbtn.setBounds(115, 240, 75, 30);
                        delbtn.setText("删除");
                }
                return delbtn;
        }
}
```

在该类中引入了响应单击按钮的事件处理器类**MEControl**，当管理员输入要修改或删除的登录账号和密码后，单击按钮，就将调用该事件处理器类中定义的事件处理方法来修改或删除登录信息。

事件处理器类**MEControl**的具体代码如下：

```java
package contorl;

import java.awt.event.ActionEvent;
import java.awt.event.ActionListener;
import java.sql.ResultSet;
import java.sql.SQLException;
import javax.swing.JOptionPane;
//引入数据库连接类
import model.DBManager;
import view.ManagerEditPane;

public class MEControl implements ActionListener {

    private ManagerEditPane pane;
    private DBManager db=new DBManager();
    public MEControl(ManagerEditPane pane) {
```

```
                                this.pane=pane;
                        }
                //定义事件处理方法
                public void actionPerformed(ActionEvent e) {
                        String id=pane.numbertex.getText().trim();
                        String oldpas=new String(pane.passtex.getPassword()).trim();
                        String newpas=new String(pane.newpasstex.getPassword()).trim();
                        String confrimpas=new String(pane.comfirmtex.getPassword()).trim();
                        String sql="";
                        Object button=e.getSource();
                //判断是否按下了修改或删除管理员的按钮
                        if(button==pane.surebtn||button==pane.delbtn)
                        {
                                if(id.equals("")||!(newpas.equals(confrimpas)))
                                {
                                        JOptionPane.showMessageDialog(null,"资料不全或不正确,
请重新输入");

                                        pane.passtex.setText("");
                                        pane.newpasstex.setText("");
                                        pane.comfirmtex.setText("");
                                        return;
                                }
                        sql="select * from manager where mid="+id+"and mpassword='"
+oldpas+"'and mdel=0";
                        ResultSet rs;
                        boolean isexist=false;
                        try
                        {
                                rs=db.getResult(sql);
                                isexist=rs.first();
                        }
                                catch(SQLException w)
                                {
                                        System.out.println(w);
                                }
                                //判断密码是否正确
                                if(!isexist)
                                {
                                        JOptionPane.showMessageDialog(null, "用户名不存
在, 或密码不正确");

                                        pane.passtex.setText("");
                                        pane.newpasstex.setText("");
                                        pane.comfirmtex.setText("");
                                        return;
                                }
                                else
                                {
                                        sql="update manager set";
                                //如果按下修改按钮, 则构建修改信息的sql语句
                                        if(button==pane.surebtn)
                                        {
                                                sql=sql+" mpassword='"+newpas+"'";
                                        }
```

```
                                            //如果按下删除按钮，则构建删除信息的sql语句
                                            if(button==pane.delbtn)
                                            {
                                                    sql=sql+" mdel=1";
                                            }
                                            sql=sql+" where mid="+id;
                                            isexist=db.executeSql(sql);
                                            if(isexist)
                                            {
                                                    JOptionPane.showMessageDialog(null,"修改
成功");
                                                    pane.numbertex.setText("");
                                                    pane.passtex.setText("");
                                                    pane.newpasstex.setText("");
                                                    pane.comfirmtex.setText("");
                                                    return;
                                            }
                                            else
                                            {
                                                    JOptionPane.showMessageDialog(null,"修改
不成功，请重新修改");
                                                    pane.numbertex.setText("");
                                                    pane.passtex.setText("");
                                                    pane.newpasstex.setText("");
                                                    pane.comfirmtex.setText("");
                                                    return;
                                            }
                                    }
                            }
                            if(button==pane.cancelbtn)
                            {
                                    pane.numbertex.setText("");
                                    pane.passtex.setText("");
                                    pane.newpasstex.setText("");
                                    pane.comfirmtex.setText("");
                                    return;

                            }
                    }
            }
```

13.6 系统主界面模块

系统主界面也就是登录系统后进入的第一个界面，在主界面中包括操作系统各模块的组件，通过主界面可以执行任何一个功能模块，实现各种不同的功能。系统主界面如图13-4所示。

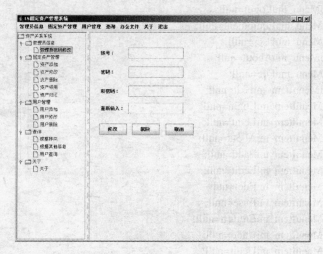

图13-4 系统主界面

系统主界面类MainFrame的具体代码如下：

```java
package view;

import java.awt.CardLayout;
import java.awt.Dimension;
import java.awt.Toolkit;
import java.awt.event.ActionEvent;
import java.awt.event.ActionListener;
import contorl.MainControl;
import contorl.TreeControl;

import javax.swing.JButton;
import javax.swing.JFrame;
import javax.swing.JLabel;
import javax.swing.JMenu;
import javax.swing.JMenuBar;
import javax.swing.JMenuItem;
import javax.swing.JPanel;
import javax.swing.JPasswordField;
import javax.swing.JScrollPane;
import javax.swing.JSplitPane;
import javax.swing.JTextField;
import javax.swing.JTree;
import javax.swing.ProgressMonitor;
import javax.swing.tree.DefaultMutableTreeNode;
//引入数据库连接类
import model.DBManager;
public class MainFrame extends JFrame// implements ActionListener
{
    //声明主界面中所使用的组件和容器的对象
    private javax.swing.JPanel jContentPane = null;
    private JSplitPane jSplitPane = null;
    private JScrollPane jScrollPane = null;
    public JTree jTree = null;
    private JMenuBar bar=null;
    private JMenu muExit=null;
```

```java
    private JMenu muLogin=null;
    public JMenu muEquipment=null;
    public JMenu muUser=null;
    private JMenu muAbout=null;
    public JMenu muFile=null;
    private JMenuItem miExit=null;
    public JMenuItem miLogin=null;
    public JMenuItem miLedit=null;
    public JMenuItem miAbout=null;
    public JMenuItem miEadd=null;
    public JMenuItem miEedit=null;
    public JMenuItem miEdel=null;
    public JMenuItem miEuse=null;
    public JMenuItem miEreturn=null;
    public JMenuItem miUadd=null;
    public JMenuItem miUedit=null;
    public JMenuItem miUdel=null;
    public JMenu muScand=null;
    public JMenuItem miSkind=null;
    public JMenuItem miSinformation=null;
    public JMenuItem miSuserinformation=null;
    public JMenuItem miFileopen=null;
    public JMenuItem miFilesend=null;
    public JMenuItem miFilereceive=null;
    private CardLayout card;
    private JPanel cards = null;
    private JPanel ManagerLoginPane = null;
    private JLabel numberlbl = null;
    private JLabel passlbl=null;
    private JTextField numbertex=null;
    private JPasswordField passtex=null;
    public JButton surebtn=null;
    public JButton cancelbtn=null;

//声明显示在主界面右边的各模块的JPanel容器
    private ManagerLoginPane managerlogin;
    private ManagerEditPane managereditpane;
    private AddEquipment addequipment;
    private AddUserPane adduser;
    private DelEquipmentPane delequipment;
    private AboutPanel about;
    private DelUserPane deluser;
    private EditEquipmentPane editequipment;
    private EditUserPane edituser;
    private EquipmentInformationPane equipmentinformation;
    private KindInformationPane kindinformation;
    private ManagerEditPane manageredit;
    private ReturnEquipmentPane returnequipment;
    private UseEquipmentPane useequipment;
    ProgressMonitor pm;
    private UserInfromationPane userinfromationpane;

//声明主界面左边的树形结构中的叶子节点
    private   DefaultMutableTreeNode root;
```

```
        private DefaultMutableTreeNode tmanager;
        private DefaultMutableTreeNode tequipment;
        private DefaultMutableTreeNode tuser;
        private DefaultMutableTreeNode tfind;
        public DefaultMutableTreeNode ttabout;
        private DefaultMutableTreeNode tabout;
        public DefaultMutableTreeNode tmanagerlogin;
        public DefaultMutableTreeNode tmanageredit;
        public DefaultMutableTreeNode teadd;
        public DefaultMutableTreeNode teedit;
        public DefaultMutableTreeNode tedel;
        public DefaultMutableTreeNode teuse;
        public DefaultMutableTreeNode tereturn;
        public DefaultMutableTreeNode tuadd;
        public DefaultMutableTreeNode tuedit;
        public DefaultMutableTreeNode tudel;
        public DefaultMutableTreeNode tikind;
        public DefaultMutableTreeNode tie;
        public DefaultMutableTreeNode tiu;
//声明主界面中各组件的事件监听器类
        private MainControl maincontrol=new MainControl(this);
        private TreeControl treecontrol=new TreeControl(this);
//创建数据库连接类的实例
        private DBManager db=new DBManager();
//获取主界面中分割框容器的对象
        private JSplitPane getJSplitPane() {
                if (jSplitPane == null) {
                        jSplitPane = new JSplitPane();
                        jSplitPane.setLeftComponent(getJScrollPane());
                        pm.setProgress(50);
                        jSplitPane.setRightComponent(getJPanel());
                        pm.setProgress(80);
                }
                return jSplitPane;
        }
//获取主界面左边滚动框容器的对象
        private JScrollPane getJScrollPane() {
                if (jScrollPane == null) {
                        jScrollPane = new JScrollPane();
                        jScrollPane.setViewportView(getJTree());
                }
                return jScrollPane;
        }
//初始化左边的树形结构
        private JTree getJTree() {
                if (jTree == null) {
                        root=new DefaultMutableTreeNode("资产关系系统");
                        tmanager=new DefaultMutableTreeNode("管理员信息");
                        tequipment=new DefaultMutableTreeNode("固定资产管理");
                        tuser=new DefaultMutableTreeNode("用户管理");
                        tfind=new DefaultMutableTreeNode("查询");
                        ttabout=new DefaultMutableTreeNode("关于");
                        tabout=new DefaultMutableTreeNode("关于");
```

```java
//tmanagerlogin=new DefaultMutableTreeNode("管理员登录");
  tmanageredit=new DefaultMutableTreeNode("管理员密码修改");
  teadd=new DefaultMutableTreeNode("资产添加");
  teedit=new DefaultMutableTreeNode("资产修改");
  tedel=new DefaultMutableTreeNode("资产删除");
  teuse=new DefaultMutableTreeNode("资产领用");
  tereturn=new DefaultMutableTreeNode("资产归还");
  tuadd=new DefaultMutableTreeNode("用户添加");
  tuedit=new DefaultMutableTreeNode("用户修改");
  tudel=new DefaultMutableTreeNode("用户删除");
  tikind=new DefaultMutableTreeNode("根据种类");
  tie=new DefaultMutableTreeNode("根据其他信息");
  tiu=new DefaultMutableTreeNode("用户查询");
  root.add(tmanager);
  root.add(tequipment);
  root.add(tuser);
  root.add(tfind);
  root.add(ttabout);
  ttabout.add(tabout);
  tmanager.add(tmanageredit);
  tequipment.add(teadd);
  tequipment.add(teedit);
  tequipment.add(tedel);
  tequipment.add(teuse);
  tequipment.add(tereturn);
  tuser.add(tuadd);
  tuser.add(tuedit);
  tuser.add(tudel);
  tfind.add(tikind);
  tfind.add(tie);
  tfind.add(tiu);
  jTree = new JTree(root);
  jTree.setEditable(false);
  jTree.setEnabled(false);
  jTree.addTreeSelectionListener(treecontrol);
  }
    return jTree;
}
//获取主界面中的JPanel容器对象
private JPanel getJPanel() {
    if (cards == null) {
        cards = new JPanel();
        card=new CardLayout();
        cards.setLayout(card);
        cards.setSize(800,600);
        managerlogin=new ManagerLoginPane(this);
        cards.add(managerlogin,"managerlogin");
        managereditpane=new ManagerEditPane();
        cards.add(managereditpane,"manageredit");
        addequipment=new AddEquipment();
        cards.add(addequipment,"addequipment");
        about=new AboutPanel();
        cards.add(about,"about");
```

```java
            adduser=new AddUserPane();
            cards.add(adduser,"adduser");
            delequipment=new DelEquipmentPane();
            cards.add(delequipment,"delequipment");
            deluser=new DelUserPane();
            cards.add(deluser,"deluser");
            editequipment=new EditEquipmentPane();
            cards.add(editequipment,"editequipment");
            edituser=new EditUserPane();
            cards.add(edituser,"edituser");
            equipmentinformation=new EquipmentInformationPane();
            cards.add(equipmentinformation,"equipmentinformation");
            kindinformation=new KindInformationPane();
            cards.add(kindinformation,"kindinformation");
            manageredit=new ManagerEditPane();
            cards.add(manageredit,"manageredit");
            returnequipment=new ReturnEquipmentPane();
            cards.add(returnequipment,"returnequipment");
            useequipment=new UseEquipmentPane();
            cards.add(useequipment,"useequipment");
            userinfromationpane=new UserInfromationPane();
            cards.add(userinfromationpane,"userinfromation");
        }
        return cards;
    }
//主函数
public static void main(String[] args)
{
    //创建并显示主界面
        MainFrame m=new MainFrame();
        m.setDefaultCloseOperation(JFrame.EXIT_ON_CLOSE);
        m.setVisible(true);
}
//构造函数
public MainFrame() {
        super();
    //创建并显示进度条
        pm=new ProgressMonitor(this, "loading...", "longing...", 0, 100) ;
        pm.setProgress(10);
        initialize();
}
//界面中组件和容器初始化操作
private void initialize() {
        this.setSize(800,600);
        this.setContentPane(getJContentPane());
        this.setTitle("LS固定资产管理系统");
        Dimension screenSize = Toolkit.getDefaultToolkit().getScreenSize();
    Dimension frameSize = getSize();
    if (frameSize.height > screenSize.height) {
            frameSize.height = screenSize.height;
        }
        if (frameSize.width > screenSize.width) {
            frameSize.width = screenSize.width;
```

```
        }
    setLocation((screenSize.width - frameSize.width) / 2,(screenSize.height - frameSize.height) / 2);
}

private javax.swing.JPanel getJContentPane() {
    if(jContentPane == null) {
        jContentPane = new javax.swing.JPanel();
        jContentPane.setLayout(new java.awt.BorderLayout());
        jContentPane.add(getJSplitPane(), java.awt.BorderLayout.CENTER);
        pm.setProgress(50);
        muScand=new JMenu("查询");
        muScand.setEnabled(false);
        muExit=new JMenu("退出");
        muLogin=new JMenu("管理员信息");
        muEquipment=new JMenu("固定资产管理");
        muEquipment.setEnabled(false);
        muUser=new JMenu("用户管理");
        muUser.setEnabled(false);
        muFile=new JMenu("办公文件");
        muFile.setEnabled(false);
        muAbout=new JMenu("关于");
        miExit=new JMenuItem("退出系统");
        miExit.addActionListener(new ActionListener(){
            public void actionPerformed(ActionEvent e)
            {
                System.exit(0);
                db.closeResultSet();
            }
        });
        miLogin=new JMenuItem("登录");
        miLogin.addActionListener(maincontrol);
        miLedit=new JMenuItem("管理员密码修改");
        miLedit.setEnabled(false);
        miLedit.addActionListener(maincontrol);
        miAbout=new JMenuItem("关于");
        miAbout.addActionListener(maincontrol);
        miEadd=new JMenuItem("资产增加");
        miEadd.addActionListener(maincontrol);
        miEedit=new JMenuItem("资产信息修改");
        miEedit.addActionListener(maincontrol);
        miEdel=new JMenuItem("资产删除");
        miEdel.addActionListener(maincontrol);
        miEuse=new JMenuItem("资产领用");
        miEuse.addActionListener(maincontrol);
        miEreturn=new JMenuItem("资产归还");
        miEreturn.addActionListener(maincontrol);
        miUadd=new JMenuItem("用户添加");
        miUadd.addActionListener(maincontrol);
        miUedit=new JMenuItem("用户修改");
        miUedit.addActionListener(maincontrol);
        miUdel=new JMenuItem("用户删除");
        miUdel.addActionListener(maincontrol);
        miSkind=new JMenuItem("根据种类");
        miSkind.addActionListener(maincontrol);
```

```
            miSinformation=new JMenuItem("根据其他信息");
            miSuserinformation=new JMenuItem("用户查询");
            miSuserinformation.addActionListener(maincontrol);
            miSinformation.addActionListener(maincontrol);
            miFileopen=new JMenuItem("操作办公文件");
            miFileopen.addActionListener(maincontrol);
            miFilesend=new JMenuItem("发送办公文件");
            miFilesend.addActionListener(maincontrol);
            miFilereceive=new JMenuItem("接收办公文件");
            miFilereceive.addActionListener(maincontrol);
            bar=new JMenuBar();
            pm.setProgress(90);
            setJMenuBar(bar);
            bar.add(muLogin);
            bar.add(muEquipment);
            bar.add(muUser);
            bar.add(muScand);
            bar.add(muFile);
            bar.add(muAbout);
            bar.add(muExit);
            muLogin.add(miLogin);
            muLogin.add(miLedit);
            muExit.add(miExit);
            muAbout.add(miAbout);
            muEquipment.add(miEadd);
            muEquipment.add(miEedit);
            muEquipment.add(miEdel);
            muEquipment.add(miEuse);
            muEquipment.add(miEreturn);
            muUser.add(miUadd);
            muUser.add(miUedit);
            muUser.add(miUdel);
            muScand.add(miSkind);
            muScand.add(miSinformation);
            muScand.add(miSuserinformation);
            muFile.add(miFileopen);
            muFile.add(miFilesend);
            muFile.add(miFilereceive);
            pm.setProgress(100);
            pm.close();

        }
        return jContentPane;
    }
    //声明根据用户操作，显示不同模块容器的方法
    public void framedo()
    {
        String Result=maincontrol.getResult();
        if(Result!=null)
        {
            card.show(cards,Result);
            maincontrol.setResult(null);
            Result=null;
        }
```

```
                else
                {
                        Result=treecontrol.getResult();
                        card.show(cards,Result);
                        Result=null;
                }
        }
}
```

在该类中引入了响应用户各种操作的事件处理器类**MainControl**，当管理员在主界面中进行各种操作时，就将调用该事件处理器类中定义的处理方法来调用并显示不同模块的操作界面。

事件处理器类**MainControl**的具体代码如下：

```java
import java.awt.event.ActionEvent;
import java.awt.event.ActionListener;
import view.MainFrame;
import socket.RTFReceiveFrame;
import socket.RTFSendFrame;
import view.FileManagerFrame;

public class MainControl implements ActionListener
{
    //构造函数
    public MainControl(MainFrame bar)
    {
            this.frame=bar;
    }
    //响应主界面中的各组件的事件
    public void actionPerformed(ActionEvent e) {
            Object source=e.getSource();
        //根据不同事件源的判断，执行不同的操作
            if(source==frame.miSkind)
            {
                    Result="kindinformation";
                    frame.framedo();
            }
            if(source==frame.miSinformation)
            {
                    Result="equipmentinformation";
                    frame.framedo();
            }
            if(source==frame.miEreturn)
            {
                    Result="returnequipment";
                    frame.framedo();
            }
            if(source==frame.miUadd)
            {
                    Result="adduser";
                    frame.framedo();
            }
            if(source==frame.miUedit)
```

```
{
        Result="edituser";
        frame.framedo();
}
if(source==frame.miUdel)
{
        Result="deluser";
        frame.framedo();
}
if(source==frame.miEedit)
{
        Result="editequipment";
        frame.framedo();
}
if(source==frame.miEdel)
{
        Result="delequipment";
        frame.framedo();
}
if(source==frame.miEuse)
{
        Result="userequipment";
        frame.framedo();
}
if(source==frame.miAbout)
{
        Result="about";
        frame.framedo();
}
if(source==frame.miLedit)
{
        Result="manageredit";
        frame.framedo();
}
if(source==frame.miLogin)
{
        Result="managerlogin";
        frame.framedo();
}
if(source==frame.miEadd)
{
        Result="addequipment";
        frame.framedo();
}
if(source==frame.miSuserinformation)
{
        Result="userinfromation";
        frame.framedo();
}
if(source==frame.miFilesend)
{
        new  RTFSendFrame();
}
```

```
            if(source==frame.miFilereceive)
            {
                    new RTFReceiveFrame();
            }
            if(source==frame.miFileopen)
            {
                    new FileManagerFrame();
            }
        }
            public String getResult()
            {
                    return Result;
            }
            private String Result;
            private MainFrame frame;
        //设置结果集
            public void setResult(Object object) {
                    this.Result=(String)object;
            }
        }
```

13.7   固定资产管理模块

管理员可以对办公固定资产进行管理，包括查询固定资产信息、添加固定资产、修改固定资产信息和删除固定资产信息。

13.7.1   添加固定资产

当单击主界面菜单栏中的"固定资产管理"菜单中的"资产增加"菜单项，或者选择主界面中树形结构中的"资产添加"节点，都将显示如图13-5所示的添加固定资产界面。

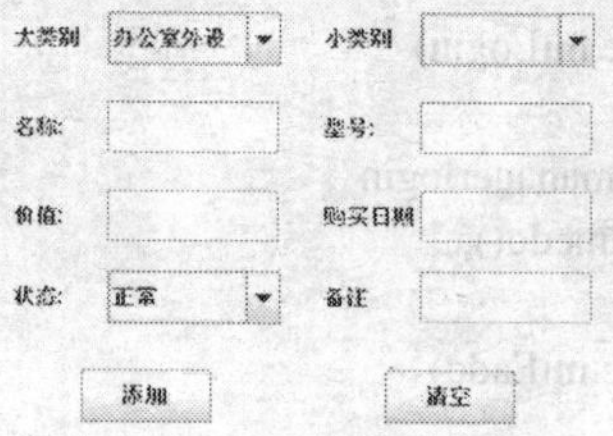

图13-5   添加固定资产界面

添加固定资产界面类AddEquipment的具体代码如下：

```
package view;

import java.sql.Timestamp;
import java.util.Date;
import java.util.Vector;

import javax.swing.DefaultComboBoxModel;
import javax.swing.JButton;
import javax.swing.JComboBox;
import javax.swing.JLabel;
```

```java
import javax.swing.JPanel;
import javax.swing.JTextField;
//引入事件处理器类
import contorl.EAControl;

public class AddEquipment extends JPanel {
    //声明界面中的各个组件
    public JComboBox bigcbx = null;
    public JComboBox smallcbx = null;
    private JLabel namelbl = null;
    private JLabel valuelbl = null;
    private JLabel stutelbl = null;
    private JLabel modellbl = null;
    private JLabel datelbl = null;
    private JLabel notelbl = null;
    public JTextField nametex = null;
    public JTextField valuetex = null;
    public JComboBox stutecbx = null;
    public JTextField modeltex = null;
    public JTextField datetex = null;
    public JTextField notetex = null;
    public JButton addbtn = null;
    public JButton cancelbtn = null;
    private JLabel biglbl = null;
    private JLabel smalllbl = null;
    private EAControl eac;
    //构造函数
    public AddEquipment() {
        super();
        initialize();
    }
    //初始化各个组件
    private void initialize() {
        notelbl = new JLabel();
        datelbl = new JLabel();
        modellbl = new JLabel();
        stutelbl = new JLabel();
        valuelbl = new JLabel();
        namelbl = new JLabel();
        biglbl = new JLabel();
        smalllbl = new JLabel();
        this.setLayout(null);
        namelbl.setBounds(30, 90, 55, 30);
        namelbl.setText("名称:");
        valuelbl.setBounds(30, 140, 55, 30);
        valuelbl.setText("价值:");
        stutelbl.setBounds(30, 185, 55, 30);
        stutelbl.setText("状态:");
        modellbl.setBounds(210, 90, 55, 30);
        modellbl.setText("型号:");
        datelbl.setBounds(210, 140, 55, 30);
        datelbl.setText("购买日期");
        notelbl.setBounds(210, 185, 55, 30);
        notelbl.setText("备注");
```

```
                biglbl.setBounds(30, 40, 55, 30);
                biglbl.setText("大类别");
                smalllbl.setBounds(210, 40, 55, 30);
                smalllbl.setText("小类别");
                this.setBounds(0, 0, 400, 300);
                this.add(getBigcbx(), null);
                this.add(getSmallcbx(), null);
                this.add(namelbl, null);
                this.add(valuelbl, null);
                this.add(stutelbl, null);
                this.add(modellbl, null);
                this.add(datelbl, null);
                this.add(notelbl, null);
                this.add(getNametex(), null);
                this.add(getValuetex(), null);
                this.add(getStutecbx(), null);
                this.add(getModeltex(), null);
                this.add(getDatetex(), null);
                this.add(getNotetex(), null);
                this.add(getAddbtn(), null);
                this.add(biglbl, null);
                this.add(smalllbl, null);
                this.add(getCancelbtn(), null);
                datetex.setToolTipText((new Timestamp((new Date()).getTime())).toString());
                eac=new EAControl(this);
                bigcbx.addItemListener(eac);
                addbtn.addActionListener(eac);
                cancelbtn.addActionListener(eac);

        }
        //获取各个组件的对象
        private JComboBox getBigcbx() {
                if (bigcbx == null) {
                        Vector items=new Vector();
                        items.add("办公室外设");
                        items.add("数码产品");
                        items.add("计算机");
                        bigcbx = new JComboBox(items);
                        bigcbx.setBounds(85, 40, 100, 30);

                }
                return bigcbx;
        }

        private JComboBox getSmallcbx() {
                if (smallcbx == null) {
                        smallcbx = new JComboBox();
                        smallcbx.setBounds(265, 40, 100, 30);
                }
                return smallcbx;
        }

        private JTextField getNametex() {
                if (nametex == null) {
                        nametex = new JTextField();
```

```
                    nametex.setBounds(85, 90, 100, 30);
        }
        return nametex;
    }

    private JTextField getValuetex() {
        if (valuetex == null) {
            valuetex = new JTextField();
            valuetex.setBounds(85, 140, 100, 30);
        }
        return valuetex;
    }

    private JComboBox getStutecbx() {
        if (stutecbx == null) {
            Vector v=new Vector();
            v.add("正常");
            v.add("待维修");
            v.add("报废");
            stutecbx = new JComboBox(v);
            stutecbx.setBounds(85, 185, 100, 30);
        }
        return stutecbx;
    }

    private JTextField getModeltex() {
        if (modeltex == null) {
            modeltex = new JTextField();
            modeltex.setBounds(265, 90, 100, 30);
        }
        return modeltex;
    }

    private JTextField getDatetex() {
        if (datetex == null) {
            datetex = new JTextField();
            datetex.setBounds(265, 140, 100, 30);
        }
        return datetex;
    }

    private JTextField getNotetex() {
        if (notetex == null) {
            notetex = new JTextField();
            notetex.setBounds(265, 185, 100, 30);
        }
        return notetex;
    }

    private JButton getAddbtn() {
        if (addbtn == null) {
            addbtn = new JButton();
            addbtn.setBounds(70, 240, 75, 30);
            addbtn.setText("添加");
        }
        return addbtn;
    }
```

```
        private JButton getCancelbtn() {
                if (cancelbtn == null) {
                        cancelbtn = new JButton();
                        cancelbtn.setBounds(245, 240, 75, 30);
                        cancelbtn.setText("清空");
                }
                return cancelbtn;
        }
        //根据大类别获取小类别的方法
        public void smallchange(int i) {
                DefaultComboBoxModel model=new DefaultComboBoxModel();
                switch(i)
                {
                        case 1:
                                smallcbx.removeAllItems();
                                model.addElement("传真机");
                                model.addElement("复印机");
                                model.addElement("打印机");
                                model.addElement("其他");
                                smallcbx.setModel(model);
                                break;
                        case 2:
                                smallcbx.removeAllItems();
                                model.addElement("数码相机");
                                model.addElement("投影仪");
                                model.addElement("其他");
                                smallcbx.setModel(model);
                                break;
                        case 3:
                                smallcbx.removeAllItems();
                                model.addElement("笔记本电脑");
                                model.addElement("台式机");
                                model.addElement("服务器");
                                model.addElement("其他");
                                smallcbx.setModel(model);
                                break;
                }
        }
}
```

在该类中引入了响应单击按钮的事件以及响应选中选择框中某个选项事件的处理器类 EAControl，当管理员填写完新的固定资产的信息，单击按钮，就将调用该事件处理器类中定义的事件处理方法来向数据库中添加新的固定资产信息。当为固定资产选中归属于大类别中某个选项时，对应的小类别的选择框将自动填充内容。

事件处理器类EAControl的具体代码如下：

```
package contorl;

import java.awt.event.ActionEvent;
import java.awt.event.ActionListener;
import java.awt.event.ItemEvent;
import java.awt.event.ItemListener;
import java.sql.Timestamp;
```

```java
import javax.swing.JOptionPane;
//引入数据库连接类
import model.DBManager;
import view.AddEquipment;

public class EAControl implements ActionListener, ItemListener {
    private AddEquipment eq;
    private DBManager db=new DBManager();
    //构造函数
    public EAControl(AddEquipment equipment) {
        eq=equipment;
    }
    //事件处理方法
    public void actionPerformed(ActionEvent e) {
        //获取录入的固定资产设备的信息
        int big=eq.bigcbx.getSelectedIndex();
        int small=eq.smallcbx.getSelectedIndex();
        int stute=eq.stutecbx.getSelectedIndex();
        String name=eq.nametex.getText().trim();
        String model=eq.modeltex.getText().trim();

        float value=Float.valueOf(eq.valuetex.getText().trim()).floatValue() ;
        String remark=eq.notetex.getText().trim();
        Object button=e.getSource();
        //判断如果单击了添加按钮
        if(button==eq.addbtn)
        {
            Timestamp timestamp;
            try{
                timestamp=Timestamp.valueOf(eq.datetex.getText().trim()+" 00:00:00.000");
            }
            catch(IllegalArgumentException ie)
            {
                JOptionPane.showMessageDialog(null,"输入的时间格式有误，请参考:yyyy-mm-dd");
                eq.datetex.setText("");
                return;
            }
            if(small==-1||value<2000)
            {
                JOptionPane.showMessageDialog(null,"请选择小类或者价格必须大于2000");
                return;
            }
            //构造将固定资产信息插入数据表的sql语句
            String sql="insert into
equipment(eclass,ekind,evalue,ebuyday,estute,eremark,edel,euid,emodel,ename) values("+big+","+small
+","+value+","'"+timestamp+"',"'"+stute+"',' "+remark+"',0,0,'"+model+"',' "+name+"')";
            boolean isexist=false;
            //执行插入操作
            isexist=db.executeSql(sql);
            if(!isexist)
            {
                JOptionPane.showMessageDialog(null,"添加不成功，请重新添加");
                return;
```

```
                    }
                    else
                    {
                        JOptionPane.showMessageDialog(null,"添加成功");
                        eq.nametex.setText("");
                        eq.modeltex.setText("");
                        eq.notetex.setText("");
                        eq.valuetex.setText("");
                        eq.datetex.setText("");
                    }
            }
            if(button==eq.cancelbtn)
            {
                    eq.nametex.setText("");
                    eq.modeltex.setText("");
                    eq.notetex.setText("");
                    eq.valuetex.setText("");
                    eq.datetex.setText("");
                    return;

            }
        }
    //定义选择框中选中值发生改变时的事件处理方法
    public void itemStateChanged(ItemEvent e) {
    //根据大类别的值的变化，填充小类别选择框的内容
            Object big=e.getItem();
            if(big.equals("办公室外设"))
            {
                    eq.smallchange(1);
            }
            if(big.equals("数码产品"))
            {
                    eq.smallchange(2);
            }
            if(big.equals("计算机"))
            {
                    eq.smallchange(3);
            }
        }
    }
```

13.7.2 修改固定资产信息

图13-6 修改固定资产信息界面

当单击主界面菜单栏中的"固定资产管理"菜单中的"资产信息修改"菜单项，或者选择主界面中树形结构中的"资产修改"节点，都将显示如图13-6所示的修改固定资产信息界面。

修改固定资产信息界面类EditEquipmentPane的具体代码如下：

```
        package view;
```

```java
import java.util.Vector;
import javax.swing.JPanel;
import javax.swing.DefaultComboBoxModel;
import javax.swing.JLabel;
import javax.swing.JTextField;
import javax.swing.JComboBox;
import javax.swing.JButton;
//引入事件处理器类
import contorl.EEControl;
public class EditEquipmentPane extends JPanel {
    //声明界面中的各个组件
    private JLabel idlbl = null;
    private JLabel biglbl = null;
    private JLabel modellbl = null;
    private JLabel datelbl = null;
    public JTextField idtex = null;
    public JTextField nametex = null;
    public JTextField modeltex = null;
    public JTextField datetex = null;
    private JLabel namelbl = null;
    private JLabel smalllbl = null;
    private JLabel valuelbl = null;
    private JLabel stutelbl = null;
    public JTextField valuetex = null;
    public JComboBox stutecbx = null;
    public JComboBox bigcbx = null;
    public JComboBox smallcbx = null;
    public JButton finebtn = null;
    public JButton editbtn = null;
    public JButton cancelbtn = null;
    private EEControl eec;
    //构造函数
    public EditEquipmentPane() {
        initialize();
    }
    //初始化各个组件
    private void initialize() {
        stutelbl = new JLabel();
        valuelbl = new JLabel();
        smalllbl = new JLabel();
        namelbl = new JLabel();
        datelbl = new JLabel();
        modellbl = new JLabel();
        biglbl = new JLabel();
        idlbl = new JLabel();
        this.setLayout(null);
        //this.setSize(300,400);
        this.add(getDatetex(), null);
        idlbl.setText("编号:");
        idlbl.setBounds(30, 40, 55, 30);
        biglbl.setBounds(30, 90, 55, 30);
        biglbl.setText("大类别:");
        modellbl.setBounds(30, 140, 55, 30);
```

```
                    modellbl.setText("型号:");
                    datelbl.setBounds(30, 185, 55, 30);
                    datelbl.setText("购买日期:");
                    namelbl.setBounds(210, 40, 55, 30);
                    namelbl.setText("名称:");
                    smalllbl.setBounds(210, 90, 55, 30);
                    smalllbl.setText("小类别:");
                    valuelbl.setBounds(210, 140, 55, 30);
                    valuelbl.setText("价值:");
                    stutelbl.setBounds(210, 185, 55, 30);
                    stutelbl.setText("状态:");
                    this.add(idlbl, null);
                    this.add(biglbl, null);
                    this.add(modellbl, null);
                    this.add(datelbl, null);
                    this.add(getIdtex(), null);
                    this.add(getNametex(), null);
                    this.add(getModeltex(), null);
                    this.add(namelbl, null);
                    this.add(smalllbl, null);
                    this.add(valuelbl, null);
                    this.add(stutelbl, null);
                    this.add(getValuetex(), null);
                    this.add(getStutecbx(), null);
                    this.add(getBigcbx(), null);
                    this.add(getSmallcbx(), null);
                    this.add(getFinebtn(), null);
                    this.add(getEditbtn(), null);
                    this.add(getCancelbtn(), null);
                    eec=new EEControl(this);
                    bigcbx.addItemListener(eec);
                    finebtn.addActionListener(eec);
                    editbtn.addActionListener(eec);
                    cancelbtn.addActionListener(eec);

            }
    //获取各组件的实例的方法
    private JTextField getIdtex() {
            if (idtex == null) {
                    idtex = new JTextField();
                    idtex.setBounds(85, 40, 100, 30);
            }
            return idtex;
    }

    private JTextField getNametex() {
            if (nametex == null) {
                    nametex = new JTextField();
                    nametex.setBounds(265, 40, 100, 30);
                    nametex.setEnabled(true);
                    nametex.setEditable(false);
            }
            return nametex;
    }
```

```java
        private JTextField getModeltex() {
                if (modeltex == null) {
                        modeltex = new JTextField();
                        modeltex.setBounds(85, 140, 100, 30);
                        modeltex.setEnabled(true);
                        modeltex.setEditable(false);
                }
                return modeltex;
        }

        private JTextField getDatetex() {
                if (datetex == null) {
                        datetex = new JTextField();
                        datetex.setBounds(85, 185, 100, 30);
                        datetex.setEditable(false);
                }
                return datetex;
        }

        private JTextField getValuetex() {
                if (valuetex == null) {
                        valuetex = new JTextField();
                        valuetex.setBounds(265, 140, 100, 30);
                        valuetex.setEditable(false);
                }
                return valuetex;
        }

        private JComboBox getStutecbx() {
                if (stutecbx == null) {
                        Vector v=new Vector();
                        v.add("正常");
                        v.add("待维修");
                        v.add("报废");
                        v.add("被占用");
                        stutecbx = new JComboBox(v);
                        stutecbx.setBounds(265, 185, 100, 30);
                        stutecbx.setEditable(false);
                        stutecbx.setEnabled(false);
                }
                return stutecbx;
        }

        private JComboBox getBigcbx() {
                if (bigcbx == null) {
                        Vector items=new Vector();
                        items.add("办公室外设");
                        items.add("数码产品");
                        items.add("计算机");
                        bigcbx = new JComboBox(items);
                        bigcbx.setBounds(85, 90, 100, 30);
                        bigcbx.setEditable(false);
                        bigcbx.setEnabled(false);
                }
                return bigcbx;
        }
```

```java
private JComboBox getSmallcbx() {
        if (smallcbx == null) {
                smallcbx = new JComboBox();
                smallcbx.setBounds(265, 90, 100, 30);
                smallcbx.setEnabled(false);
        }
        return smallcbx;
}

private JButton getFinebtn() {
        if (finebtn == null) {
                finebtn = new JButton();
                finebtn.setBounds(40, 240, 75, 30);
                finebtn.setText("查找");
        }
        return finebtn;
}

private JButton getEditbtn() {
        if (editbtn == null) {
                editbtn = new JButton();
                editbtn.setBounds(161, 240, 75, 30);
                editbtn.setText("修改");
                editbtn.setEnabled(false);
        }
        return editbtn;
}

private JButton getCancelbtn() {
        if (cancelbtn == null) {
                cancelbtn = new JButton();
                cancelbtn.setBounds(300, 240, 75, 30);
                cancelbtn.setText("清空");
                cancelbtn.setEnabled(false);
        }
        return cancelbtn;
}
public void smallchange(int i) {
        DefaultComboBoxModel model=new DefaultComboBoxModel();
        switch(i)
        {
                case 0:
                        smallcbx.removeAllItems();
                        model.addElement("传真机");
                        model.addElement("复印机");
                        model.addElement("打印机");
                        model.addElement("其他");
                        smallcbx.setModel(model);
                        break;
                case 1:
                        smallcbx.removeAllItems();
                        model.addElement("数码相机");
                        model.addElement("投影仪");
                        model.addElement("其他");
                        smallcbx.setModel(model);
```

```
                              break;
                    case 2:
                              smallcbx.removeAllItems();
                              model.addElement("笔记本电脑");
                              model.addElement("台式机");
                              model.addElement("服务器");
                              model.addElement("其他");
                              smallcbx.setModel(model);
                              break;
                    }
            }
    }
```

在该类中引入了响应单击按钮的事件以及响应选中选择框中某个选项事件的处理器类EEControl，当管理员填写完固定资产编号后单击查询按钮，就将显示出固定资产的信息，管理员修改固定资产的信息后再单击修改按钮，就将调用该事件处理器类中定义的事件处理方法来向数据库中修改固定资产的信息。当为固定资产选中归属于大类别中的某个选项时，对应的小类别的选择框将自动填充内容。

事件处理器类EEControl的具体代码如下：

```java
package contorl;

import java.awt.event.ActionEvent;
import java.awt.event.ActionListener;
import java.awt.event.ItemEvent;
import java.awt.event.ItemListener;
import java.sql.ResultSet;
import java.sql.SQLException;
import java.sql.Timestamp;

import javax.swing.JOptionPane;
//引入数据库连接类
import model.DBManager;
import view.EditEquipmentPane;

public class EEControl implements ActionListener, ItemListener {
    private EditEquipmentPane ee;
    private DBManager db=new DBManager();
    private ResultSet rs;
    String seid="";
    private int eid;
     //构造函数
    public EEControl(EditEquipmentPane pane) {
            ee=pane;
    }
     //事件处理方法
    public void actionPerformed(ActionEvent e) {
            Object button=e.getSource();
            String sql="select * from equipment where eid=";
            boolean success=false;
            String seid=ee.idtex.getText().trim();
            if(seid.equals(""))
            {
```

```
                        JOptionPane.showMessageDialog(null, "请输入资产编号");
                        return;
        }
        eid=Integer.parseInt(seid);
        if(button==ee.finebtn)
        {
                        dofine(sql);
        }
        if(button==ee.editbtn)
        {
                        Timestamp timestamp;
                        try{
                                timestamp = Timestamp.valueOf(ee.datetex.getText().trim()+"
00:00:00.000");
                        }
                        catch(IllegalArgumentException ie)
                        {
                                JOptionPane.showMessageDialog(null, "输入的时间格式有误，请参
考:yyyy-mm-dd");
                                ee.datetex.setText("");
                                return;
                        }
                        //获取录入的修改后的固定资产信息
                        int big=ee.bigcbx.getSelectedIndex();
                        int small=ee.smallcbx.getSelectedIndex();
                        int stute=ee.stutecbx.getSelectedIndex();
                        String name=ee.nametex.getText().trim();
                        String model=ee.modeltex.getText().trim();
                        float value=Float.valueOf(ee.valuetex.getText().trim()).floatValue() ;
                        int confirm=JOptionPane.showConfirmDialog(null,"是否修改?","修改确认
",JOptionPane.YES_NO_OPTION);
                        if(confirm==JOptionPane.YES_OPTION)
                        {
                        //构造修改固定资产信息的sql语句
                                sql="update equipment set
        ename='"+name+"',eclass="+big+",ekind="+small+",evalue="+value+" ,ebuyday='"+timestamp+"',
estute="+stute+",emodel='"+model+"'   where eid="+seid;
                                System.out.println(sql);
                        //执行修改语句
                                success=db.executeSql(sql);
                                if(!success)
                                {
                                        JOptionPane.showMessageDialog(null, "修改不成功，请重试
");
                                }
                                else
                                {
                                        JOptionPane.showMessageDialog(null, "修改成功");
                                        ee.idtex.setText("");
                                        ee.nametex.setText("");
                                        ee.valuetex.setText("");
                                        ee.datetex.setText("");
                                        ee.modeltex.setText("");
                                        ee.bigcbx.setEnabled(false);
```

```
                                    ee.cancelbtn.setEnabled(false);
                                    ee.datetex.setEditable(false);
                                    ee.editbtn.setEnabled(false);
                                    ee.modeltex.setEditable(false);
                                    ee.nametex.setEditable(false);
                                    ee.smallcbx.setEnabled(false);
                                    ee.stutecbx.setEnabled(false);
                                    ee.valuetex.setEditable(false);
                                    return;
                            }
                    }
            }
            if(button==ee.cancelbtn)
            {
                    ee.idtex.setText("");
                    ee.nametex.setText("");
                    ee.valuetex.setText("");
                    ee.datetex.setText("");
                    ee.modeltex.setText("");
                    return;

            }
    }
//定义选择框中选中值发生改变时的事件处理方法
public void itemStateChanged(ItemEvent e) {
    Object big=e.getItem();
    if(big.equals("办公室外设"))
    {
            ee.smallchange(0);
    }
    if(big.equals("数码产品"))
    {
            ee.smallchange(1);
    }
    if(big.equals("计算机"))
    {
            ee.smallchange(2);
    }
}
private void dofine(String sql)
{
    sql=sql+eid;
    rs=db.getResult(sql);
    int big=0;
    int small=0;
    int stute=-1;
    try
    {
            if(!rs.first()|(rs.getInt(8)==1))
            {
                    JOptionPane.showMessageDialog(null, "没有该资产或者已经被删除");
                    ee.idtex.setText("");
                    ee.nametex.setText("");
```

```
                    ee.valuetex.setText("");
                    ee.datetex.setText("");
                    ee.modeltex.setText("");
                    ee.bigcbx.setEnabled(false);
                    ee.cancelbtn.setEnabled(false);
                    ee.datetex.setEditable(false);
                    ee.editbtn.setEnabled(false);
                    ee.modeltex.setEditable(false);
                    ee.nametex.setEditable(false);
                    ee.smallcbx.setEnabled(false);
                    ee.stutecbx.setEnabled(false);
                    ee.valuetex.setEditable(false);
                    return;
            }
            else
            {
                    rs.beforeFirst();
                    while(rs.next())
                    {
                            big=rs.getInt(2);
                            small=rs.getInt(3);
                            ee.valuetex.setText(rs.getString(4));
                            ee.datetex.setText((rs.getString(5)).substring(0,11));
                            stute=rs.getInt(6);
                            ee.modeltex.setText(rs.getString(10));
                            ee.nametex.setText(rs.getString(11));
                            ee.bigcbx.setEnabled(true);
                            ee.cancelbtn.setEnabled(true);
                            ee.datetex.setEditable(true);
                            ee.editbtn.setEnabled(true);
                            ee.modeltex.setEditable(true);
                            ee.nametex.setEditable(true);
                            ee.smallcbx.setEnabled(true);
                            ee.stutecbx.setEnabled(true);
                            ee.valuetex.setEditable(true);
                    }
            }
    }catch(SQLException sqle)
    {
            JOptionPane.showMessageDialog(null,"没有该资产或者已经被删除");
                    System.out.println(sqle);
                    ee.idtex.setText("");
                    ee.nametex.setText("");
                    ee.valuetex.setText("");
                    ee.datetex.setText("");
                    ee.modeltex.setText("");
                    ee.bigcbx.setEnabled(false);
                    ee.cancelbtn.setEnabled(false);
                    ee.datetex.setEditable(false);
                    ee.editbtn.setEnabled(false);
                    ee.modeltex.setEditable(false);
                    ee.nametex.setEditable(false);
                    ee.smallcbx.setEnabled(false);
                    ee.stutecbx.setEnabled(false);
```

```
                              ee.valuetex.setEditable(false);
                              return;
           }
           if(big==0)
               {
                       ee.bigcbx.setSelectedIndex(big);
                       switch(small)
                           {
                                   case 1:
                                           ee.smallcbx.setSelectedIndex(small);
                                           break;
                                   case 2:
                                           ee.smallcbx.setSelectedIndex(small);
                                           break;
                                   case 3:
                                           ee.smallcbx.setSelectedIndex(small);
                                           break;
                                   case 4:
                                           ee.smallcbx.setSelectedIndex(small);
                                           break;
                           }
               }
           if(big==1)
               {
                       ee.bigcbx.setSelectedIndex(1);
                       switch(small)
                       {
                               case 1:
                               ee.smallcbx.setSelectedIndex(small);
                               break;
                               case 2:
                               ee.smallcbx.setSelectedIndex(small);
                               break;
                               case 3:
                               ee.smallcbx.setSelectedIndex(small);
                               break;
                       }
               }
           if(big==2)
               {
                       ee.bigcbx.setSelectedIndex(2);
                       switch(small)
                       {
                               case 1:
                               ee.smallcbx.setSelectedIndex(small);
                               break;
                               case 2:
                               ee.smallcbx.setSelectedIndex(small);
                               break;
                               case 3:
                               ee.smallcbx.setSelectedIndex(small);
                               break;
                               case 4:
```

```
                                    ee.smallcbx.setSelectedIndex(small);
                                    break;
                            }
                    }
                switch(stute)
                {
                case 0:
                        ee.stutecbx.setSelectedIndex(stute);
                        break;
                case 1:
                        ee.stutecbx.setSelectedIndex(stute);
                        break;
                case 2:
                        ee.stutecbx.setSelectedIndex(stute);
                        break;
                default:
                        ee.stutecbx.setSelectedIndex(stute);
                }
        }
}
```

13.7.3 删除固定资产

当单击主界面菜单栏中的"固定资产管理"菜单中的"资产删除"菜单项，或者选择主界面中树形结构中的"资产删除"节点，都将显示如图13-7所示的删除固定资产界面。

图13-7 删除固定资产界面

删除固定资产界面类**DelEquipmentPane**的具体代码如下：

```
package view;

import javax.swing.JPanel;
import javax.swing.JLabel;
import javax.swing.JTextField;
import javax.swing.JButton;
//引入事件处理器类
import contorl.EDControl;

public class DelEquipmentPane extends JPanel {
    //声明界面中的各个组件
    private JLabel idlbl = null;
    private JLabel biglbl = null;
    private JLabel modellbl = null;
    private JLabel datelbl = null;
    public JTextField idtex = null;
```

```java
public JTextField nametex = null;
public JTextField modeltex = null;
public JTextField datetex = null;
private JLabel namelbl = null;
private JLabel smalllbl = null;
private JLabel valuelbl = null;
private JLabel stutelbl = null;
public JTextField valuetex = null;
public JTextField stutetex = null;
public JTextField bigtex = null;
public JTextField smalltex = null;
public JButton finebtn = null;
public JButton editbtn = null;
public JButton cancelbtn = null;
private EDControl edc;
//构造函数
public DelEquipmentPane() {
    super();
    initialize();
}
//初始化各个组件
private void initialize() {
    stutelbl = new JLabel();
    valuelbl = new JLabel();
    smalllbl = new JLabel();
    namelbl = new JLabel();
    datelbl = new JLabel();
    modellbl = new JLabel();
    biglbl = new JLabel();
    idlbl = new JLabel();
    this.setLayout(null);
    this.add(getDatetex(), null);
    this.setBounds(0, 0, 400, 300);
    idlbl.setText("编号:");
    idlbl.setBounds(30, 40, 55, 30);
    biglbl.setBounds(30, 90, 55, 30);
    biglbl.setText("大类别:");
    modellbl.setBounds(30, 140, 55, 30);
    modellbl.setText("型号:");
    datelbl.setBounds(30, 185, 55, 30);
    datelbl.setText("购买日期:");
    namelbl.setBounds(210, 40, 55, 30);
    namelbl.setText("名称:");
    smalllbl.setBounds(210, 90, 55, 30);
    smalllbl.setText("小类别:");
    valuelbl.setBounds(210, 140, 55, 30);
    valuelbl.setText("价值:");
    stutelbl.setBounds(210, 185, 55, 30);
    stutelbl.setText("状态:");
    this.add(idlbl, null);
    this.add(biglbl, null);
    this.add(modellbl, null);
    this.add(datelbl, null);
```

```java
            this.add(getIdtex(), null);
            this.add(getNametex(), null);
            this.add(getModeltex(), null);
            this.add(namelbl, null);
            this.add(smalllbl, null);
            this.add(valuelbl, null);
            this.add(stutelbl, null);
            this.add(getValuetex(), null);
            this.add(getStutecbx(), null);
            this.add(getBigcbx(), null);
            this.add(getSmallcbx(), null);
            this.add(getFinebtn(), null);
            this.add(getEditbtn(), null);
            this.add(getCancelbtn(), null);
            edc=new EDControl(this);
            editbtn.addActionListener(edc);
            cancelbtn.addActionListener(edc);
            finebtn.addActionListener(edc);
    }
    //获取各组件实例
    private JTextField getIdtex() {
            if (idtex == null) {
                    idtex = new JTextField();
                    idtex.setBounds(85, 40, 100, 30);
            }
            return idtex;
    }
    private JTextField getNametex() {
            if (nametex == null) {
                    nametex = new JTextField();
                    nametex.setBounds(265, 40, 100, 30);
                    nametex.setEditable(false);
            }
            return nametex;
    }

    private JTextField getModeltex() {
            if (modeltex == null) {
                    modeltex = new JTextField();
                    modeltex.setBounds(85, 140, 100, 30);
                    modeltex.setEditable(false);
            }
            return modeltex;
    }

    private JTextField getDatetex() {
            if (datetex == null) {
                    datetex = new JTextField();
                    datetex.setBounds(85, 185, 100, 30);
                    datetex.setEditable(false);
            }
            return datetex;
    }

    private JTextField getValuetex() {
```

```java
                if (valuetex == null) {
                        valuetex = new JTextField();
                        valuetex.setBounds(265, 140, 100, 30);
                        valuetex.setEditable(false);
                }
                return valuetex;
        }

        private JTextField getStutecbx() {
                if (stutetex == null) {
                        stutetex = new JTextField();
                        stutetex.setBounds(265, 185, 100, 30);
                        stutetex.setEditable(false);
                }
                return stutetex;
        }

        private JTextField getBigcbx() {
                if (bigtex == null) {
                        bigtex = new JTextField();
                        bigtex.setBounds(85, 90, 100, 30);
                        bigtex.setEditable(false);
                }
                return bigtex;
        }

        private JTextField getSmallcbx() {
                if (smalltex == null) {
                        smalltex = new JTextField();
                        smalltex.setBounds(265, 90, 100, 30);
                        smalltex.setEditable(false);
                }
                return smalltex;
        }

        private JButton getFinebtn() {
                if (finebtn == null) {
                        finebtn = new JButton();
                        finebtn.setBounds(40, 240, 75, 30);
                        finebtn.setText("查找");
                }
                return finebtn;
        }

        private JButton getEditbtn() {
                if (editbtn == null) {
                        editbtn = new JButton();
                        editbtn.setBounds(165, 239, 75, 30);
                        editbtn.setText("删除");
                }
                return editbtn;
        }

        private JButton getCancelbtn() {
                if (cancelbtn == null) {
                        cancelbtn = new JButton();
                        cancelbtn.setBounds(300, 240, 75, 30);
```

```
                    cancelbtn.setText("清空");
            }
            return cancelbtn;
        }
    }
```

在该类中引入了响应单击按钮的事件处理器类**EDControl**，当管理员填写完固定资产编号后单击查询按钮，就将显示出固定资产的信息，再单击"删除"按钮，就将调用该事件处理器类中定义的事件处理方法来向数据库中删除固定资产的信息。

事件处理器类**EDControl**的具体代码如下：

```java
package contorl;

import java.awt.event.ActionEvent;
import java.awt.event.ActionListener;
import java.sql.ResultSet;
import java.sql.SQLException;
import javax.swing.JOptionPane;
//引入数据库连接类
import model.DBManager;
import view.DelEquipmentPane;

public class EDControl implements ActionListener {
    private DelEquipmentPane ed;
    private DBManager db=new DBManager();
    private ResultSet rs;
    int eid=0;
        //构造函数
    public EDControl(DelEquipmentPane pane) {
            ed=pane;
        }
    //事件处理方法
    public void actionPerformed(ActionEvent e) {
            Object button=e.getSource();
            String seid=ed.idtex.getText().trim();
            String sql="select * from equipment where eid=";
            boolean success=false;
            if(seid.equals(""))
            {
                    JOptionPane.showMessageDialog(null,"请输入资产编号");
                    return;
            }
            else
            {
                    eid=Integer.parseInt(seid);
                    //如果单击了"查询"按钮
                    if(button==ed.finebtn)
                    {
                            dofine(sql);
                    }
                    //如果单击了"删除"按钮
                    if(button==ed.editbtn)
                    {
                            dofine(sql);
```

```
                                    int  confirm=JOptionPane.showConfirmDialog(null,"是否删除?","删除确认
",JOptionPane.YES_NO_OPTION);
                                    if(confirm==JOptionPane.YES_OPTION)
                                    {

                                            sql="update equipment set edel=1 where eid="+eid;
                                            System.out.println(sql);
                        //执行删除操作
                                            success=db.executeSql(sql);
                                            if(!success)
                                            {
                                                    JOptionPane.showMessageDialog(null,"修改不成功，请重试
");
                                            }
                                            else
                                            {
                                                    JOptionPane.showMessageDialog(null,"修改成功");
                                                    ed.idtex.setText("");
                                                    ed.bigtex.setText("");
                                                    ed.smalltex.setText("");
                                                    ed.nametex.setText("");
                                                    ed.stutetex.setText("");
                                                    ed.valuetex.setText("");
                                                    ed.datetex.setText("");
                                                    ed.modeltex.setText("");
                                                    ed.nametex.setText("");
                                                    return;
                                            }
                                    }
                            }
                            if(button==ed.cancelbtn)
                            {
                                    ed.idtex.setText("");
                                    ed.bigtex.setText("");
                                    ed.smalltex.setText("");
                                    ed.nametex.setText("");
                                    ed.stutetex.setText("");
                                    ed.valuetex.setText("");
                                    ed.datetex.setText("");
                                    ed.modeltex.setText("");
                                    ed.nametex.setText("");
                                    return;

                            }
                    }
            }
            private void dofine(String sql)
            {
                    sql=sql+eid;
                    rs=db.getResult(sql);
                    int big=0;
                    int small=0;
                    int stute=-1;
                    try
```

```
        {
                if(!rs.first()|(rs.getInt(8)==1))
                {
                        JOptionPane.showMessageDialog(null,"没有该资产或者已经被删除");
                        ed.idtex.setText("");
                        ed.bigtex.setText("");
                        ed.smalltex.setText("");
                        ed.nametex.setText("");
                        ed.stutetex.setText("");
                        ed.valuetex.setText("");
                        ed.datetex.setText("");
                        ed.modeltex.setText("");
                        ed.nametex.setText("");
                        return;
                }
                else
                {
                        rs.beforeFirst();
                        while(rs.next())
                        {
                                big=rs.getInt(2);
                                small=rs.getInt(3);
                                ed.valuetex.setText(rs.getString(4));
                                ed.datetex.setText((rs.getString(5)).substring(0,11));
                                stute=rs.getInt(6);
                                ed.modeltex.setText(rs.getString(10));
                                ed.nametex.setText(rs.getString(11));
                        }
                }
        }catch(SQLException sqle)
        {
                JOptionPane.showMessageDialog(null,"没有该资产或者已经被删除");
                ed.idtex.setText("");
                ed.bigtex.setText("");
                ed.smalltex.setText("");
                ed.nametex.setText("");
                ed.stutetex.setText("");
                ed.valuetex.setText("");
                ed.datetex.setText("");
                ed.modeltex.setText("");
                ed.nametex.setText("");
                        System.out.println(sqle);
                        return;
        }
        if(big==0)
                {
                        ed.bigtex.setText("办公室外设");
                        switch(small)
                                {
                                        case 0:
                                                ed.smalltex.setText("传真机");
                                                break;
                                        case 1:
                                                ed.smalltex.setText("复印机");
```

```
                                break;
                        case 2:
                                ed.smalltex.setText("打印机");
                                break;
                        case 3:
                                ed.smalltex.setText("其他");
                                break;
                }
        }
        if(big==1)
        {
                ed.bigtex.setText("数码产品");
                switch(small)
                {
                        case 0:
                        ed.smalltex.setText("数码相机");
                        break;
                        case 1:
                        ed.smalltex.setText("投影仪");
                        break;
                        case 2:
                        ed.smalltex.setText("其他");
                        break;
                }
        }
        if(big==2)
        {
                ed.bigtex.setText("计算机");
                switch(small)
                {
                        case 0:
                        ed.smalltex.setText("笔记本电脑");
                        break;
                        case 1:
                        ed.smalltex.setText("台式机");
                        break;
                        case 2:
                        ed.smalltex.setText("服务器");
                        break;
                        case 3:
                        ed.smalltex.setText("其他");
                        break;
                }
        }
        switch(stute)
        {
        case 0:
                ed.stutetex.setText("正常");
                break;
        case 1:
                ed.stutetex.setText("维修");
                break;
        case 2:
```

```
                        ed.stutetex.setText("报废");
                        break;
                default:
                        ed.stutetex.setText("被占用");
                }
        }
}
```

13.7.4 固定资产领用

当单击主界面菜单栏中的"固定资产管理"菜单中的"资产领用"菜单项，或者选择主界面中树形结构中的"资产领用"节点时，都将显示如图13-8所示的领用固定资产界面。

图13-8 领用固定资产界面

领用固定资产界面类UseEquipmentPane的具体代码如下：

```java
package view;
import javax.swing.JPanel;

import javax.swing.JLabel;
import javax.swing.JTextField;
import javax.swing.JButton;
//引入事件监听器类
import contorl.UEControl;
public class UseEquipmentPane extends JPanel {
    //声明界面中的各个组件
    public JLabel numberlbl = null;
    private JLabel uselbl = null;
    public JLabel mangeridlbl = null;
    public JLabel idlbl = null;
    private JLabel datelbl = null;
    private JLabel notelbl = null;
    public JTextField numbertex = null;
    public JTextField usetex = null;
    public JTextField manageridtex = null;
    public JTextField idtex = null;
    public JTextField datetex = null;
    public JTextField notetex = null;
    public JButton confirmbtn = null;
    public JButton surebtn = null;
    public JButton cancelbtn = null;
    private UEControl uec;
    //构造函数
    public UseEquipmentPane() {
        super();
        initialize();
```

```
        }
        //初始化各个组件
        private void initialize() {
                notelbl = new JLabel();
                datelbl = new JLabel();
                idlbl = new JLabel();
                mangeridlbl = new JLabel();
                uselbl = new JLabel();
                numberlbl = new JLabel();
                this.setLayout(null);

                numberlbl.setText("资产编号： ");
                numberlbl.setBounds(10, 90, 75, 30);
                uselbl.setBounds(30, 140, 55, 30);
                uselbl.setText("用途： ");
                mangeridlbl.setBounds(5, 185, 80, 30);
                mangeridlbl.setText("管理员编号： ");
                idlbl.setBounds(185, 90, 80, 30);
                idlbl.setText("领用人编号： ");
                datelbl.setBounds(200, 140, 65, 30);
                datelbl.setText("领用日期： ");
                notelbl.setBounds(200, 185, 65, 30);
                notelbl.setText("当前状态： ");
                this.setBounds(0, 0, 400, 300);
                this.add(numberlbl, null);
                this.add(uselbl, null);
                this.add(mangeridlbl, null);
                this.add(idlbl, null);
                this.add(datelbl, null);
                this.add(notelbl, null);
                this.add(getNumbertex(), null);
                this.add(getUsetex(), null);
                this.add(getManageridtex(), null);
                this.add(getIdtex(), null);
                this.add(getDatetex(), null);
                this.add(getNotetex(), null);
                this.add(getConfirmbtn(), null);
                this.add(getSurebtn(), null);
                this.add(getCancelbtn(), null);
                uec=new UEControl(this);
                confirmbtn.addActionListener(uec);
                surebtn.addActionListener(uec);
                cancelbtn.addActionListener(uec);

        }
        //获取各组件的实例
        private JTextField getNumbertex() {
                if (numbertex == null) {
                        numbertex = new JTextField();
                        numbertex.setBounds(85, 90, 100, 30);
                }
                return numbertex;
        }

        private JTextField getUsetex() {
```

```java
            if (usetex == null) {
                    usetex = new JTextField();
                    usetex.setBounds(85, 140, 100, 30);
            }
            return usetex;
    }

    private JTextField getManageridtex() {
            if (manageridtex == null) {
                    manageridtex = new JTextField();
                    manageridtex.setBounds(85, 185, 100, 30);
            }
            return manageridtex;
    }

    private JTextField getIdtex() {
            if (idtex == null) {
                    idtex = new JTextField();
                    idtex.setBounds(265, 90, 100, 30);
            }
            return idtex;
    }

    private JTextField getDatetex() {
            if (datetex == null) {
                    datetex = new JTextField();
                    datetex.setBounds(265, 140, 100, 30);
            }
            return datetex;
    }

    private JTextField getNotetex() {
            if (notetex == null) {
                    notetex = new JTextField();
                    notetex.setBounds(265, 185, 100, 30);
                    notetex.setEnabled(false);
                    notetex.setEditable(false);
            }
            return notetex;
    }

    private JButton getConfirmbtn() {
            if (confirmbtn == null) {
                    confirmbtn = new JButton();
                    confirmbtn.setBounds(40, 240, 75, 30);
                    confirmbtn.setText("核对");
            }
            return confirmbtn;
    }

    private JButton getSurebtn() {
            if (surebtn == null) {
                    surebtn = new JButton();
                    surebtn.setBounds(170, 240, 75, 30);
                    surebtn.setText("确定");
                    surebtn.setEnabled(false);
            }
```

```
                    return surebtn;
            }
            private JButton getCancelbtn() {
                    if (cancelbtn == null) {
                            cancelbtn = new JButton();
                            cancelbtn.setBounds(300, 240, 75, 30);
                            cancelbtn.setText("清空");
                            cancelbtn.setEnabled(false);
                    }
                    return cancelbtn;
            }
    }
```

　　在该类中引入了响应单击按钮的事件的处理器类UEControl，当管理员填写完要领用的固定资产的信息后单击按钮，就将调用该事件处理器类中定义的事件处理方法来向数据库中添加领用的固定资产的信息。

　　事件处理器类UEControl的具体代码如下：

```java
    package contorl;

    import java.awt.event.ActionEvent;
    import java.awt.event.ActionListener;
    import java.sql.ResultSet;
    import java.sql.SQLException;
    import java.sql.Timestamp;

    import javax.swing.JOptionPane;
    //引入数据库连接类
    import model.DBManager;

    import view.UseEquipmentPane;

    public class UEControl implements ActionListener {

        private UseEquipmentPane pane;
        private DBManager db=new DBManager();
        private ResultSet rs;
        private int eid=-1;
        private String mid;
        private String uid;
        private String note;
        private Timestamp timestamp;
        private String sql;
        private int stute;
        private String seid;
        private String usefor;
        private int iuid;
        //构造函数
        public UEControl(UseEquipmentPane pane) {
                this.pane=pane;

        }
        //定义的事件处理方法
            public void actionPerformed(ActionEvent e)
            {
```

```
                            Object button=e.getSource();
                            boolean success=false;
                    //如果单击的是"核对"按钮
                            if(button==pane.confirmbtn)
                                    {
                                            pane.surebtn.setEnabled(true);
                                            pane.cancelbtn.setEnabled(true);
                                            seid=pane.numbertex.getText().trim();
                                            mid=pane.manageridtex.getText().trim();
                                            uid=pane.idtex.getText().trim();
                                            note=pane.notetex.getText().trim();
                                            usefor=pane.usetex.getText().trim();
                                            try{
                                                    timestamp=Timestamp.valueOf(pane.datetex.getText().trim()
+" 00:00:00.000");
                                            }
                                            catch(IllegalArgumentException ie)
                                            {
                                                    JOptionPane.showMessageDialog(null,"输入的时间格式有误
,请参考:yyyy-mm-dd");

                                                    pane.datetex.setText("");
                                                    pane.surebtn.setEnabled(false);
                                                    pane.cancelbtn.setEnabled(false);
                                                    return;
                                            }
                                            eid=Integer.parseInt(seid);
                                            if(eid==-1||mid.equals("")||uid.equals(""))
                                            {
                                                    JOptionPane.showMessageDialog(null,"请输入完整");
                                                    pane.surebtn.setEnabled(false);
                                                    pane.cancelbtn.setEnabled(false);
                                                    return;
                                            }
                                            dofine();

                                    }
                    //如果单击的是"确定"按钮
                            if(button==pane.surebtn)
                                    {
                                            dofine();
                                            int confirm=JOptionPane.showConfirmDialog(null,"以上信息是否正
确?","确认",JOptionPane.YES_NO_OPTION);
                                            if(confirm==JOptionPane.YES_OPTION)
                                            {
                                                    if(stute!=0)
                                                    {
                                                            JOptionPane.showMessageDialog(null,"资产状态不正
常。不能领用");

                                                            pane.numberlbl.setText("资产编号");
                                                            pane.idlbl.setText("用户编号");
                                                            pane.mangeridlbl.setText("管理员编号");
                                                            pane.idtex.setText("");
                                                            pane.numbertex.setText("");
                                                            pane.usetex.setText("");
```

```
                                        pane.notetex.setText("");
                                        pane.datetex.setText("");
                                        pane.manageridtex.setText("");
                                        pane.surebtn.setEnabled(false);
                                        pane.cancelbtn.setEnabled(false);
                                        return;
                                }
                        sql="insert   into   out(oeid,omid,ouid,odate,ousefor)   values(
"+eid+","+mid+","+uid+",'"+timestamp+"','"+usefor+"')";
                        System.out.println(sql);
                        success=db.executeSql(sql);
                        if(!success)
                        {
                                JOptionPane.showMessageDialog(null,"不成功，请重
试");
                                pane.numberlbl.setText("资产编号");
                                pane.idlbl.setText("用户编号");
                                pane.mangeridlbl.setText("管理员编号");
                                pane.idtex.setText("");
                                pane.numbertex.setText("");
                                pane.notetex.setText("");
                                pane.usetex.setText("");
                                pane.datetex.setText("");
                                pane.manageridtex.setText("");
                                pane.surebtn.setEnabled(false);
                                pane.cancelbtn.setEnabled(false);
                        }
                        iuid=Integer.parseInt(uid);
                        sql="update   equipment   set   estute=4,eUID="+iuid+"   where
eid="+eid;
                        System.out.println(sql);
                        success=db.executeSql(sql);
                        if(!success)
                        {
                                JOptionPane.showMessageDialog(null,"不成功，请重
试");
                                pane.numberlbl.setText("资产编号");
                                pane.idlbl.setText("用户编号");
                                pane.mangeridlbl.setText("管理员编号");
                                pane.idtex.setText("");
                                pane.numbertex.setText("");
                                pane.notetex.setText("");
                                pane.usetex.setText("");
                                pane.datetex.setText("");
                                pane.manageridtex.setText("");
                                pane.surebtn.setEnabled(false);
                                pane.cancelbtn.setEnabled(false);
                                return;
                        }
                        else
                        {
                                JOptionPane.showMessageDialog(null,"成功");
```

```
                                            pane.numberlbl.setText("资产编号");
                                            pane.idlbl.setText("用户编号");
                                            pane.mangeridlbl.setText("管理员编号");
                                            pane.idtex.setText("");
                                            pane.numbertex.setText("");
                                            pane.usetex.setText("");
                                            pane.notetex.setText("");
                                            pane.datetex.setText("");
                                            pane.manageridtex.setText("");
                                            pane.surebtn.setEnabled(false);
                                            pane.cancelbtn.setEnabled(false);
                                            return;
                                }
                        }
                }
                //如果单击的是"取消"按钮
                if(button==pane.cancelbtn)
                {
                        pane.numberlbl.setText("资产编号");
                        pane.idlbl.setText("用户编号");
                        pane.mangeridlbl.setText("管理员编号");
                        pane.idtex.setText("");
                        pane.numbertex.setText("");
                        pane.usetex.setText("");
                        pane.notetex.setText("");
                        pane.datetex.setText("");
                        pane.manageridtex.setText("");
                        pane.surebtn.setEnabled(false);
                        pane.cancelbtn.setEnabled(false);
                        return;

                }
        }
            private void dofine()
            {
                sql="select * from equipment where eid="+eid;
                rs=db.getResult(sql);
                try
                {
                        if(!rs.first()||rs.getInt(8)==1)
                        {
                                JOptionPane.showMessageDialog(null,"找不到资产的
相关信息");

                                pane.numberlbl.setText("资产编号");
                                pane.idlbl.setText("用户编号");
                                pane.mangeridlbl.setText("管理员编号");
                                pane.idtex.setText("");
                                pane.numbertex.setText("");
                                pane.notetex.setText("");
                                pane.usetex.setText("");
                                pane.datetex.setText("");
                                pane.manageridtex.setText("");
                                pane.surebtn.setEnabled(false);
```

```
                                        pane.cancelbtn.setEnabled(false);
                                        return;
                        }
                        else{
                                pane.numberlbl.setText("资产名称");
                                pane.numbertex.setText(rs.getString(11));
                                stute=rs.getInt(6);

                        }
                        sql="select uname,udel from users where uid="+uid;
                        rs=db.getResult(sql);
                        if(!rs.first()||rs.getInt(2)==1)
                        {
                                JOptionPane.showMessageDialog(null,"找不到用户的
相关信息");
                                pane.numberlbl.setText("资产编号");
                                pane.idlbl.setText("用户编号");
                                pane.mangeridlbl.setText("管理员编号");
                                pane.idtex.setText("");
                                pane.numbertex.setText("");
                                pane.notetex.setText("");
                                pane.usetex.setText("");
                                pane.datetex.setText("");
                                pane.manageridtex.setText("");
                                pane.surebtn.setEnabled(false);
                                pane.cancelbtn.setEnabled(false);
                                return;
                        }
                        else{
                                pane.idlbl.setText("用户名");
                                pane.idtex.setText(rs.getString(1));

                        }
                        sql="select mname,mdel from manager where mid="+mid;
                        rs=db.getResult(sql);
                        if(!rs.first()||rs.getInt(2)==1)
                        {
                                JOptionPane.showMessageDialog(null,"找不到管理员
的相关信息");
                                pane.numberlbl.setText("资产编号");
                                pane.idlbl.setText("用户编号");
                                pane.mangeridlbl.setText("管理员编号");
                                pane.idtex.setText("");
                                pane.numbertex.setText("");
                                pane.notetex.setText("");
                                pane.usetex.setText("");
                                pane.datetex.setText("");
                                pane.manageridtex.setText("");
                                pane.surebtn.setEnabled(false);
                                pane.cancelbtn.setEnabled(false);
                                return;
                        }
                        else{
```

```
                                        pane.mangeridlbl.setText("管理员");
                                        pane.manageridtex.setText(rs.getString(1));
                            }
                    }catch(SQLException sqle)
                    {
                                        System.out.println(sqle);
                    }
                    switch(stute)
                    {
                    case 0:
                            pane.notetex.setText("正常");
                            break;
                    case 1:
                            pane.notetex.setText("维修");
                            break;
                    case 2:
                            pane.notetex.setText("报废");
                            break;
                    default:
                            pane.notetex.setText("被占用");
                    }
            }
    }
```

13.7.5 固定资产归还

当单击主界面菜单栏中的"固定资产管理"菜单中的"资产归还"菜单项，或者选择主界面中树形结构中的"资产归还"节点时，都将显示如图13-9所示的归还固定资产界面。

图13-9 归还固定资产界面

归还固定资产界面类ReturnEquipmentPane的具体代码如下：

```
package view;

import java.util.Vector;
import javax.swing.JPanel;
import javax.swing.JComboBox;
import javax.swing.JLabel;
import javax.swing.JTextField;
import javax.swing.JButton;
//引入事件监听器类
import contorl.REControl;
public class ReturnEquipmentPane extends JPanel {
    //声明界面中的各组件
    public JLabel numberlbl = null;
```

```java
        private JLabel stutelbl = null;
        public JLabel mangeridlbl = null;
        public JLabel idlbl = null;
        private JLabel datelbl = null;
        private JLabel notelbl = null;
        public JTextField numbertex = null;
        public JComboBox stutecbx = null;
        public JTextField manageridtex = null;
        public JTextField idtex = null;
        public JTextField datetex = null;
        public JTextField notetex = null;
        public JButton confirmbtn = null;
        public JButton surebtn = null;
        public JButton cancelbtn = null;
        private REControl rec;
        //构造函数
        public ReturnEquipmentPane() {
                super();
                initialize();
        }
        //初始化各组件
        private void initialize() {
                notelbl = new JLabel();
                datelbl = new JLabel();
                idlbl = new JLabel();
                mangeridlbl = new JLabel();
                stutelbl = new JLabel();
                numberlbl = new JLabel();
                this.setLayout(null);
                numberlbl.setText("资产编号：");
                numberlbl.setBounds(10, 90, 75, 30);
                stutelbl.setBounds(20, 140, 65, 30);
                stutelbl.setText("归还状态：");
                mangeridlbl.setBounds(10, 185, 75, 30);
                mangeridlbl.setText("管理员编号：");
                mangeridlbl.setFont(new java.awt.Font("Dialog", java.awt.Font.BOLD, 11));
                idlbl.setBounds(190, 90, 75, 30);
                idlbl.setText("归还人编号：");
                idlbl.setFont(new java.awt.Font("Dialog", java.awt.Font.BOLD, 11));
                datelbl.setBounds(200, 140, 65, 30);
                datelbl.setText("归还日期：");
                notelbl.setBounds(210, 185, 55, 30);
                notelbl.setText("备注：");
                this.setBounds(0, 0, 400, 300);
                this.add(numberlbl, null);
                this.add(stutelbl, null);
                this.add(mangeridlbl, null);
                this.add(idlbl, null);
                this.add(datelbl, null);
                this.add(notelbl, null);
                this.add(getNumbertex(), null);
                this.add(getStutecbx(), null);
                this.add(getManageridtex(), null);
```

```
                this.add(getIdtex(), null);
                this.add(getDatetex(), null);
                this.add(getNotetex(), null);
                this.add(getConfirmbtn(), null);
                this.add(getSurebtn(), null);
                this.add(getCancelbtn(), null);
                rec=new REControl(this);
                surebtn.addActionListener(rec);
                confirmbtn.addActionListener(rec);
                cancelbtn.addActionListener(rec);
        }
        //获取各组件的实例
        private JTextField getNumbertex() {
                if (numbertex == null) {
                        numbertex = new JTextField();
                        numbertex.setBounds(85, 90, 100, 30);
                }
                return numbertex;
        }
        private JComboBox getStutecbx() {
                if (stutecbx == null) {
                        Vector v=new Vector();
                        v.add("正常");
                        v.add("待维修");
                        v.add("报废");
                        stutecbx = new JComboBox(v);
                        stutecbx.setBounds(85, 140, 100, 30);
                }
                return stutecbx;
        }

        private JTextField getManageridtex() {
                if (manageridtex == null) {
                        manageridtex = new JTextField();
                        manageridtex.setBounds(85, 185, 100, 30);
                }
                return manageridtex;
        }

        private JTextField getIdtex() {
                if (idtex == null) {
                        idtex = new JTextField();
                        idtex.setBounds(265, 90, 100, 30);
                }
                return idtex;
        }

        private JTextField getDatetex() {
                if (datetex == null) {
                        datetex = new JTextField();
                        datetex.setBounds(265, 140, 100, 30);
                }
                return datetex;
        }
```

```java
        private JTextField getNotetex() {
                if (notetex == null) {
                        notetex = new JTextField();
                        notetex.setBounds(265, 185, 100, 30);
                }
                return notetex;
        }

        private JButton getConfirmbtn() {
                if (confirmbtn == null) {
                        confirmbtn = new JButton();
                        confirmbtn.setBounds(40, 240, 75, 30);
                        confirmbtn.setText("核对");
                }
                return confirmbtn;
        }

        private JButton getSurebtn() {
                if (surebtn == null) {
                        surebtn = new JButton();
                        surebtn.setBounds(170, 240, 75, 30);
                        surebtn.setText("确定");
                        surebtn.setEnabled(false);
                }
                return surebtn;
        }

        private JButton getCancelbtn() {
                if (cancelbtn == null) {
                        cancelbtn = new JButton();
                        cancelbtn.setBounds(300, 240, 75, 30);
                        cancelbtn.setText("清空");
                        cancelbtn.setEnabled(false);
                }
                return cancelbtn;
        }
}
```

在该类中引入了响应单击按钮的事件的处理器类REControl，当管理员填写完要归还的固定资产的信息后单击按钮，就将调用该事件处理器类中定义的事件处理方法来向数据库中添加归还的固定资产的信息。

事件处理器类REControl的具体代码如下：

```java
package contorl;

import java.awt.event.ActionEvent;
import java.awt.event.ActionListener;
import java.sql.ResultSet;
import java.sql.SQLException;
import java.sql.Timestamp;
import javax.swing.JOptionPane;
//引入数据库连接类
import model.DBManager;
import view.ReturnEquipmentPane;
```

```java
public class REControl implements ActionListener
{
    private ReturnEquipmentPane pane;
    private DBManager db=new DBManager();
    private ResultSet rs;
    private int eid;
    private String mid;
    private String uid;
    private String note;
    private Timestamp timestamp;
    private String sql;
    private int stute;
    private String seid;

    //构造函数
    public REControl(ReturnEquipmentPane pane) {
        this.pane=pane;
    }
    //定义事件处理方法
    public void actionPerformed(ActionEvent e)
    {
        Object button=e.getSource();
        boolean success=false;
        //如果单击"核对"按钮
        if(button==pane.confirmbtn)
        {
            pane.surebtn.setEnabled(true);
            pane.cancelbtn.setEnabled(true);
            seid=pane.numbertex.getText().trim();
            mid=pane.manageridtex.getText().trim();
            uid=pane.idtex.getText().trim();
            note=pane.notetex.getText().trim();
            stute=pane.stutecbx.getSelectedIndex();
            try{
                timestamp=Timestamp.valueOf(pane.datetex.getText().trim()+"
00:00:00.000");
            }
            catch(IllegalArgumentException ie)
            {
                JOptionPane.showMessageDialog(null,"输入的时间格式有误，请参
考:yyyy-mm-dd");

                pane.datetex.setText("");
                pane.surebtn.setEnabled(false);
                pane.cancelbtn.setEnabled(false);
                return;
            }
            eid=Integer.parseInt(seid);
            if(eid==-1||mid.equals("")||uid.equals(""))
            {
                JOptionPane.showMessageDialog(null,"请输入完整");
                pane.surebtn.setEnabled(false);
                pane.cancelbtn.setEnabled(false);
                return;
            }
```

```
                                    dofine();

                            }
            //如果单击"确定"按钮
                    if(button==pane.surebtn)
                    {
                            dofine();
                            int confirm=JOptionPane.showConfirmDialog(null,"以上信息是否正确?","确
认",JOptionPane.YES_NO_OPTION);
                            if(confirm==JOptionPane.YES_OPTION)
                            {
                                    sql="insert  into  returnin(ieid,iuid,idate,iiremark,imid)  values(
"+eid+","+uid+","'"+timestamp+"','"+note+"',"+mid+")";
                                    System.out.println(sql);
                                    success=db.executeSql(sql);
                                    if(!success)
                                    {
                                            JOptionPane.showMessageDialog(null,"不成功，请重试");
                                            pane.numberlbl.setText("资产编号");
                                            pane.idlbl.setText("用户编号");
                                            pane.mangeridlbl.setText("管理员编号");
                                            pane.idtex.setText("");
                                            pane.numbertex.setText("");
                                            pane.notetex.setText("");
                                            pane.datetex.setText("");
                                            pane.manageridtex.setText("");
                                            pane.surebtn.setEnabled(false);
                                            pane.cancelbtn.setEnabled(false);
                                            return;
                                    }
                                    sql="update  equipment  set  estute="+stute+"  ,euid=0  where
eid="+eid;
                                    System.out.println(sql);
                                    success=db.executeSql(sql);
                                    if(!success)
                                    {
                                            JOptionPane.showMessageDialog(null,"不成功，请重试");
                                            pane.numberlbl.setText("资产编号");
                                            pane.idlbl.setText("用户编号");
                                            pane.mangeridlbl.setText("管理员编号");
                                            pane.idtex.setText("");
                                            pane.numbertex.setText("");
                                            pane.notetex.setText("");
                                            pane.datetex.setText("");
                                            pane.manageridtex.setText("");
                                            pane.surebtn.setEnabled(false);
                                            pane.cancelbtn.setEnabled(false);
                                            return;
                                    }
                                    else
                                    {
                                            JOptionPane.showMessageDialog(null,"成功");
                                            pane.numberlbl.setText("资产编号");
```

```
                                        pane.idlbl.setText("用户编号");
                                        pane.mangeridlbl.setText("管理员编号");
                                        pane.idtex.setText("");
                                        pane.numbertex.setText("");
                                        pane.notetex.setText("");
                                        pane.datetex.setText("");
                                        pane.manageridtex.setText("");
                                        pane.surebtn.setEnabled(false);
                                        pane.cancelbtn.setEnabled(false);
                                        return;

                                }

                        }

                }
                //如果单击"取消"按钮
                  if(button==pane.cancelbtn)
                  {
                                pane.numberlbl.setText("资产编号");
                                pane.idlbl.setText("用户编号");
                                pane.mangeridlbl.setText("管理员编号");
                                pane.idtex.setText("");
                                pane.numbertex.setText("");
                                pane.notetex.setText("");
                                pane.datetex.setText("");
                                pane.manageridtex.setText("");
                                pane.surebtn.setEnabled(false);
                                pane.cancelbtn.setEnabled(false);
                                return;

                  }

                }

                private void dofine()
                {
                        sql="select ename,estute from equipment where eid="+eid;
                        rs=db.getResult(sql);


                                try
                                {
                                if(!rs.first()|lrs.getInt(2)!=4)
                                {
                                        JOptionPane.showMessageDialog(null,"找不到资产的相关信
息");

                                        pane.numberlbl.setText("资产编号");
                                        pane.idlbl.setText("用户编号");
                                        pane.mangeridlbl.setText("管理员编号");
                                        pane.idtex.setText("");
                                        pane.numbertex.setText("");
                                        pane.notetex.setText("");
                                        pane.datetex.setText("");
                                        pane.manageridtex.setText("");
                                        pane.surebtn.setEnabled(false);
                                        pane.cancelbtn.setEnabled(false);
                                        return;

                                }
```

```
                       else{
                                pane.numberlbl.setText("资产名称");
                                pane.numbertex.setText(rs.getString(1));

                       }
                       }
                       catch(SQLException e)
                       {
                                JOptionPane.showMessageDialog(null,"找不到资产的相关信
息");
                                pane.numberlbl.setText("资产编号");
                                pane.idlbl.setText("用户编号");
                                pane.mangeridlbl.setText("管理员编号");
                                pane.idtex.setText("");
                                pane.numbertex.setText("");
                                pane.notetex.setText("");
                                pane.datetex.setText("");
                                pane.manageridtex.setText("");
                                pane.surebtn.setEnabled(false);
                                pane.cancelbtn.setEnabled(false);
                                        return;
                       }
                       sql="select uname,udel from users where uid="+uid;
                       rs=db.getResult(sql);
                       try
                       {
                       if(!rs.first()|rs.getInt(2)==1)
                       {
                                JOptionPane.showMessageDialog(null,"找不到用户的相关信
息");
                                pane.numberlbl.setText("资产编号");
                                pane.idlbl.setText("用户编号");
                                pane.mangeridlbl.setText("管理员编号");
                                pane.idtex.setText("");
                                pane.numbertex.setText("");
                                pane.notetex.setText("");
                                pane.datetex.setText("");
                                pane.manageridtex.setText("");
                                pane.surebtn.setEnabled(false);
                                pane.cancelbtn.setEnabled(false);
                                return;
                       }
                       else{
                                pane.idlbl.setText("用户名");
                                pane.idtex.setText(rs.getString(1));

                       }
                       }
                       catch(SQLException e)
                       {
                                JOptionPane.showMessageDialog(null,"找不到用户的相关信
息");
                                pane.numberlbl.setText("资产编号");
                                pane.idlbl.setText("用户编号");
```

```
                                        pane.mangeridlbl.setText("管理员编号");
                                        pane.idtex.setText("");
                                        pane.numbertex.setText("");
                                        pane.notetex.setText("");
                                        pane.datetex.setText("");
                                        pane.manageridtex.setText("");
                                        pane.surebtn.setEnabled(false);
                                        pane.cancelbtn.setEnabled(false);
                                                     return;
                            }
                    sql="select mname,mdel from manager where mid="+mid;
                    rs=db.getResult(sql);
                    try
                    {
                            if(!rs.first()||rs.getInt(2)==1)
                            {
                                    JOptionPane.showMessageDialog(null,"找不到管理员
的相关信息");
                                    pane.numberlbl.setText("资产编号");
                                    pane.idlbl.setText("用户编号");
                                    pane.mangeridlbl.setText("管理员编号");
                                    pane.idtex.setText("");
                                    pane.numbertex.setText("");
                                    pane.notetex.setText("");
                                    pane.datetex.setText("");
                                    pane.manageridtex.setText("");
                                    pane.surebtn.setEnabled(false);
                                    pane.cancelbtn.setEnabled(false);
                                    return;
                            }
                            else{
                                    pane.mangeridlbl.setText("管理员");
                                    pane.manageridtex.setText(rs.getString(1));
                            }
                    }catch(SQLException e)
                    {
                            JOptionPane.showMessageDialog(null,"找不到管理员的相关信息");
                            pane.numberlbl.setText("资产编号");
                            pane.idlbl.setText("用户编号");
                            pane.mangeridlbl.setText("管理员编号");
                            pane.idtex.setText("");
                            pane.numbertex.setText("");
                            pane.notetex.setText("");
                            pane.datetex.setText("");
                            pane.manageridtex.setText("");
                            pane.surebtn.setEnabled(false);
                            pane.cancelbtn.setEnabled(false);
                                    return;
                    }

            }
    }
```

13.7.6　固定资产查找

当单击主界面菜单栏中的"查询"菜单中的"根据种类"菜单项，或者选择主界面中树形结构中的"根据种类"节点时，都将显示如图13-10所示的查找固定资产界面。

图13-10　查找固定资产界面

查找固定资产界面类**KindInformationPane**的具体代码如下：

```
package view;

import java.util.Vector;

import javax.swing.JPanel;

import javax.swing.DefaultComboBoxModel;
import javax.swing.JLabel;
import javax.swing.JTable;
import javax.swing.JScrollPane;
import javax.swing.JComboBox;
import javax.swing.JButton;
import javax.swing.table.DefaultTableModel;
//引入事件监听器类
import contorl.KIControl;
public class KindInformationPane extends JPanel {
    //声明界面中的各个组件
    private JLabel biglbl = null;
    private JLabel smalllbl = null;
    private JTable showtable = null;
    private JScrollPane jScrollPane = null;
    public JComboBox bigcbx = null;
    public JComboBox smallcbx = null;
    public JButton surebtn = null;
    public JButton cancelbtn = null;
    private KIControl kic;
    public DefaultTableModel model;
    //构造函数
    public KindInformationPane() {
        super();
        initialize();
    }
    //初始化组件
    private void initialize() {
        smalllbl = new JLabel();
        biglbl = new JLabel();
        model=new DefaultTableModel();
```

```java
            this.setLayout(null);
            biglbl.setText("大类别：");
            biglbl.setBounds(30, 40, 55, 30);
            smalllbl.setBounds(311, 40, 55, 30);
            smalllbl.setText("小类别：");
            this.setBounds(0, 0, 600, 300);
            this.add(biglbl, null);
            this.add(smalllbl, null);
            this.add(getJScrollPane(), null);
            this.add(getBigcbx(), null);
            this.add(getSmallcbx(), null);
            this.add(getSurebtn(), null);
            this.add(getCancelbtn(), null);
            kic=new KIControl(this);
            model.addColumn("资产ID");
            model.addColumn("大类");
            model.addColumn("小类");
    model.addColumn("名称");
    model.addColumn("型号");
            model.addColumn("价格");
            model.addColumn("状态");
    model.addColumn("备注");
            model.addColumn("占用者");
            bigcbx.addItemListener(kic);
            smallcbx.addItemListener(kic);
            surebtn.addActionListener(kic);
            cancelbtn.addActionListener(kic);
    }
    //获取各组件的实例
    private JTable getShowtable() {
            if (showtable == null) {
                    showtable = new JTable(model);
            }
            return showtable;
    }

    private JScrollPane getJScrollPane() {
            if (jScrollPane == null) {
                    jScrollPane = new JScrollPane();
                    jScrollPane.setBounds(30, 90, 500, 130);
                    jScrollPane.setViewportView(getShowtable());
            }
            return jScrollPane;
    }

    private JComboBox getBigcbx() {
            if (bigcbx == null) {
                    Vector items=new Vector();
                    items.add("办公室外设");
                    items.add("数码产品");
                    items.add("计算机");
                    bigcbx = new JComboBox(items);
                    bigcbx.setBounds(85, 40, 100, 30);
            }
            return bigcbx;
```

```
        }
    private JComboBox getSmallcbx() {
            if (smallcbx == null) {
                    smallcbx = new JComboBox();
                    smallcbx.setBounds(365, 40, 100, 30);
            }
            return smallcbx;
    }

    private JButton getSurebtn() {
            if (surebtn == null) {
                    surebtn = new JButton();
                    surebtn.setBounds(70, 240, 75, 30);
                    surebtn.setText("确定");
            }
            return surebtn;
    }

    private JButton getCancelbtn() {
            if (cancelbtn == null) {
                    cancelbtn = new JButton();
                    cancelbtn.setBounds(396, 240, 75, 30);
                    cancelbtn.setText("清空");
            }
            return cancelbtn;
    }
    public void smallchange(int i) {
            DefaultComboBoxModel model=new DefaultComboBoxModel();
            switch(i)
            {
                    case 1:
                            smallcbx.removeAllItems();
                            model.addElement("传真机");
                            model.addElement("复印机");
                            model.addElement("打印机");
                            model.addElement("其他");
                            smallcbx.setModel(model);
                            break;
                    case 2:
                            smallcbx.removeAllItems();
                            model.addElement("数码相机");
                            model.addElement("投影仪");
                            model.addElement("其他");
                            smallcbx.setModel(model);
                            break;
                    case 3:
                            smallcbx.removeAllItems();
                            model.addElement("笔记本电脑");
                            model.addElement("台式机");
                            model.addElement("服务器");
                            model.addElement("其他");
                            smallcbx.setModel(model);
                            break;
            }
    }
}
```

在该类中引入了响应单击按钮的事件以及响应选中选择框中某个选项事件的处理器类KIContro。当选中大类别中的选项时，小类别的选择框将自动填充上对应的内容，但单击确定按钮时，就将调用该事件处理器类中定义的事件处理方法根据设置的条件在数据库中进行查询操作。

事件处理器类**KIControl**的具体代码如下：

```java
package contorl;

import java.awt.event.ActionEvent;
import java.awt.event.ActionListener;
import java.awt.event.ItemEvent;
import java.awt.event.ItemListener;
import java.sql.ResultSet;
import java.sql.SQLException;
import java.util.Vector;
import javax.swing.JOptionPane;
//引入数据库连接类
import model.DBManager;
import view.KindInformationPane;

public class KIControl implements ActionListener, ItemListener
{

    private KindInformationPane pane;
    private DBManager db=new DBManager();
    private ResultSet rs;
    private String username;

    //构造函数
    public KIControl(KindInformationPane pane)
    {
        this.pane=pane;
    }

    //定义事件处理方法
    public void actionPerformed(ActionEvent e)
    {
        for(int n=pane.model.getRowCount()-1;n>=0;n--)
        {
            pane.model.removeRow(n);
        }
        String sql = "select * from equipment where ";
        int big = pane.bigcbx.getSelectedIndex();
        int small = pane.smallcbx.getSelectedIndex();
        Object button = e.getSource();
        if (button == pane.surebtn)
        {
            //根据选择的固定资产类别构造查询的sql语句
                sql = sql + " eclass=" + big;
            if (small!=-1)
            {
                sql = sql + " and ekind=" + small;
            }
            dofine(sql);
        }
```

```
        }
        private void dofine(String sql)
        {
                int big=-1;
                int small=0;
                int stute=-1;
                int use=-1;
                String sbig =
                null;
                String ssmall =
                null;
                String   sstute;
                String suse;
        //根据设置的查询条件获得结果集
                rs=db.getResult(sql);
                try
                {
                        if(!rs.first()l(rs.getInt(8)==1))
                        {
                                JOptionPane.showMessageDialog(null,"没有该资产资料或者已经被删除");
                                return;
                        }
                        else
                        {

                                rs.beforeFirst();
                                while(rs.next())
                                {
                                        big=rs.getInt(2);
                                        small=rs.getInt(3);
                                        stute=rs.getInt(6);
                                        use=rs.getInt(9);
                                        if(big==0)
                                        {
                                                sbig="办公室外设";
                                                switch(small)
                                                    {
                                                            case 0:
                                                                ssmall="传真机";
                                                                break;
                                                            case 1:
                                                                ssmall="复印机";
                                                                break;
                                                            case 2:
                                                                ssmall="打印机";
                                                                break;
                                                            case 3:
                                                                ssmall="其他";
                                                                break;
                                                    }
                                        }
                                if(big==1)
                                        {
                                                sbig="数码产品";
```

```
                                        switch(small)
                                        {
                                            case 0:
                                                ssmall="数码相机";
                                            break;
                                            case 1:
                                                ssmall="投影仪";
                                            break;
                                            case 2:
                                                ssmall="其他";
                                            break;
                                        }
                                }
                        if(big==2)
                                {
                                        sbig="计算机";
                                        switch(small)
                                        {
                                            case 0:
                                                ssmall="笔记本电脑";
                                            break;
                                            case 1:
                                                ssmall="台式机";
                                            break;
                                            case 2:
                                                ssmall="服务器";
                                            break;
                                            case 3:
                                                ssmall="其他";
                                            break;
                                        }
                                }
                        switch(stute)
                        {
                        case 0:
                                sstute="正常";
                                break;
                        case 1:
                                sstute="维修";
                                break;
                        case 2:
                                sstute="报废";
                                break;
                        default:
                                sstute="被占用";

                        }
                        if(use==0)
                        {
                                suse="";
                        }
                        else
                        {
```

```
                                        suse=use+"  ";
                                    }
                            Vector tempvector=new Vector(1,1);
                            tempvector.add(rs.getString(1));
                            tempvector.add(sbig);
                            tempvector.add(ssmall);
                            tempvector.add(rs.getString(11));
                            tempvector.add(rs.getString(10));
                            tempvector.add(rs.getString(4));
                            tempvector.add(sstute);
                            tempvector.add(rs.getString(7));
                            tempvector.add(suse);
                            pane.model.addRow(tempvector);
                        }
                    }
                }
            catch(SQLException sqle)
            {

                    JOptionPane.showMessageDialog(null,"没有该资产资料或者已经被删除");

                            System.out.println(sqle);
                            return;
                }
            }
        //选择框中选择项改变的事件处理方法
        public void itemStateChanged(ItemEvent e)
        {

                Object big=e.getItem();
                if(big.equals("办公室外设"))
                {
                        pane.smallchange(1);
                }
                if(big.equals("数码产品"))
                {
                        pane.smallchange(2);
                }
                if(big.equals("计算机"))
                {
                        pane.smallchange(3);
                }
            }
        }
```

13.8　办公文件管理模块

　　管理员可以对办公固定资产系统中的办公文件进行管理，包括打开文件、保存文件、发送文件和接收文件。

13.8.1 打开和保存办公文件

当单击主界面菜单栏中的"办公文件"菜单中的"操作办公"菜单项，将显示如图13-11所示的打开和保存办公文件界面。该界面包括一个标签、一个文本域、一个滚动框和两个按钮。

图13-11 打开和保存办公文件界面

打开和保存办公文件界面类FileManagementPane的具体代码如下：

```java
package view;
import javax.swing.JFrame;
import javax.swing.JPanel;
import javax.swing.JLabel;
import javax.swing.JScrollPane;
import javax.swing.JTextArea;
import javax.swing.JButton;

//引入事件监听器类
import contorl.FMControl;

 public class FileManagementPane extends JPanel{
   private JLabel filelbl = null;
   public JTextArea filetex = null;
   public JButton openbtn = null;
   public JButton savebtn = null;
   public FileManagerFrame frame;
   private FMControl fmc;
   public FileManagementPane(FileManagerFrame frame) {
         super();
         initialize();
         this.frame=frame;
   }
   private void initialize() {

         filelbl = new JLabel();
        this.setLayout(null);
        filelbl.setText("文件内容:");
        filelbl.setBounds(20, 6, 55, 30);
        //创建文本域
        filetex=new JTextArea(30,20);
        //设置文本域自动换行
        filetex.setLineWrap(true);
        //为文本域添加滚动条
```

```
JScrollPane jpane=new JScrollPane(filetex);
jpane.setBounds(20, 30, 350, 200);
openbtn=new JButton("打开");
openbtn.setBounds(80, 235, 80, 30);
savebtn=new JButton("保存");
savebtn.setBounds(220, 235, 80, 30);
this.setBounds(0, 0, 400, 300);
this.add(filelbl, null);
this.add(jpane, null);

this.add(openbtn, null);
this.add(savebtn, null);
fmc=new FMControl(this);
openbtn.addActionListener(fmc);
savebtn.addActionListener(fmc);

    }

  }
```

在该类中使用了一个新的组件**JTextArea**，该组件也是用来接收用户输入的文本的，与之前介绍的**JTextField**组件的功能类似，但是**JTextField**组件只能接收单行文本，而**JTextArea**组件可以接收多行多列的文本，并且可以设置自动换行功能，而且结合**JScrollPane**滚动框可以在显示的文本超出范围时自动加载滚动条。

在该类中引入了响应单击按钮的事件的处理器类**FMControl**，当管理员单击按钮时，就将调用该事件处理器类中定义的事件处理方法来执行文件的打开或保存操作。

事件处理器类**FMControl**的具体代码如下：

```
package contorl;

import java.awt.event.ActionEvent;
import java.awt.event.ActionListener;
import java.io.BufferedReader;
import java.io.BufferedWriter;
import java.io.FileReader;
import java.io.FileWriter;
import java.io.IOException;

import view.FileManagementPane;

public class FMControl implements ActionListener {
  private FileManagementPane pane;
  //构造函数
  public FMControl(FileManagementPane pane) {
      this.pane=pane;
  }
   //定义事件处理方法
  public void actionPerformed(ActionEvent e)
  {
      Object button=e.getSource();
      StringBuffer text=new StringBuffer();
      //如果单击"打开"按钮
      if(button==pane.openbtn)
      {
          pane.frame.file.setVisible(true);
```

```
                try {
                //根据指定的文件路径读取文件
                        FileReader fr = new FileReader(pane.frame.file.getDirectory()+pane.frame
.file.getFile());

                        BufferedReader br = new BufferedReader(fr);
                        String record = new String();
                        while ((record = br.readLine()) != null) {
                                text.append(record);

                        }
                        pane.filetex.setText(text.toString());
                        br.close();
                        fr.close();
                } catch (IOException ex) {
                        ex.printStackTrace();

                }

        }
        //如果单击"保存"按钮
            else if(button==pane.savebtn)
            {
                    try{
                    pane.frame.savefile.setVisible(true);
                    //根据指定的文件路径向文件中写入
                    FileWriter fw = new FileWriter(pane.frame.savefile.getDirectory()+pane.frame
.savefile.getFile());

                    BufferedWriter bw = new BufferedWriter(fw);
                    bw.write(pane.filetex.getText());
                    bw.close();
                    fw.close();
            } catch (IOException ex) {
                    ex.printStackTrace();
            }
            }
        }
    }
```

13.8.2　接收办公文件

当单击主界面菜单栏中的"办公文件"菜单中的"接收办公文件"菜单项，将显示如图13-12所示的接收文件界面。

图13-12　接收文件界面

实现接收文件功能的类**RTFReceiveFrame**的具体代码定义如下：

```java
package socket;

import javax.swing.*;
import java.awt.*;
import java.awt.event.ActionListener;
import java.awt.event.ActionEvent;
import java.awt.event.WindowAdapter;
import java.awt.event.WindowEvent;
import java.net.ServerSocket;
import java.net.Socket;
import java.io.IOException;
import java.io.DataInputStream;
import java.io.*;
import java.net.Socket;

import javax.swing.*;
import java.awt.*;
import java.awt.event.ActionListener;
import java.awt.event.ActionEvent;
import java.awt.event.WindowAdapter;
import java.awt.event.WindowEvent;
import java.net.ServerSocket;
import java.net.Socket;
import java.io.IOException;
import java.io.DataInputStream;
import java.io.*;
import java.net.Socket;

class RTFReceive extends Thread{
    //声明用来接收文件的File对象
    private File receiveFile;
    //声明Socket对象
    private Socket socket;

    public RTFReceive(File receiveFile, Socket socket) {
        this.receiveFile = receiveFile;
        this.socket = socket;
    }

    public void run() {
        //判断用户是否保存文件
        if(receiveFile == null){
            System.out.println("you do not save file!");
            return;
        }else{
            //保存文件后，则向发送方发送同意（true）
            try {
                DataOutputStream dout = new DataOutputStream(socket.getOutputStream());
                dout.writeBoolean(true);
            } catch (IOException e) {
                e.printStackTrace();
            }
        }
        //开始接收文件
```

```java
                System.out.println("Begin receive...");
                try {
                    FileOutputStream fout = new FileOutputStream(receiveFile);
                    BufferedOutputStream bout = new BufferedOutputStream(fout);
                    BufferedInputStream bin = new BufferedInputStream(socket.getInputStream());
                    byte[] buf = new byte[2048];
                    int num = bin.read(buf);
                    while(num != -1){
                        bout.write(buf,0,num);
                        bout.flush();
                        num = bin.read(buf);
                    }
                    bout.close();
                    bin.close();
                    System.out.println("Receive Finished!");
                } catch (Exception e) {
                    e.printStackTrace();
                }finally{
                    try {
                        socket.close();
                    } catch (IOException e) {
                        e.printStackTrace();
                    }
                }
            }
        }
        public class RTFReceiveFrame {
            private JFileChooser jfc;
            private JFrame fr;
            private ServerSocket ss;
            private Socket socket;
            private JButton btnAccept;
            private JButton btnCancel;

            public RTFReceiveFrame() {
                //界面布局
                jfc = new JFileChooser();
                fr = new JFrame("接收文件");
                JLabel lblMsg = new JLabel("Wait...");
                btnAccept = new JButton("Accept");
                btnCancel = new JButton("Cancel");
                JPanel pnlBtn = new JPanel();
                pnlBtn.add(btnAccept);
                pnlBtn.add(btnCancel);
                Container c = fr.getContentPane();
                c.setLayout(new BorderLayout());
                c.add(BorderLayout.CENTER,lblMsg);
                c.add(BorderLayout.SOUTH,pnlBtn);
                fr.setSize(200,300);
                fr.setVisible(true);
                //注册事件
                AcceptHandler ah = new AcceptHandler();
                btnAccept.addActionListener(ah);
                btnCancel.addActionListener(ah);
                fr.addWindowListener(new WindowHandler());
                //不断监听，并接收发送的文件名
```

```
        try {
            ss = new ServerSocket(5800);
            while(!ss.isClosed()){
                socket = ss.accept();
                DataInputStream din = new DataInputStream(socket.getInputStream());
                String fileName = din.readUTF();
                lblMsg.setText(fileName);
            }
        } catch (IOException e) {
            if(ss.isClosed()){
                System.out.println("End");
            }else{
                e.printStackTrace();
            }
        }
    }
    public static void main(String[] args) {
        new RTFReceiveFrame();
    }

    class AcceptHandler implements ActionListener{
        public void actionPerformed(ActionEvent e){
            //如果同意接收，则启动线程接收文件
            if(btnAccept == e.getSource()){
                jfc.showSaveDialog(fr);
                RTFReceive receive = new RTFReceive(jfc.getSelectedFile(),socket);
                receive.start();
            }else if(btnCancel == e.getSource()){
                System.out.println("user do not accept!");
            }
        }
    }
    //关闭窗口的同时，回收资源
    class WindowHandler extends WindowAdapter {
        public void windowClosing(WindowEvent e) {
            System.out.println("Transfer file end!");
            try {
                ss.close();
                System.exit(0);
            } catch (IOException e1) {
                e1.printStackTrace();
            }
        }
    }
}
```

该类的构造函数创建服务器端的Socket对象，当客户端发出连接请求并正确连接后，将读取客户端发来的文件名，并将文件名显示在JLabel标签中。

13.8.3 发送办公文件

当单击主界面菜单栏中的"办公文件"菜单中的"发送办公文件"菜单项，将显示如图13-13所示的文件发送界面。

图13-13　文件发送界面

实现文件发送功能的类**RTFSendFrame**的具体代码定义如下：

```java
package socket;

import javax.swing.*;
import java.awt.*;
import java.awt.event.ActionListener;
import java.awt.event.ActionEvent;
import java.io.*;
import java.net.Socket;

class RTFSend extends Thread{
    private File sendFile;//用户选择的文件
    private Socket socket;
    private DataInputStream bin;
    private DataOutputStream bout;

    RTFSend(File sendFile) {
        this.sendFile = sendFile;
        //初始化socket及其相关的输入输出流
        try {
            socket = new Socket("localhost",5800);
            bin = new DataInputStream(
                        new BufferedInputStream(
                            socket.getInputStream())));
            bout = new DataOutputStream(
                            socket.getOutputStream());
        } catch (IOException e) {
            e.printStackTrace();
        }
    }

    public void run() {
        //发送文件名
        try {
            //把文件名发送到接收方
            bout.writeUTF(sendFile.getName());
            System.out.println("send name" + sendFile.getName());
            //判断接收方是否同意接收
            boolean isAccepted = bin.readBoolean();
            //如果同意接收则开始发送文件
            if(isAccepted){
                System.out.println("begin send file");
                            BufferedInputStream fileIn = new BufferedInputStream(new
FileInputStream(sendFile));
```

```
                byte[] buf = new byte[2048];
                int num = fileIn.read(buf);
                while(num != -1){
                    bout.write(buf,0,num);
                    bout.flush();
                    num = fileIn.read(buf);
                }
                fileIn.close();
                System.out.println("Send file finished:" + sendFile.toString());
            }
        } catch (IOException e) {
            e.printStackTrace();
        }finally{
            try {
                bin.close();
                bout.close();
                socket.close();
            } catch (IOException e) {
                e.printStackTrace();
            }
        }
    }
}
public class RTFSendFrame {
    private JFileChooser jfc;
    private JFrame fr;
    public RTFSendFrame() {
        //界面布局
        fr = new JFrame("文件发送");
        Container c = fr.getContentPane();
        c.setLayout(new FlowLayout());
        JButton btnSend = new JButton("发送");
        jfc = new JFileChooser();
        c.add(btnSend);
        fr.setSize(200,200);
        fr.setVisible(true);
        //为"发送"按钮注册事件
        btnSend.addActionListener(new SendHandler());
    }

    public static void main(String[] args) {
        new RTFSendFrame();
    }

    class SendHandler implements ActionListener{
        public void actionPerformed(ActionEvent e) {
            //弹出文件选择的对话框
            jfc.showOpenDialog(fr);
            //启动新的线程传递文件
            RTFSend send = new RTFSend(jfc.getSelectedFile());
            send.start();
        }
    }
}
```

该类的构造函数创建客户端的Socket对象，向服务器端发出连接请求，当连接成功后将向服务器端发送文件。

13.9　用户管理模块

管理员可以对系统中的用户进行管理，包括查询用户信息、添加新用户、修改用户信息和删除用户。这些操作与管理员对固定资产的操作非常类似，限于篇幅原因，在此就不再赘述了，请读者结合前面对该模块功能的分析自行进行设计和实现。